光盘界面

案例欣赏

案例欣赏

视频文件

素材下载

第3章 →

制苏造州

第4章 →

第5章 →

第6章 →

第7章 →

第8章 →

第9章 →

第10章 →

第11章 →

第12章 →

第13章 →

案例欣赏

产品介绍页

素食养生小册子

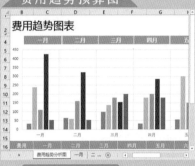

旅游简介

产品销售报表

费用趋势预算图

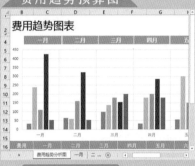

销售数据分析表

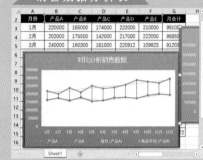

分析员工信息

员工成绩统计表

预测单因素盈亏平衡销量

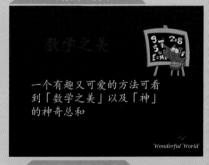

动态故事会

分离饼状图

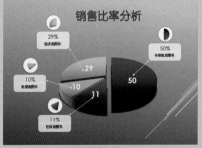

数学之美

图片简介

论语简介幻灯片

电影动画开头

Office

办公 2016
应用 从新手到高手

Home　▶　Company　　Services　　▶　　　　　张慧　睢丹　编著　◀
START MISSION　　WHO WE ARE　　WHAT WE DO

清华大学出版社

北京

内 容 简 介

　　本书从商业办公实践的角度,详细介绍使用 Office 设计与制作不同用途文档、电子表格和幻灯片的方法。全书共分 16 章,内容包括 Office 2016 学习路线、制作文档、排版文档、图文混排、文表混排、编制工作表、美化工作表、计算数据、管理数据、使用图表、数据分析,以及制作演示文稿、美化幻灯片、显示幻灯片数据、设置动画与交互效果、演示与发布幻灯片等。配书光盘提供了语音视频教程和素材资源。

　　本书图文并茂,结合了大量 Office 开发人员的经验,适合 Office 初学者、企事业单位办公人员使用,还可以作为大中专院校的 Office 办公应用教材。

图书在版编目(CIP)数据

　　Office 2016 办公应用从新手到高手 / 张慧,睢丹编著. —北京:清华大学出版社,2016

　　(从新手到高手)

　　ISBN 978-7-302-43036-0

　　Ⅰ.①O…　Ⅱ.①张…　②睢…　Ⅲ.①办公自动化-应用软件　Ⅳ.①TP317.1

　　中国版本图书馆 CIP 数据核字(2016)第 034699 号

责任编辑:冯志强　薛　阳
封面设计:杨玉芳
责任校对:徐俊伟
责任印制:杨　艳

出版发行:清华大学出版社
　　　　网　　　址:http://www.tup.com.cn, http://www.wqbook.com
　　　　地　　　址:北京清华大学学研大厦 A 座　　　邮　　编:100084
　　　　社　总　机:010-62770175　　　　　　　　邮　　购:010-62786544
　　　　投稿与读者服务:010-62776969,c-service@tup.tsinghua.edu.cn
　　　　质量反馈:010-62772015,zhiliang@tup.tsinghua.edu.cn
印 装 者:三河市春园印刷有限公司
经　　销:全国新华书店
开　　本:190mm×260mm　印　张:23.5　插　页:1　字　数:681 千字
　　　　(附光盘 1 张)
版　　次:2016 年 10 月第 1 版　　　　　　　　印　次:2016 年 10 月第 1 次印刷
印　　数:1~3500
定　　价:59.80 元

产品编号:068244-01

前　言

　　Office 2016是微软公司最新推出的办公自动化软件，也是Office产品史上最具创新性的一个版本，其界面友好、操作简便、功能强大，无论是编辑文档、处理数据报表，还是制作演示文稿，用户都能更为轻松、有效地完成任务。

　　本书从Office 2016中的实用技巧出发，配以大量实例，采用知识点讲解与动手练习相结合的方式，详细介绍Office 2016中的基础应用知识与高级使用技巧。每一章都配合了丰富的插图说明，生动具体、浅显易懂，使用户能够迅速上手，轻松掌握功能强大的Office 2016应用，为工作和学习带来事半功倍的效果。

1．本书内容介绍

　　全书系统全面地介绍Office 2016的应用知识，每章都提供了丰富的实用案例，用来巩固所学知识。本书共分为16章，内容概括如下。

　　第1章全面介绍Office 2016学习路线，包括Office发展历史、Office常用组件、Office 2016版本介绍、Office 2016新增功能、Office 2016窗口操作、Office 2016协作应用等内容。

　　第2章全面介绍制作文档，包括初识Word 2016、创建与保存文档、设置字体格式、设置段落格式、查找与替换文本等内容。

　　第3章全面介绍排版文档，包括设置背景填充、设置水印填充、设置稿纸样式、设置页面边框、设置样式、设置中文版式、首字下沉、设置分栏、设置分页等内容。

　　第4章全面介绍图文混排，包括插入图片、编辑图片、设置图片样式、使用形状、使用SmartArt图形、使用文本框、使用艺术字等内容。

　　第5章全面介绍文表混排，包括创建表格、编辑表格、美化表格、计算数据、排序数据、表格与文本互转、使用图表等内容。

　　第6章全面介绍编制工作表，包括初识Excel 2016、操作工作簿、编辑数据、编辑单元格、管理工作表等内容。

　　第7章全面介绍美化工作表，包括设置文本格式、设置数字格式、设置边框格式、设置填充格式、应用表格样式和格式等内容。

　　第8章全面介绍计算数据，包括公式的应用、使用公式、使用函数、使用名称等内容。

　　第9章全面介绍管理数据，包括排序数据、筛选数据、分类汇总数据、使用条件格式、使用数据验证等内容。

　　第10章全面介绍使用图表，包括创建常用图表、创建三维地图、创建迷你图表、编辑图表、设置图表布局、设置图表样式、添加分析线、设置图表格式等内容。

　　第11章全面介绍分析数据，包括单变量求解、使用模拟运算表、使用规划求解、使用数据透视表、数据分析工具库、使用方案管理器等内容。

　　第12章全面介绍制作演示文稿，包括初识PowerPoint 2016、操作演示文稿、操作幻灯片、设置主题和背景、设置版式等内容。

　　第13章全面介绍美化幻灯片，包括使用图片、美化图片、使用形状、美化形状、使用SmartArt图形等内容。

第 14 章全面介绍显示幻灯片数据，包括使用表格、设置表格样式、设置填充颜色、设置边框样式、设置表格效果、使用图表、美化图表等内容。

第 15 章全面介绍设置动画与交互效果，包括添加动画效果、编辑动画效果、设置动画选项、设置切换动画、设置交互效果等内容。

第 16 章全面介绍演示与发布幻灯片，包括放映幻灯片、审阅幻灯片、发送和发布演示文稿、打印演示文稿等内容。

2．本书主要特色

（1）**系统全面，超值实用**。全书提供了 30 多个练习案例，通过示例分析、设计过程讲解 Office 2016 的应用知识。每章穿插大量提示、分析、注意和技巧等栏目，构筑了面向实际的知识体系。采用紧凑的体例和版式，相同的内容下，篇幅缩减了 30%以上，实例数量增加了 50%。

（2）**串珠逻辑，收放自如**。统一采用三级标题灵活安排全书内容。每章都配有扩展知识点，便于用户查阅相应的基础知识。内容安排收放自如，方便读者学习。

（3）**全程图解，快速上手**。各章内容分为基础知识和实例演示两部分，全部采用图解方式，图像均做了大量的裁切、拼合、加工，信息丰富，效果精美，阅读体验轻松，上手容易。让读者翻开图书的第一感就获得强烈的视觉冲击。

（4）**书盘结合，相得益彰**。本书使用 Director 技术制作了多媒体光盘，提供了本书实例完整素材文件和全程配音教学视频文件，便于读者自学和跟踪练习图书内容。

（5）**新手进阶，加深印象**。全书提供 99 个基础实用案例，通过示例分析、设计应用全面加深 Office 2016 的基础知识应用方法的讲解。在新手进阶部分，每个案例都提供了操作简图与操作说明，并在光盘中配以相应的基础文件，以帮助用户完全掌握案例的操作方法与技巧。

3．本书使用对象

本书从 Office 2016 的基础知识入手，全面介绍 Office 2016 面向应用的知识体系，并制作了多媒体光盘，图文并茂，能有效吸引读者学习。本书适合作为高职高专院校学生学习使用，也可作为计算机办公应用用户深入学习 Office 2016 的培训和参考资料。

本书由张慧等主编。其中睢丹老师编写了第 4~8 章，参与本书编写的人员，还有王翠敏、吕咏、冉洪艳、张莹、刘红娟、谢华、夏丽华、谢金玲、张振、卢旭、王修红、扈亚臣、马海霞、王志超等人。由于作者水平有限，书中疏漏之处在所难免，欢迎读者朋友登录清华大学出版社的网站 www.tup.com.cn 与我们联系，帮助我们改进提高。

编　者

2016 年 8 月

Office 2016

目 录

第1章

Office 2016 学习路线图

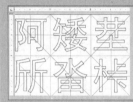   

Office 2016 是微软公司推出的最新版本的 Office 系列软件，它集成了 Word、Excel、PowerPoint、Access 和 Outlook 等常用办公组件，是办公处理软件的代表产品。新版本的 Office 不仅在界面上进行了优化，使窗口界面比旧版本界面更美观大方，而且在功能设计上也更具有安全性和稳定性。

本章从介绍 Office 2016 概述入手，通过学习 Office 2016 的新增功能和特色，以及 Office 2016 的语言功能和窗口操作等基础知识，来了解当前最新版本办公软件的使用方法和基础知识，以帮助用户通过合理使用 Office 软件来提高工作效率。

1.1 Office 概述

Microsoft Office 是一套由微软公司为 Microsoft Windows 和 Apple Macintosh 操作系统开发的办公软件，包括常用的 Word、Excel、PowerPoint 等组件。

Microsoft Office 的最新版本为 Office 2016，它与办公室应用程序一样，也包括联合的服务器和基于互联网的服务。

1.1.1 Office 发展历史

Microsoft Office 最早出现于 20 世纪 90 年代，最初的 Office 版本只包含 Word、Excel 和 PowerPoint 组件，随着版本的不断升级，Office 逐渐整合了一些应用程序，并共享一些应用程序的特效。

1. Office 2003 版本

微软公司于 2003 年 9 月 17 日发布了 Office 2003 版本，它是微软公司针对 Windows NT 操作系统所推出的办公套装软件，并不支持 Windows 98 和 Windows Me 操作系统。

微软公司为了重新定制 Office 的品牌形象，重新设计了新的标志，该标志使用了 Windows XP 界面的图标和配色，是新一代 Office 产品标志的重大突破。

Office 2003 版本可以帮助用户更好地进行沟通、创建和共享文档，在为所有应用组件提供了扩展功能的同时，新增加了 InfoPath 和 OneNote 组件。

Office 2003 包含的组件及其用途如下表所示。

版 本	组 件
企业专用版	Word、Excel、Outlook、PowerPoint、Publisher、Access、InfoPath 等
专业版	Word、Excel、Outlook、PowerPoint、Publisher、Access、InfoPath 等
小型企业版	Word、Excel、Outlook、PowerPoint、Publisher 等
标准版	Word、Excel、Outlook、PowerPoint 等
学生教师版	Word、Excel、Outlook、PowerPoint 等
入门版	Word、Excel、Outlook、PowerPoint 等

2. Office 2007 版本

Office 2007 于 2006 年发布，采用了 Ribbons 在内的全新用户界面元素，其窗口界面相较于旧版本更为美观大方，给人以赏心悦目的感觉。另外，Office 2007 被称为 Office System，反映了该版本包含服务器的事实。

Office 2007 几乎包括了目前应用的所有 Office 组件，并取消了 FrontPage，取而代之的是以 Microsoft SharePoint Web Designer 作为网站的编辑系统。

版 本	组 件
终极版	Excel、Outlook、PowerPoint、Word、Access、InfoPath、Publisher、OneNote、Groove、附加工具等
企业版	Excel、Outlook with BCM、PowerPoint、Word、Access、Publisher、OneNote、InfoPath、Groove、附加工具等
专业增强版	Excel、Outlook、PowerPoint、Word、Access、Publisher、InfoPath、附加工具等
专业版	Excel、Outlook、PowerPoint、Word、Access、Publisher、Outlook Business Contact Manager 等

续表

版 本	组 件
小型企业版	Excel、Outlook、PowerPoint、Word、Publisher、Outlook Business Contact Manager 等
标准版	Excel、Outlook、PowerPoint、Word 等
家庭与学生版	Excel、PowerPoint、Word、OneNote 等
基本版	Excel、Outlook、Word 等

其中，附加工具包括 Enterprise Content Management、Electronic Forms，以及 Windows Rights Management Services Capabilities。

3．Office 2010 和 2013 版本

Office 2010 的公开测试版于 2009 年 11 月 19 日发布，并于 2010 年 5 月 12 日正式发布，其开发代号为 Office 14，为 Office 的第 12 个开发版本。Office 2010 的界面简洁明快，标识被更改为全橙色，而不是之前的 4 种颜色。

另外，Office 2010 还采用了 Ribbon 新界面主题，相较于旧版本，新界面干净整洁、清晰明了。在功能上，Office 2010 为用户新增了截屏工具、背景移除工具、新的 SmartArt 模板、保护模式等功能。其中，Office 2010 所包含的组件及其用途如下表所示。

版 本	组 件
专业增强版	Word、Excel、Outlook、PowerPoint、OneNote、Access、InfoPath、Publisher、SharePoint Workspace、Office Web Apps 等
标准版	Word、Excel、Outlook、PowerPoint、OneNote、Publisher 和 Office Web Apps 等
专业版	Word、Excel、Outlook、PowerPoint、OneNote、Access、Publisher 等
中小型企业版	Word、Excel、Outlook、PowerPoint、OneNote、Access 等
家庭版和学生版	Word、Excel、PowerPoint、OneNote 等
企业版	Word、Excel、Outlook、PowerPoint、OneNote、Access、Publisher 等

4．2013 版本

2013 年 1 月 29 日，微软推出了最新版本的 Office 2013，该版本可以应用于 Microsoft Windows 视图系统中。Microsoft Office 2013 除了延续了 Office 2010 的 Ribbon 菜单栏之外，还融入了 Metro 风格。Metro 风格在保持 Office 启动界面的颜色鲜艳的同时，在界面操作中新增加了流畅的动画和平滑的过渡效果，为用户带来不同以往的使用体验。

Office 2013 以简洁而全新的外观问世，除了保留常用的功能之外，还新增了操作界面和入门选择、共享和存储功能、Office 365、书签和搜索以及 PDF 等新功能。

Office 2013 的版本包括常用的 Office 家庭与学生版、Office 家庭与小企业版和 Office 2013 专业版三个版本，以及新增加的 Office 365 家庭高级版。其中，Office 2013 所包含的组件及其用途如下表所示。

版 本	组 件
Office 家庭学生版	包含了 Word、Excel、PowerPoint 和 OneNote，该版本仅限一台计算机使用，可以存储用户的档案和个人设定，拥有 7GB 的 SkyDrive 存储空间
Office 家庭与小企业版	包含了 Word、Excel、PowerPoint、OneNote 和 Outlook，仅限一台计算机使用，可以存储用户的档案和个人设定，拥有 7GB 的 SkyDrive 存储空间
Office 2013 专业版	包含了 Word、Excel、PowerPoint、OneNote、Outlook、Publisher 和 Access，仅限一台计算机使用，但具有商业使用权限。可以存储用户的档案和个人设定，拥有 7GB 的 SkyDrive 存储空间。该版本对用户端或客户的回应力更强，在 Outlook 中可以更快地获取用户所需要的项目，以及使用共同工具和在 SkyDrive 上共用文件
Office 365 家庭高级版	Office 365 家庭高级版结合了最新的 Office 应用程序及完整的云端 Office，最多可以在 5 台计算机或 Mac，以及 5 部智能手机上使用 Office，无论在家或外出，都可以从计算机、Mac 或其他特定装置中登录 Office。另外，Office 365 家庭高级版订阅者，可以在家庭成员的计算机、Mac、Windows 平板计算机或智能手机等装置上使用 Office，并且可以在 Office 的【文档账户】页面中管理家庭成员的安装情况；而额外的 20GB SkyDrive 存储空间，则可以随时存取笔记、相片或文档

1.1.2 Office 常用组件

每一代 Office 都包括一个以上的版本，而每个版本又都包含了多个组件。在实际办公应用中，常用组件通常包括 Word、Excel 和 PowerPoint 等。

1．Word 组件

Microsoft Office Word 是 Office 应用程序中的文字处理组件，为 Office 套装中的主要组件之一。用户可运用 Word 提供的整套工具对文本进行编辑、排版、打印等工作，从而帮助用户制作出具有专业水准的文档。Word 中丰富的审阅、批注与比较功能可以帮助用户快速收集和管理来自多种渠道的反馈信息。

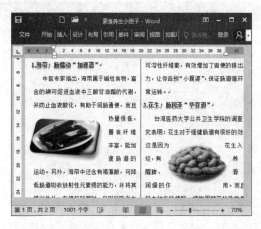

2．Excel 组件

Microsoft Office Excel 是 Office 应用程序中的电子表格处理组件，也是应用较为广泛的办公组件之一，主要应用于各生产和管理领域，具有数据存储管理、数据处理、科学运算和图表演示等功能。

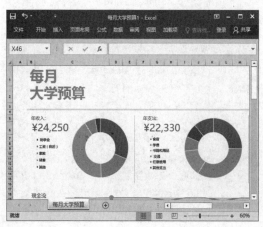

3．PowerPoint 组件

Microsoft Office PowerPoint 是 Office 应用程序中的演示文稿组件，用户可运用 PowerPoint 提供的组综合功能，创建具有专业外观的演示文稿。PowerPoint 所制作出来的文件称为演示文稿，其格式后缀名为 ppt，用户还可以将演示文稿保存为图片、视频或 PDF 格式。另外，使用 PowerPoint 的优势在于不仅可以在投影仪或计算机上演示 PowerPoint 所制作的内容，而且还可以将 PowerPoint 内容打印出来，以便应用到更广泛的领域中。

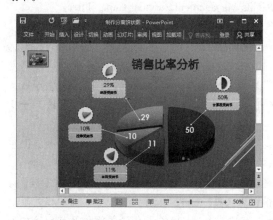

4．Outlook 组件

Microsoft Office Outlook 是 Office 应用程序中的一个桌面信息管理应用组件，提供全面的时间与信息管理功能。其中，利用即时搜索与待办事项栏等新增功能，可组织与随时查找所需信息。通过新增的日历共享功能、信息访问功能，可以帮助用户与朋友、同事或家人安全地共享存储在 Outlook 中的数据。

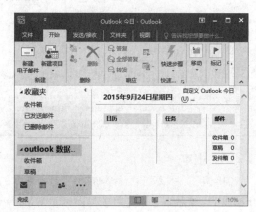

5．Access 组件

Microsoft Office Access 是 Office 应用程序中的一种关联式数据管理组件，它结合了 Microsoft Jet Database Engine 和图像用户界面两项特点，能够存储 Access/Jet、Microsoft SQL Server、Oracle，以及任何 ODBC 兼容数据库资料。Access 数据库像一个容器，可以把数据按照一定顺序存储起来，从而可以让原本复杂的操作变得方便、快捷，使得一些非专业人员也可以熟练地操作和应用数据库。

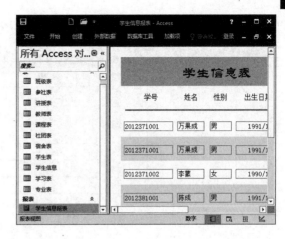

1.2　Office 2016 概述

Office 2016 于 2015 年 9 月 22 日正式发布，它是一个庞大的办公软件集合，其中包括 Word、Excel、PowerPoint、OneNote、Outlook、Skype、Project、Visio 以及 Publisher 等组件。Office 2016 不仅可以配合 Windows 10 触控使用，还可以在云端和没有安装 Office 的计算机上使用，方便用户在任意位置随时访问或共享所存储的重要文档。

1.2.1　Office 2016 版本介绍

Office 2016 适用于移动端、云端和社交网络，被一些市场分析人士认为是微软关键业务品牌的全面升级。由于 Office 2016 属于最基本的办公套装软件，又需要兼容平板电脑和触摸设备，因此它对安装环境中的计算机硬件要求并不是很高，但是对操作系统则有一定的要求。其中，对 PC 安装的具体情况如下表所述。

安装环境	要　　求
处理器	1 千兆赫(Ghz)或更快的 x86 或 x64 处理器，采用 SSE2 指令集
内存	1GB RAM（32 位）或 2GB RAM（64 位）
硬盘	3GB 可用磁盘空间
操作系统	Windows 7 或更高版本、Windows Server 2008 R2 或者 Windows Server 2012

续表

安装环境	要　　求
显示要求	1280×800 分辨率
图形	图形硬件加速需要 DirectX 10 图形卡
多点触控	需要支持触控的设备才能使用任何多点触控功能，而新的触控功能已针对与 Windows 8 或更高版本的配合使用而进行优化

而对 Mac 设备安装的具体情况如下表所述。

安装环境	要　　求
处理器	英特尔处理器
内存	4GB RAM
硬盘	6GB HFS+硬盘格式
操作系统	Mac OS X10.10
显示要求	1280×800 分辨率

目前，最新版的 Office 分为 2 类 7 个版本，分别为 Office 2016 类下的 Office 小型企业版 2016、Office 家庭和学生版 2016、Office 小型企业版 2016 for Mac、Office 家庭和学生版 for Mac 和 Office 专业版 2016，以及 Office 365 类下的 Office 365 个人版和 Office 365 家庭版。其中，每种版本的主要特性及组件功能对比如下表所述。

版 本	Office 365 个人版	Office 365 家庭版	Office 家庭和学生版 2016	Office 家庭和学生版 2016 for Mac	Office 小型企业版 2016	Office 小型企业版 2016 for Mac	Office 专业版 2016
设备	1台	5台	1台 PC	1台 Mac	1台 PC	1台 Mac	1台 PC
适用于 Mac	●	●	○	●	○	●	○
适用于手机和平板	●	●	○	○	○	○	○
Word	●	●	●	●	●	●	●
Excel	●	●	●	●	●	●	●
PowerPoint	●	●	●	●	●	●	●
OneNote	●	●	●	●	●	●	●
Outlook	●	●	○	○	●	●	●
Publisher	●	●	○	○	●	○	●
Access	●	●	○	○	●	○	●
1TB 云存储	●	●	○	○	○	○	●
技术支持	●	●	○	○	○	○	○
保持更新	●	●	○	○	○	○	●

表注：○=无　●=有

1.2.2 Office 2016 新增功能

Office 2016 是微软 Office 办公套件中的又一个里程碑版本，该版本不仅更加注重用户之间的协作，而且还可以与 Window 10 完美匹配，从而增强了企业的安全性。除此之外，新版本还改进了分发模式，订阅用户可以不定期地更新软件以获取最新功能和改进。除上述改进之外，Office 2016 还新增了以下功能。

1. 新增多彩新主题

Office 2016 版本中新增加了多彩的 Colorful 主题，更多色彩丰富的选项将加入其中，其风格与 Modern 应用类似。用户可通过执行【文件】|【选项】命令，在弹出的对话框中设置【Office 主题】选项，来选择所需要使用的彩色主题。

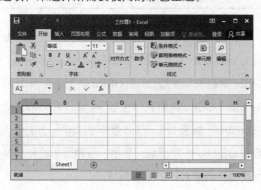

2. 第三方应用支持

Office 2016 增加了 Office Graph 社交功能，运用该功能，开发者可将自己的应用直接与 Office 数据建立连接，从而可以通过插件介入第三方数据。例如，用户可在 PowerPoint 中导入和购买来自 PicHit 的照片。

3. Clippy 助手回归

在 Office 2016 中，微软增加了 Clippy 的升级版 Tell Me。Tell Me 是全新的 Office 助手，可以帮助用户快速查找或搜索一些帮助。例如，将图片添加至文档，或是解决其他故障问题等。该功能如传统搜索栏一样，被当成一个选项放置于界面选项卡栏中。

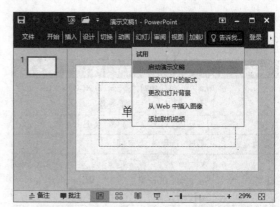

4．轻松共享

新版的 Office，在其各个组件的选项卡右侧新增了【共享】功能，用户只需执行该选项，并单击【保存到云】按钮，即可直接在文档中轻松共享。

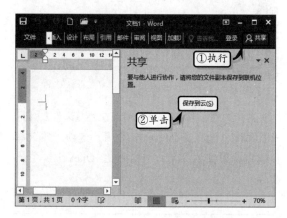

除此之外，用户也可以使用 Outlook 中全新的现代化附件功能——从 OneDrive 中添加附件，自动配置权限，而无需离开 Outlook。

5．协同处理文档

在 Office 2016 中，用户可以利用 Word、PowerPoint 和 OneNote 中的协同创作功能，查看其他小组成员的编辑，而经过改善的版本历史让用户可以在编辑过程中回顾文档快照。

而 Office 365 群组功能可以让团队时刻保持连接，目前该功能已成为 Outlook 2016 功能的一部分，并配有专门的 iOS、Android 和 Windows Phone 应用平台。除此之外，Office 365 群组功能还允许用户轻松地创建公开或私密群组。这样一来，每个群组都具有共享的收件箱、日历、群组文件云存储空间，以及共享的 OneNote 笔记本的独特功能。

6．跨设备使用

对于购买 Office 365 版本的用户来讲，可以从计算机、Mac 到 Windows、Apple 和 Android 手机及平板电脑的任何设备上审阅、编辑、分析和演示 Office 2016 文档，而不会受到跨设备的影响。而对于 Android 手机用户来讲，则可以通过特定的官方网站来下载最新的 Office 365 版本。

7．触控优化功能

Office 2016 是一款为触控而优化的 Office 应用程序，用户可通过触控阅读、编辑、放大和导航，或者使用数字墨水写笔记或进行注解。而对于手机用户来讲，则可以将手机当成桌面设备来使用。此时，用户可以将手机投影到大屏幕上，用于创建编辑文档，或者在手机上用 OneNote 应用记笔记。

8．完美契合 Windows 10

微软最新推出的 Windows 10 系统可以完美兼容 Office 2016 版本，而且两者是目前工作中最好的搭配方案，可以协助用户解决工作中的一些紧急事情。除此之外，Windows 10 上的移动应用程序支持触控、方便快速，并针对移动工作进行了相应的优化。

9．新增 Cortana 功能

Office 2016 将 Cortana 带到 Office 365 版本中，让整合了 Office 365 的 Cortana 帮助用户完成任务。用户只需告诉 Word、Excel 或 PowerPoint 当前所需要进行的操作，而操作说明搜索功能便会引导至相关命令。

对于订购 Office 365 的用户来讲，可以在 App Store、Google Play 商店中下载 Cortana。但是，由于 Cortana 的某些功能需要访问系统功能，因此其他平台中的 Cortana 应用功能会受到限制。

当用户需要在其他平台使用 Cortana 时，则需要搭配 Phone Companion 应用。也就是用户需要在安装 Windows 10 系统的计算机中下载安装 Phone Companion，并将其与任何手机进行关联，从而实现 Cortana 功能的应用。

10．超值 Office

Office 365 新版中的订阅计划可以让用户根据具体使用情况，来选择最为适合的计划。例如，选择个人工作计划，或选择面向全家的一些特定计划等。另外，每位 Office 365 的订阅用户都可以免费获得来自经过微软培训的专家的技术支持，以帮助用户解决实际使用中的一些特殊问题。

除此之外，Office 365 还包含了适用于 PC 和 Mac 的全新 Office 2016 应用程序,如 Word、Excel、PowerPoint、Outlook 和 OneNote。

11. 大容量的云存储空间

Office 2016 还为用户配备了 1TB OneDrive 云存储空间,用户可以通过 OneDrive 在任何设备上与朋友、家人、项目和文件时刻保持联系。此外,还可以帮助用户从一种设备切换到另一种设备中,并继续当前未完成的 Office 编辑操作,从而实现各设备之间的无缝衔接的各种创建和编辑操作。

在 Office 2016 组件中,用户首先需要登录微软账户,然后通过执行【文件】|【另存为】命令,在展开的页面中选择【OneDrive-个人】选项,将当前文件保存到 OneDrive 中。

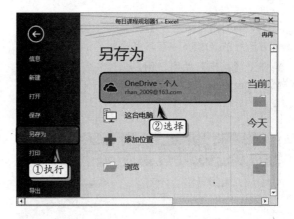

除此之外,用户还可以通过执行【文件】|【打开】命令,选择【OneDrive-个人】选项,并选择具体打开位置,即可打开存储在 OneDrive 中的文件。

Office 1.3 Office 2016 窗口操作

窗口的基本操作主要包含对窗口的新建、重排和拆分等操作。在 Office 组件中,其窗口操作基本相似,下面以 Word 和 Excel 窗口操作为例展开介绍。

1.3.1 Word 窗口操作

在 Word 2016 中,执行【视图】|【窗口】选项组中的相应命令,即可执行 Word 窗口中的一系列基础操作。

1. 新建窗口

在 Word 2016 中,执行【视图】|【窗口】|【新建窗口】命令,即可新建一个包含当前文档内容的新文档,并自动在标题文字后面添加数字。如原来的标题"产品介绍页面-Word",变为"产品介绍页面 2-Word"。

2. 全部重排

全部重排是堆叠打开的窗口以便可以一次查看所有窗口,默认情况下系统会上下并排排列多个窗口。用户只需执行【视图】|【窗口】|【全部重排】命令,即可并排排列多个窗口。

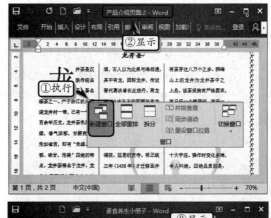

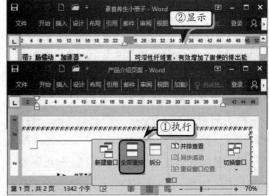

3. 拆分窗口

在 Word 2016 中,还可以将当前窗口拆分为两

部分,以便同时查看文档的不同部分。执行【视图】|【窗口】|【拆分】命令,此时光标变成"双向"箭头,在需要拆分的位置单击即可。

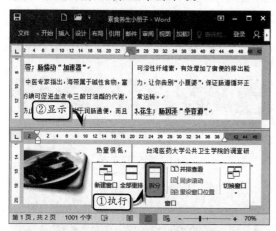

技巧

将鼠标置于拆分的两个窗口的边界线上,当光标变成"双向"箭头时,双击即可取消窗口的拆分。

1.3.2 Excel 窗口操作

在 Excel 中,用户可以像在 Word 中那样新建窗口、重排窗口和拆分窗口。除此之外,用户还可以冻结窗口、并排查看,以及隐藏或显示窗口。

1. 新建窗口

执行【视图】|【窗口】|【新建窗口】命令,即可新建一个包含当前文档视图的新窗口,并自动在标题文字后面添加数字。如原来的标题"每月大学预算 1-Excel",变为"每月大学预算 1:2-Excel"。

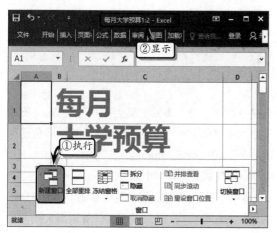

2. 全部重排

执行【视图】|【窗口】|【全部重排】命令,弹出【重排窗口】对话框。在【排列方式】栏中,选择【平铺】选项即可。

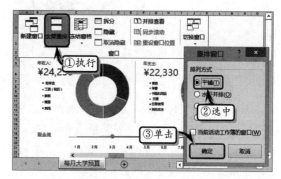

另外,如果用户启用【当前活动工作簿的窗口】复选框,则用户无法对打开的多个窗口进行重新排列。

3. 拆分工作表窗口

使用拆分工作表窗口功能可同时查看分隔较远的工作表部分。首先应选择要拆分的单元格,并执行【视图】|【窗口】|【拆分】命令。

技巧

将鼠标置于编辑栏右下方,变成"双向"箭头时,双击拆分框,即可将窗口进行水平拆分。

4. 冻结工作表窗口

选择要冻结的单元格,执行【视图】|【窗口】|【冻结窗格】|【冻结拆分窗格】命令,冻结窗口。

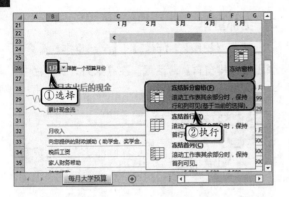

冻结与拆分类似，除包含水平、垂直和水平/垂直拆分外。其中，【冻结首行】选项表示滚动工作表其余部分时，保持首行可见。而【冻结首列】选项表示滚动工作表其余部分时，保持首列可见。

5. 隐藏或显示窗口

为了隐藏当前窗口，使其不可见，用户可以通过执行【窗口】|【隐藏】命令。

为了对隐藏的窗口进行重新编辑，可取消对它的隐藏。执行【窗口】|【取消隐藏】命令，在弹出的【取消隐藏】对话框中，选择要取消隐藏的工作簿，单击【确定】按钮。

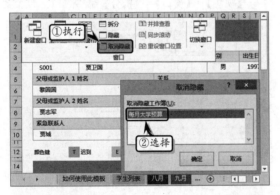

6. 并排查看

并排查看功能只能并排查看两个工作表以便比较其内容。同时打开两个以上的工作簿，执行【窗口】|【并排查看】命令，在弹出的【并排比较】对话框中，选择要并排比较的工作簿，单击【确定】按钮即可。

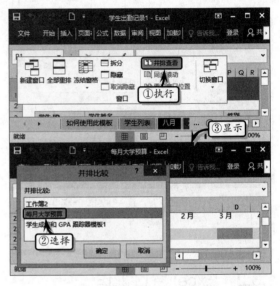

当用户对窗口进行并排查看设置之后，将发现【同步滚动】和【重设窗口位置】两个按钮此时变成正常显示状态（蓝色）。此时用户可以通过执行【同步滚动】命令，同步滚动两个文档，使它们一起滚动。另外，还可以通过执行【重设窗口】命令，重置正在并排比较的文档的窗口位置，使它们平分屏幕。

1.4 Office 2016 协作应用

在实际工作中，用户可以通过协同应用 Office 2016 中的各组件来提高工作效率，以及增加 Office 文件的美观性与实用性。

1.4.1 Word 与其他组件的协作

Word 是 Office 套装中最受欢迎的组件之一，也是各办公人员必备的工具之一。利用 Word 不仅可以调用 Excel 中的图表、数据等元素，而且还可以与 PowerPoint 及 Outlook 进行协同工作。

1. Word 调用 Excel 图表

对于一般的数据，用户可以使用 Word 中自带的表格功能来实现。但是对于比较复杂而又具有分析性的数据，用户还是需要调用 Excel 中的图表来直观显示数据的类型与发展趋势。

在 Word 文档中执行【插入】|【表格】|【表格】|【Excel 电子表格】命令，在弹出的 Excel 表格中输入数据，并执行【插入】|【图表】|【插入柱形图或条形图】命令，选择【簇状柱形图】选项即可。

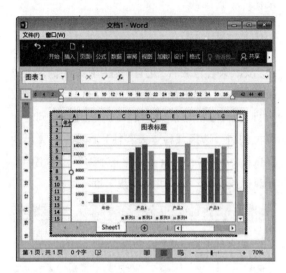

2．Word 调用 Excel 数据

在 Word 中不仅可以调用 Excel 中的图表功能，而且还可以调用 Excel 中的数据。对于一般的数据，可以利用邮件合并的功能来实现，例如在 Word 中调用 Excel 中的数据打印名单的情况。但是当用户需要在一个页面中打印多项数据时，邮件合并的功能将无法满足上述要求，此时用户可以运用 Office 里的 VBA 来实现。

3．Excel 协同 Word

Office 系列软件的一大优点就是能够互相协同工作，不同的应用程序之间可以方便地进行内容交换。使用 Excel 中的插入对象的功能，就可以很容易地在 Excel 中插入 Word 文档。

4．Word 协同 Outlook

在 Office 各组件中，用户可以使用 Word 与 Outlook 中的邮件合并的功能，实现在批量发送邮件时根据收信人创建具有称呼的邮件。

1.4.2　Excel 与其他组件的协作

Excel 除了可以与 Word 组件协作应用之外，还可以与 PowerPoint 及 Outlook 组件进行协作应用。

1．Excel 与 PowerPoint 之间的协作

在 PowerPoint 中不仅可以插入 Excel 表格，而且还可以插入 Excel 工作表。在 PowerPoint 中执行【插入】|【文本】|【对象】命令，在对话框中选择【由文件创建】选项，并单击【浏览】按钮，在对话框中选择需要插入的 Excel 表格即可。

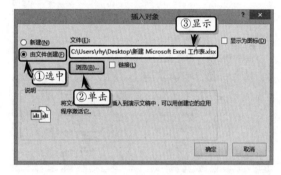

2．Excel 与 Outlook 之间的协作

用户可以运用 Outlook 中的导入/导出功能，将 Outlook 中的数据导入到 Excel 中，或将 Excel 中的数据导入到 Outlook 中。在 Outlook 中，执行【文件】|【打开和导出】命令，在展开的页面中选择【导入/导出】命令，按照提示步骤进行操作即可。

1.4.3　协作 Office 文件格式

在使用 Office 套装软件进行办公时，用户往往

会遇到一些文件格式转换的问题。例如，将 Word 文档转换为 PDF 格式，或者将 PowerPoint 文件转换为 Word 文档格式等。在本小节中，将详细介绍一些常用文件格式的转换方法。

1. 转换为 PDF/XPS 格式

执行【文件】|【另存为】命令，在展开的页面中选择保存位置，单击【浏览】按钮。然后，在弹出的【另存为】对话框中，将【保存类型】设置为 PDF 或【XPS 文档】，单击【保存】按钮即可。

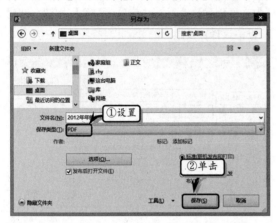

2. PowerPoint 文件转换为 Word 文件

对于包含大量文本内容的 PowerPoint，则需要执行【文件】|【另存为】命令，单击【浏览】按钮。然后，在弹出的【另存为】对话框中，将【保存类型】设置为【大纲/RTF 文件】，单击【保存】按钮，将文件另存为 rtf 格式的文件。

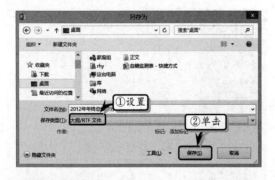

然后，使用 Word 组件打开保存的 RTF 文件，进行适当的编辑即可实现转换。

3. 低版本兼容高版本

对于 Office 文件格式的转换，新版的 Office 一般都可以轻松实现。但是，对于经常使用 PowerPoint 制作动画效果幻灯片的用户来讲，高版本和低版本之间的兼容问题是一件非常头疼的事情。

对于追求高效率和高功能的用户来讲，可通过微软官方提供的兼容包来解决版本兼容的问题。不过，安装兼容包之后，仍有一些新版本中的动画效果无法显示。对于那些无法显示的动画效果，可以执行【文件】|【信息】命令，单击【检查问题】下拉按钮，选择【检查兼容性】选项，在弹出的【Microsoft PowerPoint 兼容性检查器】对话框中查看具体兼容性问题，并根据提示进行更改。

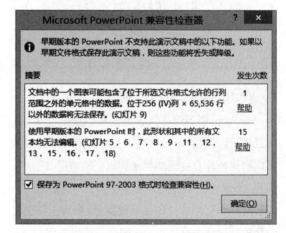

当微软官方发布的兼容包无法解决某些动画问题时，可以将 PowerPoint 2016 文件导出为 Flash 格式，并在 PowerPoint 2003 文件中插入这个 Flash。但是，这个方法将无法更改 PowerPoint 文件中的错误，除此之外还需要借助第三方软件进行操作。

1.5 手机 Office

Office 2016 属于最基本的办公套装软件，可以兼容平板电脑和触摸设备。目前，微软生产的 Lumia 系列手机中都内置了手机版 Office 套装，包括 Outlook、Excel、Word 和 PowerPoint 等组件，方便用户可以随时随地在任何设备上进行办公。在本小节中，将以 Lumia 950 手机中的 Word 组件为例，详细介绍手机 Office 的操作方法。

1.5.1 新建文档

手机 Office 几乎是针对微软用户使用的一款软件，在大部分手机中用户需要先注册并登录微软账户，才可以使用 Microsoft Office 套装软件。而微软特产的 Lumia 950 手机也是如此，再开机之后首先需要登录微软账户。

登录微软账户之后，在主界面中选择 Word 图标。对于初始使用的用户来讲，系统会先展示最新版 Word 的一些功能。然后，进入到 Word 界面中。

在该界面中的右上角显示了微软用户名，上部除了 Word 字标之外还显示了【新建】和【浏览】选项，下部则显示了用户最近使用的文档列表。单击最近使用文档名称后面的下拉按钮，可在展开的菜单中选择【固定】或【从列表中删除】选项，来固定或删除文档信息。

选择【新建】选项，在展开的列表中选择所需创建的文档类型即可。例如，选择【空白文档】选项，即可新建一个空白文档。

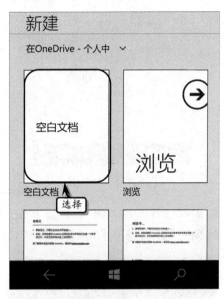

在【新建】页面中包含了【在 OneDrive-个人中】和【此设备>文档】两种模板模式，系统默认显示的为【在 OneDrive-个人中】模式中的模板。用户可通过单击其后的下拉按钮，来更改模式。

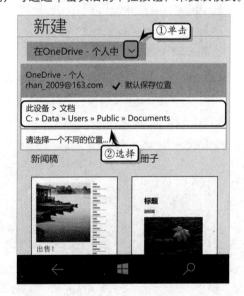

当用户将模式更改为【此设备>文档】模式后，可通过选择其下方【将此设为默认保存位置】选项，来更改默认模式。

辑界面中，该界面以简洁的形式列出了常用功能。

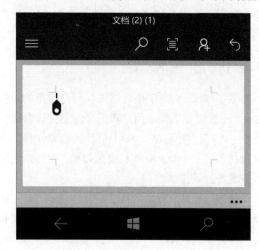

1.5.2　打开文档

在 Word 主界面中，单击【浏览】按钮，在展开的列表中，选择所需打开的位置。例如，选择【】选项。

然后系统会自动连接 OneDrive，并显示所有文件。在此选择【文档】文件夹，然后在文件夹中选择所需打开的文档即可。

1.5.3　编辑文档

新建空白文档之后，系统会自动进入 Word 编

左上角为"菜单"选项，右下角为"选项"按钮（类似于电脑版中的功能区），而右上角则显示了常用的几种功能，包括撤销、查找和共享等功能。如果用户想输入文本，则需要单击文档空白区域，系统会自动显示输入键盘，直接输入相应的文本即可（如果所用手机为 Lumia 950，则可以使用微软赠送的无线键盘进行输入）。

输入文本之后，单击右下角的"选项"按钮，将自动显示【开始】选项及该选项卡中的所有命令。在该选项卡中，可以设置文本的字体格式和段落格式。

动将文档保存到 OneDrive-个人位置中。

1.5.4　保存与共享文档

在 Word 编辑页面中，选择左上角的【菜单】
选项，在展开的列表中执行【保存】命令。

此时，系统将自动切换到【保存】页面，并自

在该页面中，还可以通过【重命名此文件】命
令，或直接单击文档名称，来重命名文档。另外，
还可以通过选择【保存此文件的副本】选项，保存
该文档的副本。或者，通过选择【复制指向此文件
的链接】选项，复制该文档的链接地址并将地址发
送给其他用户，以达到共享文档的目的。

在 Word 编辑页面中，选择左上角的【菜单】
选项，在展开的列表中执行【共享】命令，或者直
接单击【共享】按钮。在展开的【共享】页面中，
单击"+"按钮添加共享人员，并单击【共享】按
钮，即可以附件发送邮件的方式共享该文档。

另外，在【共享】页面中，选择【其他选项】选项，即可在展开的列表中设置详细的共享信息。

第 2 章

制 作 文 档

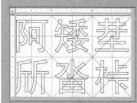 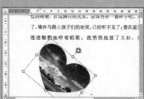  

　　Word 是 Office 套件中的文字处理组件，也是目前办公室人员必备的文本处理软件，适用于备忘录、商业信函、论文或书籍等类型的文字处理。除此之外，还可以利用 Word 中的字体、段落、版式等格式功能进行专业的排版操作，以及利用表格与图表来显示数据之间的关系。

　　最新版本的设计比早期版本更完善、更能提高工作效率，其界面也给人赏心悦目的感觉。本章将详细介绍 Word 的全新窗口界面，以及一些简单的文本操作、设置字符与段落格式等的基础知识，为用户学习高深 Word 操作技巧奠定坚实的基础。

2.1 初识 Word 2016

Word 2016 的窗口界面更具有美观性与实用性，不仅在界面颜色上提供了彩色、深灰色和白色等颜色，而且还取消了界面中的 Word 图标，使整体界面看起来更加简洁和实用。Word 2016 的整体界面如下图所示。

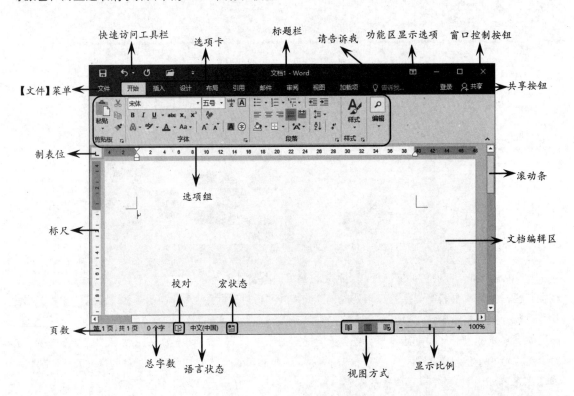

窗口的最上方是由快速访问工具栏、当前文档名称与窗口控制按钮组成的标题栏，下面是功能区，然后是文档编辑区。本节将详细介绍 Word 2016 界面的组成部分。

2.1.1 标题栏

标题栏位于窗口的最上方，由快速访问工具栏、当前文档名称、窗口控制按钮、功能区显示选项等组成。通过标题栏，不仅可以调整窗口大小，查看当前所编辑的文档名称，还可以进行新建、打开、保存等文档操作。

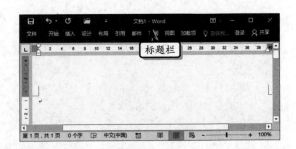

1．快速访问工具栏

快速访问工具栏在默认情况下，位于标题栏的最左侧，是一个可自定义工具按钮的工具栏，主要放置一些常用的命令按钮。默认情况下，系统会放置【保存】、【撤销】与【重复】三个命令。

单击旁边的下三角按钮,可添加或删除快速访问工具栏中的命令按钮。另外,用户还可以将快速工具栏放在功能区的下方。

2．当前文档名称

当前文档名称位于标题栏的中间,前面显示文档名称,后面显示文档格式。例如,名为"幻灯片"的 Word 文档,当前工作表名称将以"幻灯片-Word"的格式进行显示。

3．功能区显示选项

功能区显示选项位于当前文档名称的右侧,主要用于控制功能区的隐藏和显示,以及选项卡和命令的隐藏和显示状态。

4．窗口控制按钮

窗口控制按钮是由【最小化】 ▬、【最大化】 ❑、【关闭】 ✕ 按钮组成的,位于标题栏的最右侧。单击【最小化】按钮可将文档缩小到任务栏中,单击【最大化】按钮可将文档放大至满屏,单击【关闭】按钮可关闭当前 Word 文档。

> **技巧**
> 用户可通过双击标题栏的方法来调整窗口的大小,或者通过双击 Word 图标的方法,关闭文档。

2.1.2 功能区

Word 2016 中的功能区位于标题栏的下方,相当于 Word 2003 版本中的各项菜单。唯一不同的是功能区通过选项卡与选项组来展示各级命令,便于用户查找与使用。用户除了通过双击选项卡的方法展开或隐藏选项组之外,还可以通过访问键来操作功能区。

1．选项卡和选项组

在 Word 2016 中,选项卡替代了旧版本中的菜单,选项组则替代了旧版本菜单中的各级命令。用户直接单击选项组中的命令按钮便可以实现对文档的编辑操作,新旧版 Word 各选项卡与选项组的功能如下表所示。

选项卡	Word 2013 版选项组	Word 2016 版选项组
开始	包括【剪贴板】、【字体】、【段落】、【样式】、【编辑】选项组	包括【剪贴板】、【字体】、【段落】、【样式】、【编辑】选项组
插入	包括【页面】、【表格】、【插图】、【应用程序】、【链接】、【页眉和页脚】、【文本】、【符号】、【媒体】、【批注】等选项组	包括【页面】、【表格】、【插图】、【加载项】、【媒体】、【链接】、【批注】、【页眉和页脚】、【文本】、【符号】等选项组
设计	包括【文档格式】和【页面背景】选项组	包括【文档格式】和【页面背景】选项组
布　局（页面布局）	包括【页面设置】、【稿纸】、【段落】、【排列】选项组	包括【页面设置】、【稿纸】、【段落】、【排列】选项组
引用	包括【目录】、【脚注】、【引文与书目】、【题注】、【索引】、【引文目录】选项组	包括【目录】、【脚注】、【引文与书目】、【题注】、【索引】、【引文目录】选项组
邮件	包括【创建】、【开始邮件合并】、【编写和插入域】、【预览结果】、【完成】选项组	包括【创建】、【开始邮件合并】、【编写和插入域】、【预览结果】、【完成】选项组
审阅	包括【校对】、【语言】、【中文简繁转换】、【批注】、【修订】、【更改】、【比较】、【保护】选项组	包括【校对】、【见解】、【语言】、【中文简繁转换】、【批注】、【修订】、【更改】、【比较】、【保护】选项组
视图	包括【视图】、【显示】、【显示比例】、【窗口】、【宏】选项组	包括【视图】、【显示】、【显示比例】、【窗口】、【宏】选项组
加载项	默认情况下只包括【菜单命令】选项组,可通过【Word 选项】对话框加载选项卡	默认情况下只包括【菜单命令】选项组,可通过【Word 选项】对话框加载选项卡
请告诉我	无	输入相应内容便可获得帮助,试用列表包括【添加批注】、【更改表格外观】、【编辑页眉】、【打印】和【共享我的文档】选项

2．访问键

Word 2016 为用户提供了访问键功能,在当前文档中按 Alt 键，即可显示选项卡访问键。按选项卡访问键进入选项卡之后，选项卡中的所有命令都将显示命令访问键。单击或再次按 Alt 键，将取消访问键。

按 Alt 键显示选项卡访问键之后，按选项卡对应的字母键，即可展开选项组，并显示选项组中所有命令的访问键。

2.1.3　编辑区

编辑区位于 Word 2016 窗口的中间位置，可以进行输入文本、插入表格、插入图片等操作，并对文档内容进行删除、移动、设置格式等编辑操作。编辑区主要分为制表位、滚动条、标尺、文档编辑区等内容。

1．制表位

制表位位于编辑区的左上角，主要用来定位数据的位置与对齐方式。执行【制表位】命令，可以转换制表位格式。Word 2016 中主要包括左对齐式、右对齐式、居中式、小数点对齐式、竖线对齐式等 7 种制表位格式，具体功能如下表所示。

图标	名　称	功　能
L	左对齐式	设置文本的起始位置
⌐	右对齐式	设置文本的右端位置
⊥	居中式	设置文本的中间位置
⊥	小数点对齐式	设置数字按小数点对齐
⏐	竖线对齐式	不定位文本，只在制表位的位置插入一条竖线
▽	首行缩进	设置首行文本缩进
△	悬挂缩进	设置第二行与后续行的文本位置

2．滚动条

滚动条位于编辑区的右侧与底侧，右侧的称为垂直滚动条，底侧的称为水平滚动条。在编辑区中，可以拖动滚动条或单击上、下、左、右三角按钮来查看文档中的其他内容。

3．标尺

标尺位于编辑区的上侧与左侧，上侧的称为水平标尺，左侧的称为垂直标尺。在 Word 中，标尺主要用于估算对象的编辑尺寸，例如通过标尺可以查看文档表格中的行间距与列间距。

用户可通过启用或禁止【视图】选项卡【显示】选项组中的【标尺】复选框，来显示或隐藏编辑区中的标尺元素。

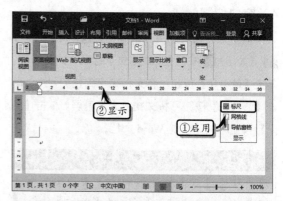

> **注意**
>
> 在普通视图下只能显示水平标尺，而在页视图下才可以同时显示水平和垂直标尺。

4．文档编辑区

文档编辑区位于编辑区的中央，主要用来创建与编辑文档内容，例如输入文本、插入图片、编辑文本、设置图片格式等。

2.1.4　状态栏

状态栏位于窗口的最底端，用于显示当前文档窗口的状态信息，包括文档总页数、当前页的页号、插入点所在位置的行/列号等，还可以通过右侧的缩放比例来调整窗口的显示比例。

1．页数

页数位于状态栏的最左侧，主要用来显示当前页数与文档的总页数 第1页,共1页 。例如 "页面: 1/2" 表示文档的总页数为两页,当前页为第一页。

2．字数

字数位于页数的左侧,用来显示文档的总字符数量 10 个字 。例如 "字数: 10" 表示文档包含 10 个字符。

3．编辑状态

编辑状态位于字数的左侧,用来显示当前文档的编辑情况。例如当输入正确的文本时,编辑状态则显示为【无校对错误】图标 ；当输入的文本出现错误或不符合规定时,编辑状态则显示为【发现校对错误,单击可更正】图标 。

4．视图

视图位于显示比例的右侧,主要用来切换文档视图。Word 2016 中简化了视图类型,从左至右依次为阅读视图 、页面视图 和 Web 版式视图 种视图。

5．显示比例

显示比例位于状态栏的最右侧,主要用来调整

视图的百分比,其调整范围为 10%～500%。用户除了可通过滑块来调整视频缩放百分比之外,还可以通过单击滑块右侧的【缩放级别】按钮 100% ,在弹出的【显示比例】对话框中,自定义显示比例。

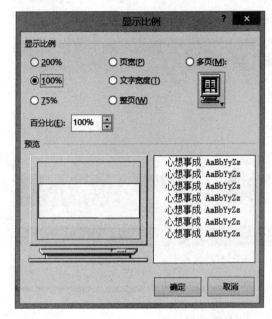

Office

2.2　创建与保存文档

在对 Word 2016 的操作环境有了一定的了解后,便可以着手开始创建新文档,以及保存文档并退出 Word 组件。另外,为了避免重复劳动,也为了保存劳动成果,需对编辑好的文档进行保存。

2.2.1　新建文档

Word 主要的操作就是进行文档的编辑处理。但在处理文档之前,首先应创建一个新文档。

1．创建空白文档

用户启用 Word 2016 组件,系统将自动进入【新建】页面,此时选择【空白文档】选项即可。另外,执行【文件】|【新建】命令,在展开的【新建】页面中,选择【空白文档】选项,即可创建一

个空白工作表。

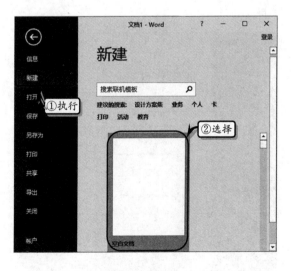

用户也可以通过【快速访问工具栏】中的【新

建】命令，来创建空白工作簿。对于初次使用 Word 2016 的用户来讲，需要单击【快速访问工具栏】右侧的下拉按钮，在其列表中选择【新建】选项，将【新建】命令添加到【快速访问工具栏】中。然后，直接单击【快速访问工具栏】中的【新建】按钮，即可创建空白工作簿。

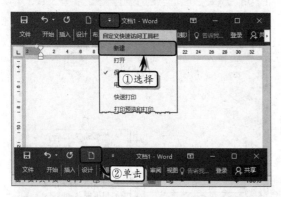

2. 创建模板文档

Word 2016 新改进了文档模板列表，用户执行【文件】|【新建】命令之后，系统只会在该页面中显示固定的模板样式，以及最近使用的模板演示文稿样式。在该页面中，选择需要使用的模板样式即可。

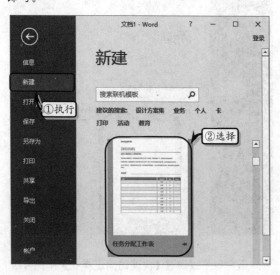

然后，在弹出的创建页面中，预览模板文档内容，单击【创建】按钮即可。

除此之外，用户还可以通过下列方法，来创建模板文档。

（1）按类别创建：此类型的模板主要根据内置的类别模板进行分类创建。在【新建】页面中，选择【建议的搜索】行中的任意一个类别。然后，在展开的类别中选择相应的模板文档即可。

（2）搜索模板：当用户需要创建某个具体类别的模板文档时，可以在【新建】页面中的【搜索】文本框中输入搜索内容，并单击【搜索】按钮。然后，在搜索后的列表中选择相应的模板文档即可。

2.2.2 输入文本

文本内容是文档的灵魂，在 Word 中不仅可以输入普通文本，而且还可以输入特殊符号和公式等特殊文本内容。

1. 输入普通文本

在 Word 中的光标处，可以直接输入中英文、数字、符号、日期等文本。当用户按 Enter 键时，可以直接换行，在下一行中继续输入。而当用户按空格键时，可以空出一个或几个字符，并在空格后继续输入文本。

2．输入特殊符号

执行【插入】|【符号】|【符号】|【其他符号】命令，在弹出的【符号】对话框中选择【符号】选项卡，选择相应的符号。

另外，在【符号】对话框中的【特殊字符】选项卡中，选择相应的选项即可插入表示某种意义的特殊字符。

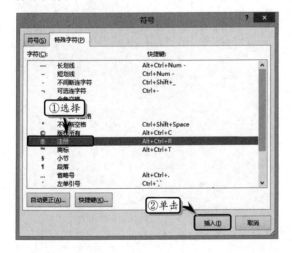

3．输入公式

在制作论文文档或其他一些特殊文档时，往往需要输入数学公式加以说明与论证。Word 2013 为用户提供了二次公式、二项式定理、勾股定理等 9 种公式，执行【插入】|【符号】|【公式】命令，

在打开的下拉列表中选择公式类别即可。

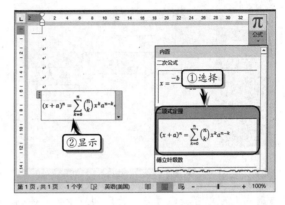

另外，执行【插入】|【符号】|【公式】|【插入新公式】命令，在插入的公式范围内，输入公式字母。同时，在【公式工具】的【设计】选项卡中可以设置公式中的符号和结构。

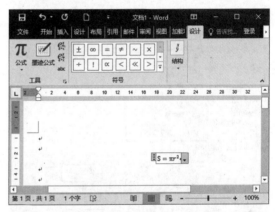

> **注意**
>
> 用户也可以执行【插入】|【文本】|【对象】命令，在弹出的【对象】对话框中选择【Microsoft 公式 3.0】选项，可在文档中插入公式对象。

2.2.3　保存文档

对于初次保存的文档，只需单击【快速访问工具栏】中的【保存】命令，或执行【文件】|【保存】命令，在展开的【另存为】列表中选择【这台电脑】选项，并选择相应的保存位置，例如选择【桌面】选项。

提示

用户也可以直接在【另存为】列表中，单击【浏览】按钮，自定义保存位置。

然后，弹出的【另存为】对话框中，设置【保存类型】与【文件名】即可。

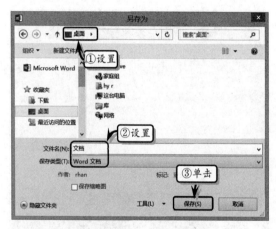

其中，【保存类型】下拉列表中主要包含了以下几种常用文件类型。

类　型	功　能	后缀名
Word 文档	将当前活动文档以默认类型保存，其扩展名为.docx	*.docx
启用宏的 Word 文档	将当前活动文档保存为启用宏的 Word 文档	*.docm
Word 97-2003 文档	将当前活动文档保存为 Word97-2003 格式，即兼容模式	*.doc
Word 模板	将当前活动文档保存为模板，扩展名为.dotx	*.dotx

续表

类　型	功　能	后缀名
启用宏的 Word 模板	将当前活动文档保存为启用宏的模板	*.dotm
Word 97-2003 模板	将当前活动文档保存为 Word 97-2003 模板	*.dot
PDF	表示保存一个由 Adobe Systems 开发的基于 PostScriptd 的电子文件格式，该格式保留了文档格式并允许共享文件	*.pfd
XPS 文档	表示保存为一种版面配置固定的新的电子文件格式，用于以文档的最终格式交换文档	*.xps
单个文件网页	将当前活动文档保存为单个网页文件	*.mht *.mhtml
网页	将当前活动文档保存为网页	*.htm *.html
筛选后的网页	将当前活动文档保存为筛选后的网页	*.htm *.html
RTF 格式	将当前活动文档保存为多文本格式	*.rtf
纯文本	将当前活动文档保存为纯文本格式	*.txt
Word XML 文档	将当前活动文档保存为 XML 文档，即可扩展标识语言文档	*.xml
Word 2003 XML 文档	将当前活动文档保存为 2003 格式的 XML 文档	*.xml
Strict Open XML 文档	表示可以保存一个 Strict Open XML 类型的文档，可以帮助用户读取和写入 ISO8601 日期以解决 1900 年的闰年问题。	*.docx
OpenDocument 文本	表示保存一个可以在使用 OpenDocument 演示文稿的应用程序中打开，还可以在 PowerPoint 2010 中打开.odp 格式的演示文稿	*.odt

对于已经保存过的文档，用户执行【文件】|【另存为】命令，即可将该文档以其他文件名保存为该文档的一个副本。

注意

在 Word 2016 中，保存文件可以将文件保存到 OneDrive 和其他位置中。

2.3 设置字体格式

输入完文本之后，为了使整体文档更具有整齐性，还需要设置文本的字体格式。例如，设置文本的字体、字号、字形与效果等格式。

2.3.1 设置字体和字号

设置字体是设置文本的字体样式，例如方正姚体、方正舒体、黑体等字体样式；而设置字号则是设置字体的大小，包括五号、四号、三号等字号样式。

注意

用户也可以选择字体，在弹出的【浮动工具栏】中单击【字体】下拉按钮，选择相应的字体样式。

1. 设置字体

选择需要设置字体的文本，执行【开始】|【字体】|【字体】|【华文行楷】命令，即可设置所选文本的字体样式。

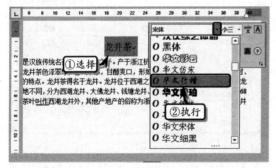

另外，选择需要设置文本字体的文本，在【开始】选项卡【字体】选项组中单击【对话框启动器】按钮，设置【中文字体】或【西文字体】选项即可。

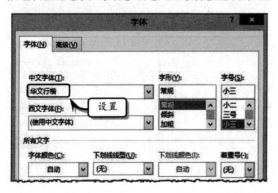

2. 设置字号

在设置字号之前，用户还需要先了解一下 Word 2016 中字号的度量单位。Word 2016 中主要包括"号"与"磅"两种度量单位，"号"单位的数值越小，"磅"单位的数值就越大。字号度量单位的具体说明如下表所示。

字体大小	磅	字体大小	磅
八号	5	小三	15
七号	5.5	三号	16
小六	6.5	小二	18
六号	7.5	二号	18
小五	10.5	小一	24
五号	10.5	一号	26
小四	12	小初	36
四号	14	初号	42

选择需要设置的文本内容，执行【开始】|【字体】|【字号】命令，在其列表中选择一个选项即可。

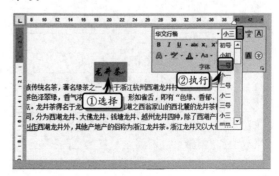

另外，用户还可以通过对话框和浮动工具栏，来设置文本的字体格式。

（1）对话框法：在【开始】选项卡【字体】选项组中，单击【对话框启动器】按钮，在弹出的【字体】对话框中，设置【字号】选项即可。

（2）浮动工具栏法：选择要设置的字符，在弹出的【浮动工具栏】中单击【字号】下拉按钮，选择所需选项即可。

2.3.2 设置字效

字效是在 Word 中利用一些字体格式来改变文字字体效果的一种操作方法，主要包括加粗、下划线、删除线、阳文等格式。

1．选项组法

选择文本内容，执行【开始】|【字体】|【加粗】命令，设置文本的加粗字体效果。

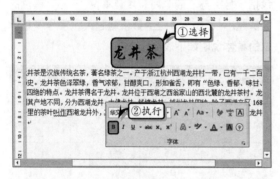

其中，在【字体】选项组中，表示字形的各按钮名称及功能如下表所示。

图标	名　称	快捷键	说　明
A˄	增大字体	Ctrl+>	增加字体的大小
A˅	减小字体	Ctrl+<	减小字体的大小
Aa ˅	更改大小写		
A✎	清除所有格式	——	更改大小写
wén文	拼音指南		添加文字的拼音
A	字符边框		添加文字的边框
B	加粗	Ctrl+B	文字加粗
I	倾斜	Ctrl+I	将文字倾斜
U ˅	下划线	Ctrl+U	文字加下划线
abc	删除线	——	将文字添加删除线
x₂	下标	Ctrl+=	将文字设置为下标
x²	上标	Ctrl+Shift+=	将文字设置为上标

续表

图标	名　称	快捷键	说　明
aby ˅	以不同的颜色突出显示文本	——	不同颜色突出文本显示
A ˅	字体颜色	——	更改字体颜色效果
A	字符底纹		添加文字的底纹效果
字	带圈字符		将文字添加圈
A ˅	文本效果和版式		为文本添加围观效果

2．对话框法

若用户需要设置更多的效果，则可以在【字体】选项组中单击【对话框启动器】按钮，在弹出的【字体】对话框的【效果】选项组中，进行相应的设置。

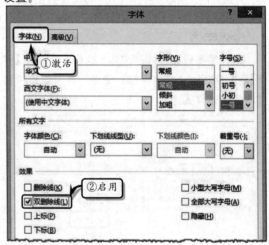

【效果】选项组中包含了可以设置字体、字号及字形等的选项，其名称和作用如下表所示。

名　称	说　明	示　例
删除线	为所选字符的中间添加一条线。	苟利国家生死以，岂因祸福避趋之。
双删除线	为所选字符的中间添加两条线。	苟利国家生死以，岂因祸福避趋之。
上标	提高所选文字的位置并缩小该文字	$3^2=9$
下标	降低所选文字的位置并缩小该文字	Fe_2O_3
小型大写字母	将小写字母变为大写字母，并将其缩放	YOU ARE RIGHT

续表

名　称	说　明	示　例
全部大写字母	将小写字母变为大写字母，但不改变字号	YOU ARE RIGHT
隐藏	防止选定字符显示或打印	

另外，用户还可以在【所有文字】选项组中，设置字体的下划线效果，包括下划线线型、下划线颜色和着重号等。

> **注意**
>
> 在【字体】对话框的【字体】选项卡中，单击最下方的【文字效果】按钮，可在弹出的【设置文本效果格式】对话框中进一步设置文本的格式。

2.3.3　设置字符间距

Word 2016还为用户提供了设置字符间距的功能，以增加文本的美观效果，包括设置缩放比例、设置间距和调整位置。

1．设置缩放比例

选择要设置字符间距的文字，单击【字体】选项组中的【对话框启动器】按钮。在【高级】选项卡中单击【缩放】下拉按钮，在其列表中选择所需的选项，即可设置字符的缩放比例。

当选择的缩放比例大于100%时，所选文字横向加宽；当选择的缩放比例小于100%时，所选文字将会紧缩。例如，选择50%和200%缩放选项的效果如下。

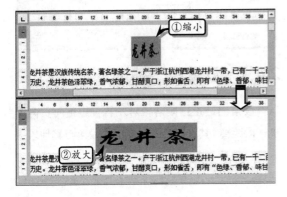

> **提示**
>
> 字符间距的缩放值除了下拉列表中的选项之外，还可以手动输入缩放值，其值介于1%~600%之间。

2．设置间距

字符间距的设置可以更改所选文字之间的距离。在【高级】选项卡中，单击【间距】下拉按钮，选择【加宽】或【紧缩】选项，即可使所选文字之间的距离加宽或紧缩。而且，用户还可以通过【磅值】微调框来设置加宽和紧缩的程度。例如，设置文本的【加宽】2磅和【紧缩】2磅间距样式。

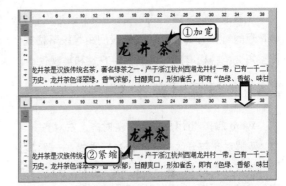

> **提示**
>
> Word 2013中字体间距中的【加宽】与【紧缩】选项的磅值介于0~1584磅之间。

3．调整位置

位置用于设置字符在水平方向上的位置。位置也包含三种方式，即标准、提升和降低。

在【高级】选项卡中，单击【位置】下拉按钮，其列表中包含【标准】、【提升】和【降低】三个选项，用户可以根据自己的需要设置字符在水平方向上的位置，并可以通过【磅值】微调框来设置位置的显示调整程度。例如，设置【提升】6磅和【降低】6磅位置样式。

> **提示**
>
> Word 2013中字体位置中的【提升】与【降低】选项的磅值介于0~1584磅之间。

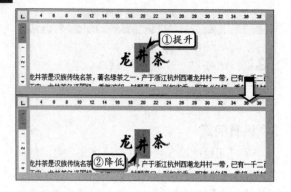

Office 2.4 设置段落格式

设置文档的字体格式之后，还需要通过设置整体管理的对齐方式、段落缩进、段间距等段落格式，使整篇文档轻松有序，增加其整齐性和美观性。

2.4.1 设置对齐方式

Word 2016 为用户提供了左对齐、右对齐、居中、两端对齐与分散对齐 5 种对齐方式。一般情况下选择文本或段落，执行【开始】|【段落】|【居中】命令，可以使文本或段落居中对齐。

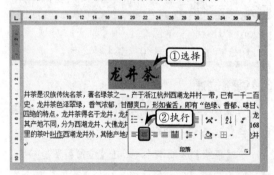

在【段落】选项组中，各对齐命令的具体情况如下表所述。

按钮	名称	功　能	快捷键
	左对齐	将文字左对齐	Ctrl+L
	居中	将文字居中对齐	Ctrl+E
	右对齐	将文字右对齐	Ctrl+R
	两端对齐	将文字左右两端同时对齐，并根据需要增加字间距	Ctrl+J

续表

按钮	名称	功　能	快捷键
	分散对齐	使段落两端同时对齐，并根据需要增加字符间距	Ctrl+Shift+J

另外，选择文本或段落，在【开始】选项卡【段落】选项组中单击【对话框启动器】按钮，在弹出的【段落】对话框的【缩进和间距】选项卡中，单击【对齐方式】下拉按钮，在下拉列表中选择一项。

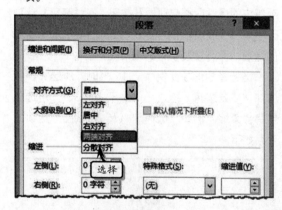

2.4.2 设置段落缩进

段落缩进是指段落相对左右页边距向页内缩进一段距离，其设置目的是将一个段落与其他段落分开，显示出条理更加清晰的层次，以方便读者阅读。

1．鼠标调整法

将光标置于要设置缩进的段落中，然后，用鼠标拖动水平标尺上相应的段落标记，即可为该段落设置缩进格式。例如，将光标移动到需要缩进的段落中，拖动标尺中的【首行缩进】按钮▽缩进首行，同时拖动标尺中的【悬挂缩进】按钮△。

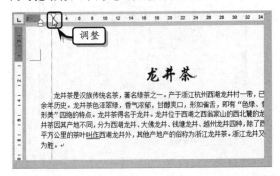

其中，水平标尺上方主要包含 4 个段落标记按钮，其功能如下表所示。

按钮	名　称	功　能
▽	首行缩进	段落中第一行的缩进
△	悬挂缩进	段落中除第一行外的文本的缩进
□	左缩进	整个段落的左边向右缩进一定的距离
△	右缩进	整个段落的右边向左缩进一定的距离

2．命令对话框法

在设置段落时，也可以执行【段落】选项组中的【减少缩进量】命令🔻和【增加缩进量】命令🔺，设置段落的缩进效果。

除此之外，在【开始】选项卡【段落】选项组中，单击【对话框启动器】按钮。然后，在弹出的【段落】对话框中，选择【缩进和间距】选项卡。在【缩进】选项组中，单击【特殊格式】下拉按钮，选择【悬挂缩进】选项，并设置其【缩进值】。

技巧

用户可使用快捷键 Ctrl+M 进行左缩进，按快捷键 Ctrl+Shift+M 取消左缩进。或按快捷键 Ctrl+T 创建悬挂缩进，按快捷键 Ctrl+Shift+T 减小悬挂缩进量。按快捷键 Ctrl+Q 取消段落格式。

2.4.3　设置间距

设置间距包括设置段间距和行间距两种间距的设置方法，其中段间距是指段与段之间的距离，行间距是指行与行之间的距离。

1．自定义段间距和行间距

在【开始】选项卡【段落】选项组中，单击【对话框启动器】按钮。然后，在弹出的【段落】对话框中，打开【缩进和间距】选项卡。在【间距】选项组中，自定义段间距与行间距。

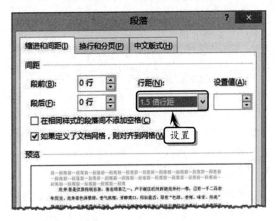

其中，段间距与行间距的具体设置方法如下所述。

（1）段间距：段间距包括段前与段后两个距离，在【段前】微调框中设置该段距离上段的行数，在【段后】微调框中设置该段距离下段的行数。

（2）行间距：【段落】对话框中的【行距】下拉列表主要包括单倍行距、1.5 倍行距、2 倍行距、最小值、固定值、多倍行距 6 种格式。用户可单击【行距】下三角按钮，在下拉列表中选择需要设置的格式。另外，用户还可以在【设置值】微调框中自定义行间距。

2．使用内置选项

选择段落或行，执行【开始】|【段落】|【行和段落间距】命令，在其列表中选择一项，即可设置行距和段落间距。

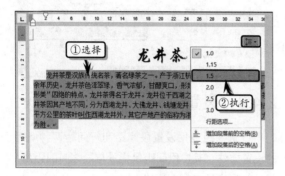

另外，还可以通过执行【增加段前间距】和【增加段后间距】命令来设置增加段前间距和增加段后间距等。

> **技巧**
>
> 按 Ctrl+I 快捷键，可设置单倍行距。按 Ctrl+2 快捷键，可设置双倍行距；按 Ctrl+5 快捷键，可设置 1.5 倍行距。

2.4.4 设置项目符号和编号

创建文档并输入文本之后，为了使文档具有层次性，需要为文档设置项目符号和编号，从而突出或强调文档中的重点。

1．设置项目符号

选择文本或段落，执行【开始】|【段落】|【项目符号】命令，在列表中选择相应的选项即可。

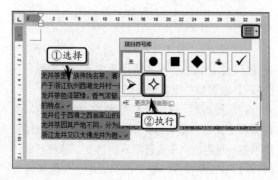

另外，执行【项目符号】|【定义新项目符号】命令，在弹出的【定义新项目符号】对话框中，可以设置项目符号的样式。

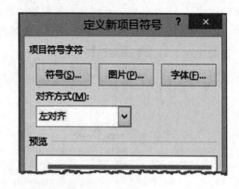

2．设置项目编号

选择文本或段落，执行【开始】|【段落】|【编号】命令，在其下拉列表中选择相应的选项即可。

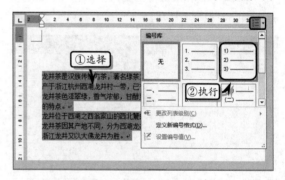

另外，执行【编号】|【定义新编号格式】命令，在弹出的【定义新编号格式】对话框中，可以设置编号样式与对齐方式。

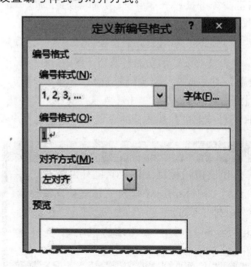

Office

2.5 查找与替换文本

对于长篇或包含多处相同及共同文本的文档来说,修改某个单词或修改具有共同性的文本时显得特别麻烦。为了解决用户的使用问题,Word 2016为用户提供了查找与替换文本的功能。

2.5.1 查找文本

执行【开始】|【编辑】|【查找】|【高级查找】命令,在弹出的【查找和替换】对话框中,选择【查找】选项卡。然后,在【查找内容】文本框中输入查找内容,单击【查找下一处】按钮。

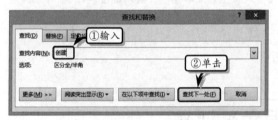

另外,用户也可以执行【开始】|【编辑】|【查找】|【查找】命令,在弹出的【导航】窗格中输入查找内容,即可查找相应的文本。

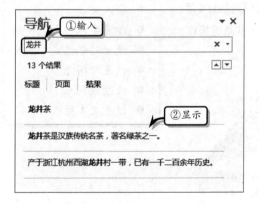

2.5.2 替换文本

执行【开始】|【编辑】|【替换】命令,在【替换】选项卡中的【查找内容】与【替换为】文本框中,分别输入查找文本与替换文本,单击【替换】或【全部替换】按钮即可。

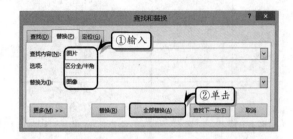

在【查找和替换】对话框中单击【更多】按钮,可在展开的【搜索选项】选项组中设置查找条件等内容。

单击【搜索】下三角按钮,在打开的下拉列表中选择【向上】选项即可从光标处开始搜索到文档的开头,选择【向下】选项即可从光标处搜索到文章的结尾,选择【全部】选项即可搜索整个文档。

同时,用户还可以利用取消选中或选中复选框的方法来设置搜索条件。【搜索选项】选项组中选项的具体功能如下表所示。

名　称	功　　能	名　称	功　　能
区分大小写	在查找文本时区分大小写,例如查找 A 时,a 不在搜索范围内	区分前缀	查找时区分文本中单词的前缀

续表

名 称	功 能	名 称	功 能
全字匹配	只查找符合全部条件的英文单词	区分后缀	查找时区分文本中单词的后缀
使用通配符	可以使用匹配其他字符的字符	区分全/半角	在查找时区分英文单词的全角或半角字符
同音（英文）	可以查找发音一致的单词	忽略标点符号	在查找的过程中忽略文档中的标点符号
查找单词的所有形式（英文）	查找英文时，不会受到英文形式的干扰	忽略空格	在查找时，不会受到空格的影响

令，弹出【查找和替换】对话框。在该对话框中的【定位目标】中选择要定位的位置，可将光标定位到某页、某节、某个书签、某个表格或者某个批注处等。

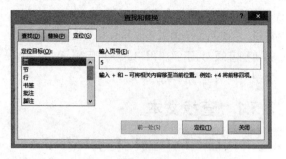

例如，将光标定位到文档的第5页，则可以在【定位目标】下拉列表中，选择【页】选项，并在【输入页号】文本框中，输入定位条件5，单击【定位】按钮即可。

2.5.3 定位文本

执行【开始】|【编辑】|【查找】|【转到】命

Office 2.6 练习：排版《荷塘月色》课文

在日常生活或工作中，用户往往需要利用 Word 来编排工作报告、经典文章、散文诗歌等文档。下面利用 Word 中的基础知识来制作《荷塘月色》课文。通过本练习，帮助用户熟悉 Word 中的一些基础操作技巧。

练习要点
- 输入文本
- 设置字体格式
- 设置对齐格式
- 设置行间距
- 设置段间距
- 设置文本效果

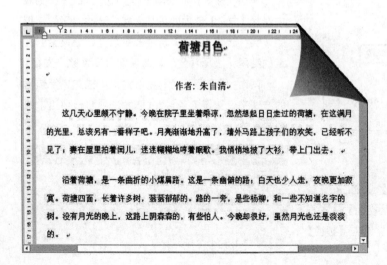

操作步骤 ▶▶▶▶

STEP|01 制作文本标题。新建空白文档，输入文章标题和内容。然后，选择标题文本，执行【开始】|【段落】|【居中】命令，设置对齐格式。

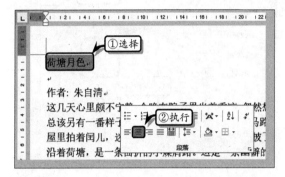

STEP|02 执行【开始】|【字体】|【字号】|【小三】命令，同时执行【开始】|【字体】|【加粗】命令，设置标题文本的字体格式。

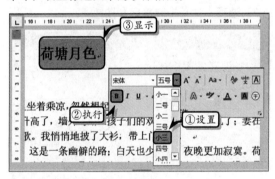

STEP|03 设置"作者"文本格式。选择文本"作者：朱自清"，执行【开始】|【段落】|【居中】命令，设置文本的对齐方式。

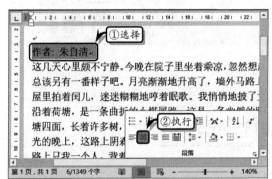

STEP|04 然后，执行【开始】|【字体】|【字号】|【小四】命令，设置文本的字体大小。

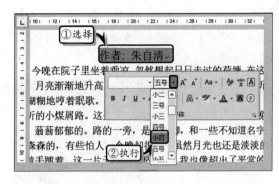

STEP|05 设置行间距和段间距。选择全部正文，单击【段落】选项组中的【对话框启动器】按钮。然后，将【特殊格式】设置为【首行缩进】，并将【缩进值】设置为【2 字符】。

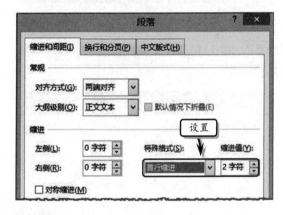

STEP|06 在【间距】选项组中单击【行距】下三角按钮，选择【1.5 倍行距】选项。然后，将【段前】与【段后】都设置为【1 行】，单击【确定】按钮。

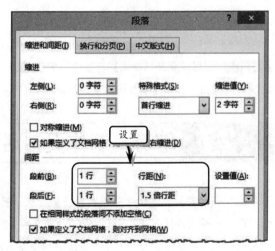

STEP|07 设置文本效果。选择标题，在【开始】选项卡【字体】选项组中，单击【对话框启动器】按钮，并单击【文字效果】按钮。

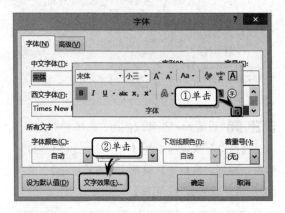

STEP|08 打开【文本效果】选项卡，展开【阴影】选项组，单击【预设】下拉按钮，选择【右下斜偏移】选项。

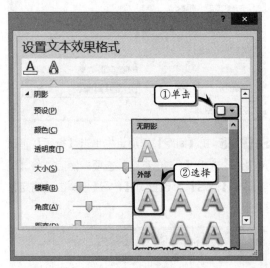

STEP|09 然后，展开【映像】选项组，单击【预设】下拉按钮，选择【半映像，接触】选项。

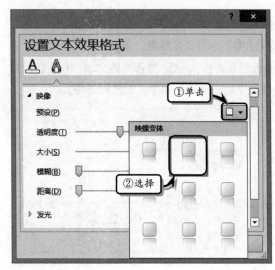

STEP|10 打开【文本填充与轮廓】选项卡，展开【文本填充】选项组，选中【渐变填充】选项，单击【预设渐变】下拉按钮，选择【径向渐变-个性色 2】选项，并单击【确定】按钮。

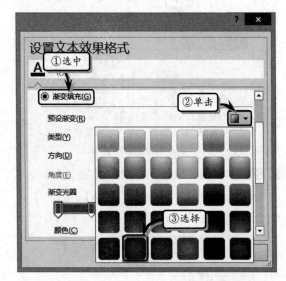

2.7 练习：制作促销活动计划书

促销是商家为了消化库存和换季产品，从而开展的刺激消费者购买欲的一种大规模活动。在开展促销活动之前，首先应拟定一份促销活动计划书，系统全面的活动计划是促销活动成功的关键和保障。

下面运用添加项目符号、设置字体和段落格式等功能，来制作一份促销活动计划书。

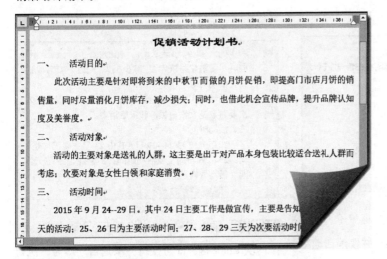

操作步骤 ▶▶▶▶

STEP|01 制作标题。在空白文档中输入"促销活动计划书"，选择输入的文字，在【开始】选项卡【字体】选项组中，设置文本的字体格式。

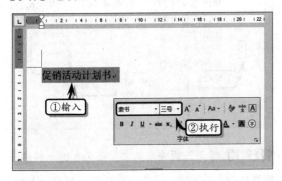

STEP|02 同时，执行【开始】|【段落】|【居中】命令，设置其对齐方式。

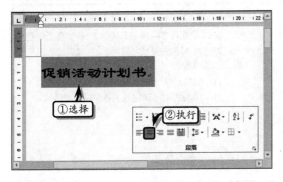

STEP|03 清除字体格式。将光标置于"促销活动

计划书"后，按 Enter 键换行。然后，执行【开始】|【字体】|【清除格式】命令，以清除字体格式。

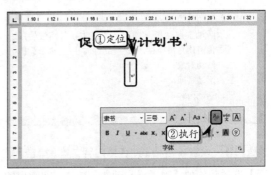

STEP|04 制作二级标题。执行【开始】|【段落】|【编号】命令，在【编号库】栏中选择一种编号格式。

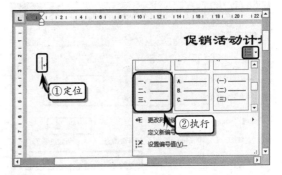

STEP|05 在添加的编号后面输入"活动目的"。

然后按 Enter 键换行，将自动添加序列编号，输入"活动对象"。运用相同方法完成其他编号内容的输入。

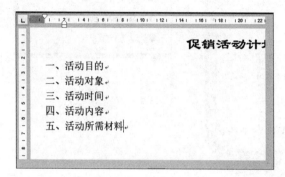

STEP|06 输入二级标题内容。将光标置于"活动目的"后，按两次 Enter 键即可换行并取消自动编号，然后输入"活动目的"的具体内容。

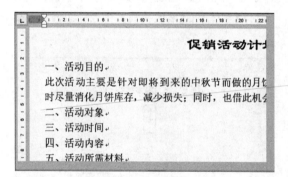

STEP|07 设置段落格式。选择内容文本，单击【段落】选项组中的【对话框启动器】按钮。在弹出的【段落】对话框中单击【特殊格式】下拉按钮，选择【首行缩进】选项。

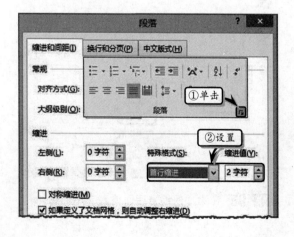

STEP|08 运用相同的方法，分别在"二、活动对象"和"三、活动时间"后输入相应内容，并设置首行缩进。

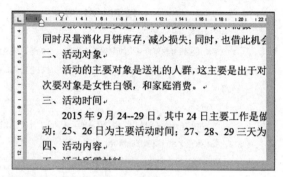

STEP|09 插入编号。将光标置于"活动内容"后，按两次 Enter 键，即可换行并取消自动编号。执行【开始】|【段落】|【编号】命令，在【编号库】栏中选择一种编号格式。

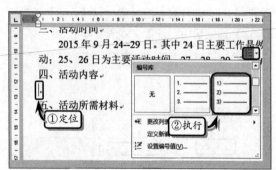

STEP|10 输入三级编号文本。按 Tab 键，并在该编号后输入"宣传：以发传单为主"。然后按 Enter 键换行，将自动添加一个编号，继续输入文字。

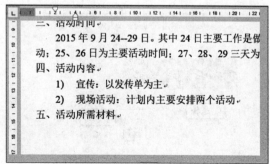

STEP|11 插入四级编号。将光标置于"计划内主

要安排两个活动"后，按两次 Enter 键，换行并取消自动编号。执行【开始】|【段落】|【编号】命令，在【编号】库中选择一种编号格式，并按两次 Tab 键设置编号级别。

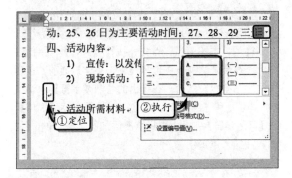

STEP|12 按两次 Tab 键，在编号 A 后输入文字并按 Enter 键，将自动添加一个编号 B。然后，在该编号后输入文字。

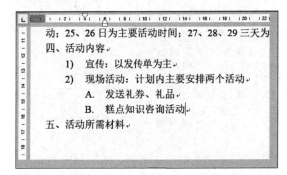

STEP|13 将光标置于"五、活动所需材料"后，添加一种编号样式，并完成编号内容的输入。

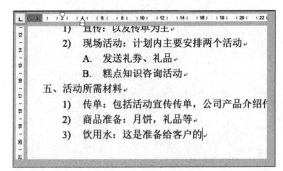

STEP|14 制作结尾文本。将光标置于"这是准备给客户的"文字后，按三次 Enter 键，将出现两个

回车符，并输入文字。

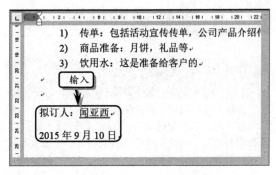

STEP|15 输入并选择拟订人与日期，执行【开始】|【段落】|【文本右对齐】命令。

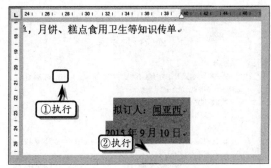

STEP|16 按 Alt+A 键全选整篇文档，单击【段落】选项组中的【对话框启动器】按钮，单击【行距】下拉按钮，选择【1.5 倍行距】选项。

Office 2.8 新手训练营

练习1：制作办公室行为规范

downloads\2\新手训练营\办公室行为规范

提示：本练习中，首先新建空白文档，输入标题和内容文本。选择标题文本，执行【开始】|【段落】|【居中】命令，同时在【字体】选项组中设置其字体格式。然后，选择所有正文文本，在【字体】选项卡中设置其字体格式。最后，单击【段落】选项卡中的【对话框启动器】按钮，在弹出的对话框中，将【特殊格式】设置为【首行缩进】，将【行距】设置为【1.5倍行距】，单击【确定】按钮即可。

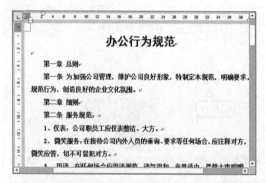

练习2：制作员工报到通知书

downloads\2\新手训练营\员工报到通知书

提示：本练习中，首先新建空白文档，输入标题和正文内容。选择标题文本，在【字体】选项卡中设置标题文本的字体格式，在【段落】选项卡中设置【居中】对齐方式。同时，设置【段落】间距。然后，在"先生"文本前插入下划线并设置其段落格式。最后，插入项目编号，输入编号文本并设置其字体和段落格式即可。

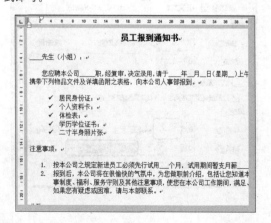

练习3：制作书法字帖

downloads\2\新手训练营\书法字帖

提示：本练习中，首先，执行【文件】|【新建】命令，在展开的列表中选择【书法字体】选项，创建书法字帖模板。然后，在弹出的【增减字符】对话框中，选中【系统字体】选项，并将字体设置为【黑体】。在【可用字符】列表中选择需要添加的字符，单击【添加】按钮，添加字符。

最后，设置书法的网格样式与空心字选项即可。

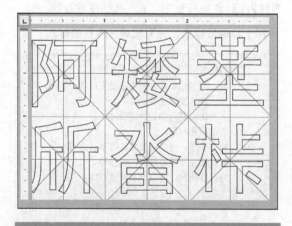

练习4：快速去除文本格式

downloads\2\新手训练营\快速去除文本格式

提示：本练习中，首先新建空白文档，在文档中

输入文本，并设置文本的字体格式。选择需要去除文本格式的文本，执行【开始】|【剪贴板】|【复制】命令，复制文本。

弹出【选择性粘贴】对话框。选择【无格式文本】选项，单击【确定】按钮即可。

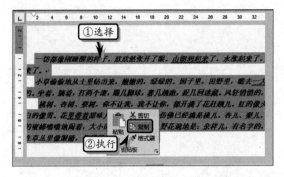

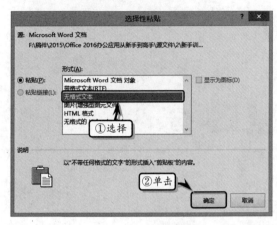

然后，将光标定位在需要复制文本的位置，执行【开始】|【剪贴板】|【粘贴】|【选择性粘贴】命令，

第 **3** 章

排 版 文 档

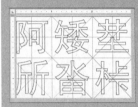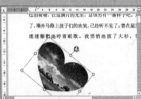

　　版面是文档的灵魂，而排版文档则是制作一份优美文档的"重头戏"，它直接影响了版面的美观性和视觉传达效果。在对 Word 文档进行排版时，经常会对同一个文档中的不同部分采用不同的版面设置，以追求整洁和美观的页面排版目标。例如，在文书编排时，可以通过 Word 文档中的分页和分节功能，在同一个文档中设置多种不同的版式，以增加版式的灵活性；除此之外，还可以通过在文档中添加页眉和页脚，使版式更加美观大方、主题突出。在本章中，将详细介绍页面排版中涉及到的一些专业知识，包括设置页眉和页脚、页边距、版式和样式等内容。

Office # 3.1 美化页面

Word 2016 默认的背景颜色为纯白色,可通过设置文档背景的填充样式、水印背景、稿纸样式和边框格式等,在突出文档个性的同时使文档更加符合企业的文化内涵。

3.1.1 设置背景填充

背景填充包括纯色填充、渐变填充、纹理填充和图片填充,其具体设置方法如下所述。

1. 纯色填充

Word 2016 为用户提供了 70 种纯色背景填充颜色,执行【设计】|【页面背景】|【页面颜色】命令,在其列表中选择一种颜色,即可设置文档的纯色背景。例如,可以将背景颜色设置为【绿色,个性色 6,淡色 60%】。

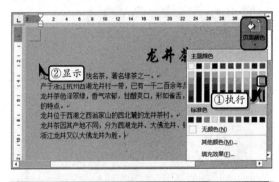

技巧

设置背景纯色填充效果之后,执行【页面颜色】|【无颜色】命令,可取消背景填充颜色。

除了使用内置颜色之外,用户还可以自定义填充颜色。执行【设计】|【页面背景】|【页面颜色】|【其他颜色】命令,在弹出的【颜色】对话框的【标准】选项卡中选择一种色块即可。

另外,激活【自定义】选项卡,可以自定义 RGB 或 HSL 颜色效果。

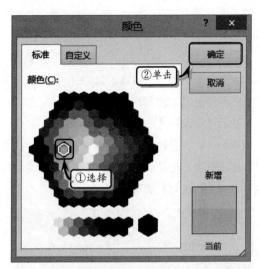

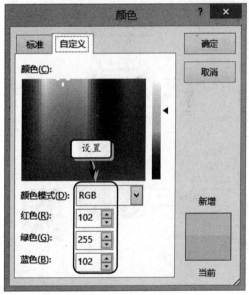

其中 RGB 或 HSL 颜色模式的具体说明,如下所述。

(1) RGB 颜色模式:主要基于红色、蓝色与绿色三种颜色,利用混合原理组合新的颜色。在【颜色模式】下拉列表中选择 RGB 选项后,单击【颜色】列表框中的颜色,然后在【红色】、【绿色】与【蓝色】微调框中设置颜色值即可。

（2）HSL 颜色模式：主要基于色调、饱和度与亮度三种效果来调整颜色。在【颜色模式】下拉列表中选择 HSL 选项后，单击【颜色】列表框中的颜色，然后在【色调】、【饱和度】与【亮度】微调框中设置数值即可。其中，各数值的取值范围为 0～255。

2．渐变填充

渐变是颜色的一种过渡现象，是一种颜色向一种或多种颜色过渡的填充效果。

执行【设计】|【页面背景】|【页面颜色】|【填充效果】命令，在弹出的【填充效果】对话框的【渐变】选项卡中，设置渐变填充的【颜色】、【底纹样式】和【变形选项】即可。

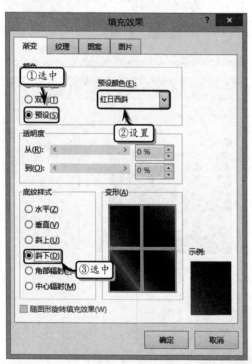

在【渐变】选项卡中，主要包括下列选项组。

（1）颜色：主要可以设置单色填充、双色填充与多色填充效果。其中，选中【单色】单选按钮表示一种颜色向黑色或白色渐变。例如，滑块向【深】滑动时颜色向黑色渐变，滑块向【浅】滑动时颜色向白色渐变。选中【双色】单选按钮则表示一种颜色向另外一种颜色渐变，选中【预设】单选按钮则

表示使用 Word 2013 自带的 24 种渐变颜色。

（2）底纹样式：主要通过改变渐变填充的方向来改变颜色填充的格式，也就是一种渐变变形。在【底纹样式】选项组中可以设置【水平】、【垂直】、【中心辐射】等渐变格式。

（3）变形：主要显示渐变颜色的形状走向趋势，也就是渐变颜色的显示方向。例如，从上到下、从左到右、从右上角等。该选项组中的选项并不是一成不变的，它是随着底纹样式的改变而自动改变的。

3．纹理填充

Word 2016 提供了鱼类化石、纸袋、画布等几十种纹理图案。在【填充效果】对话框的【纹理填充】选项卡中，在【纹理】列表框中选择一种纹理效果，单击【确定】按钮即可。

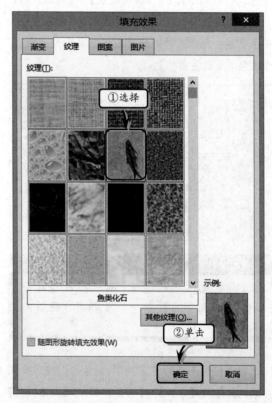

另外，用户还可以使用自定义纹理来填充文档背景。单击【其他纹理】按钮，在弹出的【插入图片】对话框中选择一种图片来源即可。

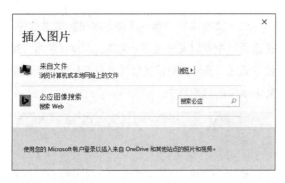

4．图片填充

图片填充是将图片以填充的效果显示在文档背景中，在【填充效果】对话框的【图片】选项卡中，单击【选择图片】按钮。

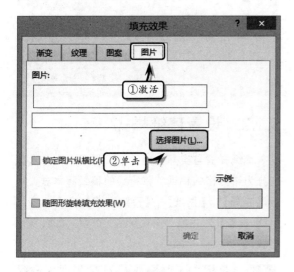

在弹出的【插入图片】对话框中的【必应图像搜索】文本框中输入搜索文本，并单击【搜索】按钮。

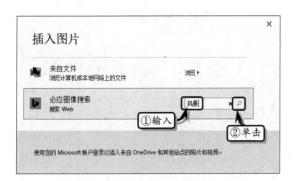

然后，在展开的搜索列表中选择一种图片，单击【插入】按钮，系统将自动下载图片并返回到【填充效果】对话框中。

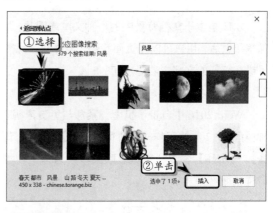

5．图案填充

图案填充效果是由点、线或图形组合而成的一种填充效果，Word 2016 为用户提供了 48 种图案填充效果。

在【填充效果】对话框的【图案】选项卡中，在【图案】列表框中选择一种图案后，并设置其【前景】和【背景】选项。

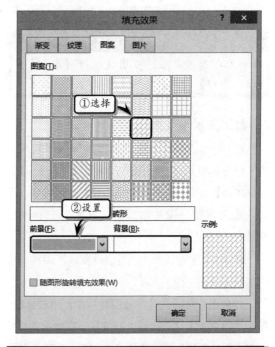

注意

在【图案】选项卡中，【前景】选项表示图案的颜色，而【背景】选项则表示图案下方的背景颜色。

3.1.2 设置水印填充

水印是位于文档背景中的一种文本或图片。添加水印之后，用户可以在页面视图、全屏阅读视图下或在打印的文档中看见水印。

1. 使用内置水印

Word 2016 中自带了机密、紧急与免责声明 3 种类型共 12 种水印样式，执行【设计】|【页面背景】|【水印】命令，在其级联菜单中选择一种水印样式即可。

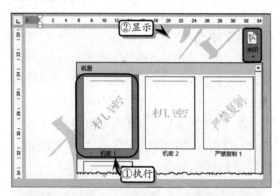

技巧

添加水印效果之后，可通过执行【水印】|【删除水印】命令，清除文档中的水印效果。

2. 自定义水印效果

在 Word 2016 中除了使用自带水印效果之外，还可以自定义水印效果。执行【水印】|【自定义水印】命令，在弹出的【水印】对话框中，可以设置无水印、图片水印与文字水印三种水印效果。

在【水印】对话框中，可以设置以下两种类型的水印效果。

（1）图片水印：选中【图片水印】单选按钮，在选项组中单击【选择图片】按钮，在弹出的【插入图片】对话框中选择需要插入的图片。然后单击【缩放】下三角按钮，在列表中选择缩放比例。最后选中【冲蚀】复选框，淡化图片避免图片影响正文。

（2）文字水印：选中【文字水印】单选按钮，在选项组中可以设置语言、文字、字体、字号、颜色与版式，另外还可以通过【半透明】复选框设置文字水印的透明状态。

3.1.3 设置稿纸样式

稿纸样式与实际中用的稿纸样式一致，可以区分为带方格的稿纸、带行线的稿纸等样式。执行【布局】|【稿纸】|【稿纸设置】命令，弹出【稿纸设置】对话框，设置网格、页面、页眉/页脚格式。

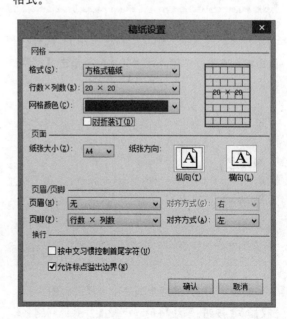

在【稿纸设置】对话框中，包括下列 4 种选项组。

1．网格

对话框中的【网格】选项组，主要用来设置稿纸的基础样式，包括格式、行数×列数、网格颜色与【对折装订】复选框。

2．页面

对话框中的【页面】选项组，主要用来设置纸张的方向和大小。其中，纸张大小主要包括 A3、A4、B4 与 B5，而纸张方向主要包括横向与纵向。设置纸张方向为【横向】时，文档中的文本方向也会变成横向，并且文本开头以古书的形式从右侧开始。

3．页眉/页脚

对话框中的【页眉/页脚】选项组，主要用来设置页眉和页脚的显示文本和对齐方式。其中，【页眉】与【页脚】下拉列表中主要包括【第 X 页 共 Y 页】、【行数×列数】、【行数×列数=格数】、【-页数-】、【第 X 页】、【日期】、【作者】、【作者,第 X 页,日期】8 种样式。另外，【对齐方式】列表中主要包括左、右、中三种样式。

4．换行

对话框中的【换行】选项组主要包括【按中文习惯控制者尾字符】与【允许标点溢出边界】复选框。其中，启用【按中文习惯控制者尾字符】复选框时，文档中将会按照中文格式控制每行的首尾字符；而启用【允许标点溢出边界】复选框时，文档中的标点将会显示在稿纸外侧。

3.1.4　设置页面边框

页面边框是添加或更改页面周围的边框样式，以达到吸引注意力并为文档添加时尚特色的特点，包括线条样式、线条宽度和线条颜色等内容。

1．线条边框

执行【设计】|【页面背景】|【页面边框】命令，选择【设置】选项组中的【阴影】选项，同时设置【样式】、【颜色】和【宽度】选项即可。

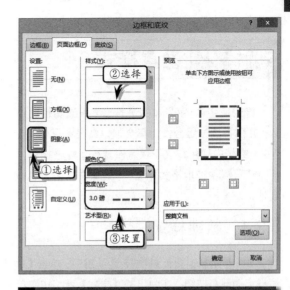

技巧

为页面设置边框之后，在【边框和底纹】对话框中，选择【设置】选项组中的【无】选项，即可取消页面边框效果。

2．艺术型边框

执行【设计】|【页面背景】|【页面边框】命令，在弹出的【边框和底纹】对话框中，单击艺术型】下拉按钮，在列表中选择一种样式即可。

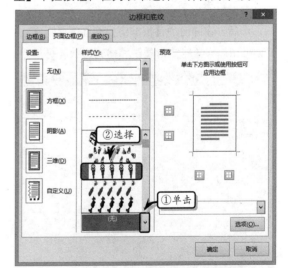

注意

在【边框和底纹】对话框中，单击【选项】按钮，可在弹出的【边框和底纹选项】对话框中，设置边距和测量基准等选项。

3.2 设置样式

样式是字体、字号和缩进等格式设置特性的组合，并能将这一组合作为集合加以命名和存储。在 Word 文档中使用样式不仅可以减少重复性操作，而且还可以快速地格式化文档，确保文本格式的一致性。

3.2.1 新建样式

在【开始】选项卡【样式】选项组中，单击【对话框启动器】按钮，在弹出的【样式】窗格中，单击【新建样式】按钮。

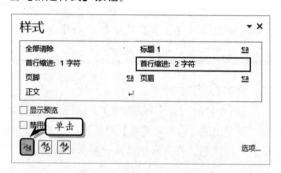

然后，在弹出的【根据格式设置创建新样式】对话框中，设置样式的属性和格式选项即可。

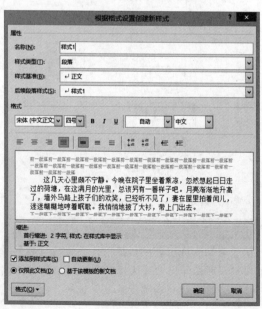

在【根据格式设置创建新样式】对话框中，主要包括下列 10 种选项。

（1）名称：输入文本用于对新样式的命名。

（2）样式类型：主要用于选择【段落】、【字符】、【表格】、【列表】与【链接段落和字符】类型。

（3）样式基准：主要用于设置正文、段落、标题等元素的样式标准。

（4）后续段落样式：主要用于设置后续段落的样式。

（5）字体格式：主要用于设置样式的字体、字号、效果、颜色与语言等字体格式。

（6）段落格式：主要用于设置样式的段落对齐方式、行。

（7）添加到样式库：选中该复选框表示将新建样式添加到快速样式库中。

（8）自动更新：选中该复选框表示将自动更新新建样式与修改后的样式。

（9）单选按钮：选中【仅限此文档】单选按钮，表示新建样式只使用于当前文档；选中【基于该模板的新文档】单选按钮，表示新建样式可以在此模板的新文档中使用。

（10）格式：单击该按钮，可以在相应的对话框中设置样式的字体、段落、制表位、边框、快捷键等格式。

3.2.2 应用样式

创建新样式之后，用户便可以将新样式应用到文档中了。另外，用户还可以应用 Word 2016 自带的标题样式、正文样式等内置样式。

1. 应用内置样式

首先选择需要应用样式的文本，然后执行【开始】|【样式】|【其他】|【明显强调】命令，即可

为所选文本中应用该样式。

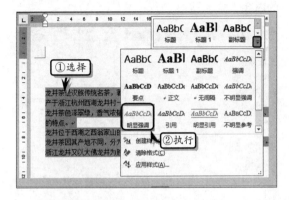

2．应用新建样式

应用新建样式时，可以像应用内置样式那样在【样式】下拉列表中选择。另外，也可以执行【样式】|【应用样式】命令，弹出【应用样式】任务窗格。单击【样式名】下拉按钮，在其下拉列表中选择新建样式名称即可。

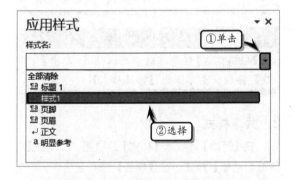

技巧

应用样式之后，可以执行【样式】|【清除格式】命令，清除已使用的样式。

3.2.3 使用样式集

Word 2016 中新增加了【文档格式】功能，该功能类似于旧版本中的【更改样式】功能，主要包括主题、样式集、颜色和字体等功能。

1．设置主题样式

执行【设计】|【文档格式】|【主题】命令，在其级联菜单中选择一项，即可设置当前文档的主题样式。

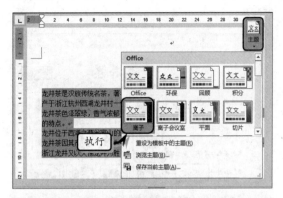

注意

设置完主题效果之后，可执行【主题】|【保存当前主题】命令，保存自定义主题。

2．设置主题字体和颜色

执行【设计】|【文档格式】|【字体】命令，在其级联菜单中选择一项，即可设置当前文档的主题字体。

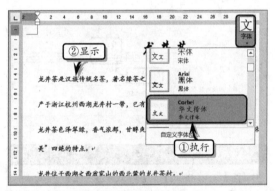

注意

用户可以执行【设计】|【文档格式】|【字体】|【自定义字体】命令，自定义主题的字体样式。

同样，执行【设计】|【文档格式】|【颜色】命令，在其级联菜单中选择一项，即可设置当前文档的主题颜色。

3．设置主题效果

执行【设计】|【文档格式】|【效果】命令，

在其级联菜单中选择一项，即可设置当前文档的主题效果。

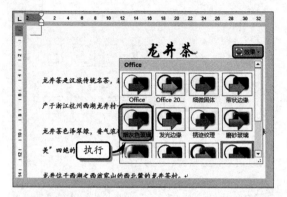

4. 应用样式

执行【设计】|【文档格式】|【样式集】命令，在其级联菜单中选择一项，即可为当前文档应用相应的样式。

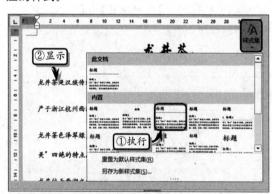

> **注意**
>
> 执行【文档格式】|【样式集】|【另存为新样式】命令，可保存当前的样式集。

3.2.4　编辑样式

在应用样式时，用户常常会需要对已应用的样式进行修改、复制与删除，以便符合文档内容与工作的需求。

1. 修改样式

选择需要更改的样式，右击执行【修改】命令，在弹出的【修改样式】对话框中修改样式的各项参数。值得注意的是，【修改样式】对话框的内容与创建样式中的【根据格式设置创建新样式】对话框的内容一样。

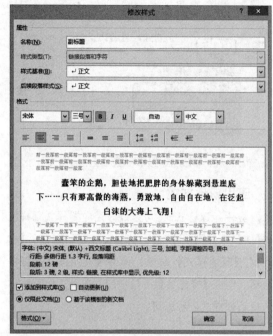

> **注意**
>
> 在【应用样式】任务窗格中选择样式，单击【修改】按钮，也可弹出【修改样式】对话框。

2. 共享样式

在【开始】选项卡【样式】选项组中，单击【对话框启动器】按钮。在【样式】任务窗格中，单击【管理样式】按钮。

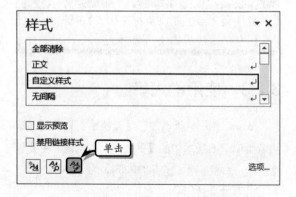

然后，在弹出的【管理样式】对话框中，单击【导入/导出】按钮。

在弹出的【管理器】对话框中，选择左边列表框中所需传递的样式，单击【复制】按钮，即可将样式共享到当前文档中。

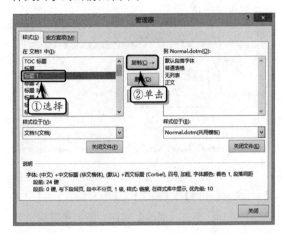

Office 3.3 设置版式

设置版式包括设置中文版式、设置分栏、设置分页、设置分节和首字下沉等内容，通过设置版式不仅可以提高文档的诉求力和灵活性，而且还可以重新赋予版面的审美价值。

3.3.1 设置中文版式

中文版式主要用来定义中文与混合文字的版式，包括纵横混排、合并字符或双行合一等格式。

1. 设置纵横混排

纵横混排是将选中的文本以竖排的方式显示，而未被选中的文本则保持横排显示。

选择需要进行纵横混排的文本，执行【段落】|【中文版式】|【纵横混排】命令，在弹出的【纵横混排】对话框中，启用【适应行宽】复选框。

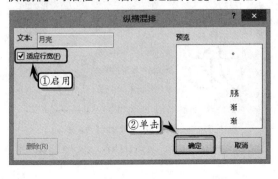

> **注意**
>
> 启用【适应行宽】复选框，可以将文本按照行宽的尺寸进行显示；反之，则以字符本身的尺寸进行显示。

另外，设置纵横混排效果之后，选择纵横混排的文本，执行【段落】|【中文版式】|【纵横混排】命令，在弹出的【纵横混排】对话框中，单击【删除】按钮，即可删除纵横混排功能。

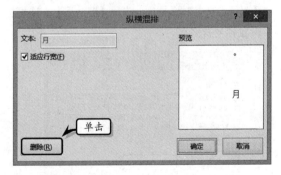

2. 设置合并字符

合并字符是将选中的字符按照上下两排的方式进行显示，显示所占据的位置以一行的高度为基准。

选择需要合并字符的文本，执行【开始】|【段落】|【中文版式】|【合并字符】命令，在弹出的【合并字符】对话框中，设置合并的文字、字体与字号等选项即可。

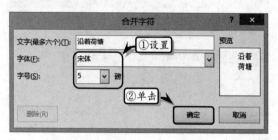

设置合并字符格式之后，选择合并后的字符，执行【开始】|【段落】|【中文版式】|【合并字符】命令，单击【删除】按钮，即可删除合并字符功能。

3．设置双行和一

双行合一是将文档中的两行文本合并为一行，并以一行的格式进行显示。

在文档中选择需要合并的行，执行【开始】|【段落】|【中文版式】|【双行合一】命令，在弹出的【双行合一】对话框中，启用【带括号】复选框，并设置括号样式。

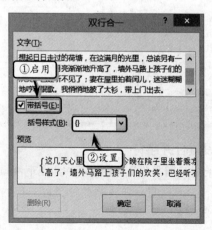

默认情况下，【带括号】复选框为禁用状态，启用该复选框之后将使【括号样式】下拉列表转换为可用状态，其括号样式包括( )、[ ]、< >与{ }4种样式。

> **注意**
>
> 选择具有双行合一功能的文本，执行【中文版式】|【双行合一】命令，在弹出的【双行合一】对话框中单击【删除】按钮，可删除该功能。

3.3.2 首字下沉

首字下沉是加大字符，主要用在文档或章节的开头处，分为下沉与悬挂两种方式。

1．悬挂

悬挂是首个字符悬挂在文档的左侧部分，不占据文档中的位置。执行【插入】|【文本】|【首字下沉】命令，选择【悬挂】命令，显示首字悬挂效果。

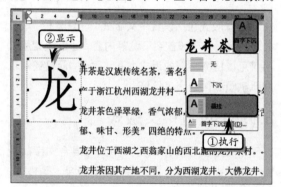

2．下沉

下沉是首个字符在文档中加大，占据文档中4行的首要位置。执行【插入】|【文本】|【首字下沉】|【下沉】命令，显示首字下沉效果。

3．自定义首字下沉

执行【首字下沉】|【首字下沉选项】命令，
选择【下沉】选项，将【下沉行数】设置为【2】，
并将【距正文】设置为【0.3 厘米】，单击【确定】
按钮完成自定义首字下沉的操作。

3.3.3 设置分栏

Word 中的分栏功能可以在文档中建立不同数
量或不同版式的分栏，从而使文档更具有灵活性。
利用分栏功能可以将文档设置为包含一栏、两栏与
三栏布局的混排效果。

1．自动分栏

设置分栏在一般的情况下可以利用系统固定
的选项，进行自动分栏。

执行【布局】|【页面设置】|【分栏】命令，
在列表中选择【一栏】、【两栏】、【三栏】、【偏左】
与【偏右】5 种选项中的一种即可。

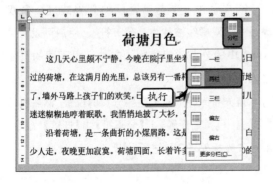

其中，两栏与三栏表示将文档竖排平分为两排
与三排；偏左表示将文档竖排划分，左侧的内容比
右侧的内容少；偏右与偏左相反，表示将文档竖排
划分但是右侧的内容比左侧的内容少。

2．自定义分栏

当系统自带的自动分栏功能无法满足用户需
求时，则可以使用自定义分栏功能，自定义栏数、
栏宽、间距和分隔线。执行【页面设置】|【分栏】
|【更多分栏】命令，在弹出的【分栏】对话框中
可以设置栏数、宽度、间距、分隔线等选项。

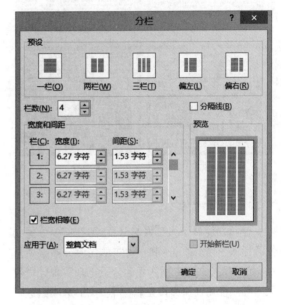

在【分栏】对话框中，包括下列选项的各种
设置。

（1）栏数：在【分栏】对话框中单击【分栏】
对话框中的【列数】微调按钮，选择相应的选项即
可将文档设置为 1～12 个分栏。

（2）分隔线：分隔线是在栏与栏之间添加一
条竖线，用于区分栏与栏之间的界限，从而使版
式具有整洁性。选中【列数】微调框右侧的【分隔
线】复选框即可，在【预览】列表中可以查看设置
效果。

（3）宽度和间距：默认情况下系统会平分栏宽
（除左、右栏之外），即设置的两栏、三栏、4 栏等
各栏之间的栏宽是相等的。在【分栏】对话框中取
消选中【栏宽相等】复选框，在【宽度】微调框中

设置栏宽即可。

（4）应用于：该选项主要用于控制分栏来设置文档的格局，单击【应用于】下拉按钮，可将分栏设置为【整篇文档】、【插入点之后】、【本节】与【所选文字】等格式。

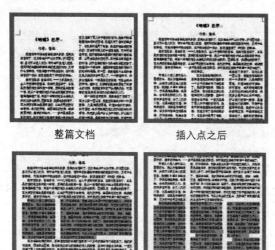

整篇文档 　　　　插入点之后

所选文字 　　　　本节

3.3.4　设置分页

分页功能属于人工强制分页，即在需要分页的位置插入一个分页符，将一页中的内容分布在两页中。如果想在文档中插入手动分页符来实现分页效果，可以使用【页面设置】与【页面】选项组进行设置。

1. 使用【页面】选项组

首先将光标放置于需要分页的位置，然后执行【插入】|【页面】|【分页】命令，即会在光标处为文档分页。

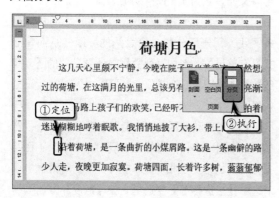

2. 使用【页面设置】选项组

首先将光标放置于需要分页的位置，然后执行【布局】|【页面设置】|【分隔符】|【分页符】命令，即可在文档中的光标处插入一个分页符。

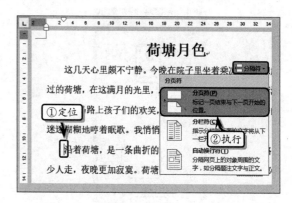

在【分隔符】下拉列表中，除了利用【分页符】选项进行分页之外，还包括下列两个选项。

（1）分栏符：选择该选项可使文档中的文字以光标为分界线，光标之后的文档将从下一栏开始显示。

（2）自动换行符：选择该选项可使文档中的文字以光标为基准进行分行。同时，该选项也可以分隔网页上对象周围的文字，如分隔题注文字与正文。

3.3.5　设置分节

在文档中，节与节之间的分界线是一条双虚线，该双虚线被称为"分节符"。用户可以利用 Word 中的分节功能为同一文档设置不同的页面格式。

首先将光标放置于需要分页的位置，然后执行【布局】|【页面设置】|【分隔符】|【连续】命令，即可在光标处对文档进行分节。

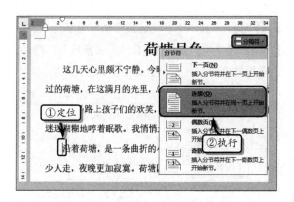

在【分隔符】列表中，主要包括以下 4 个选项。

（1）下一页：表示分节符之后的文本在下一页

以新节的方式进行显示。该选项适用于前后文联系不大的文本。

（2）连续：表示分节符之后的文本与前一节文本处于同一页中，适用于前后文联系比较大的文本。

（3）偶数页：表示分节符之后的文本在下一偶数页上进行显示，如果该分节符处于偶数页上，则下一奇数页为空页。

（4）奇数页：表示分节符之后的文本在下一奇数页上进行显示，如果该分节符处于奇数页上，则下一偶数页为空页。

3.4 练习：制作语文课件

多媒体课件作为一种先进的教学手段，以其直观性、灵活性、实时性、立体化的优势，越来越受到广大教师和学生的青睐。下面我们通过利用 Word 中的设置文本格式、设置带圈字符以及添加页眉页脚等功能，完成语文课件的制作。

练习要点

● 设置字体格式
● 设置段落格式
● 设置上标
● 拼音指南
● 页眉和页脚

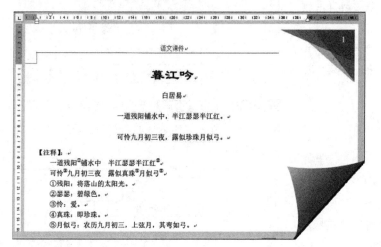

操作步骤 ▷▷▷▷

STEP|01 设置段落和字体格式。新建空白文档，输入诗歌内容。选择标题，在【字体】选项组中，设置文本的字体格式。

STEP|02 选择标题、正文内容和作者，执行【开始】|【段落】|【居中】命令，设置其对齐方式。

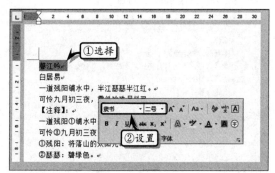

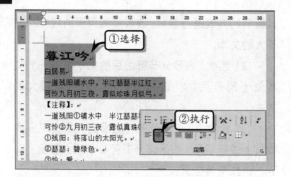

STEP|03 选择作者和正文内容，执行【开始】|【段落】|【行和段落间距】|2.0 命令，设置行距。

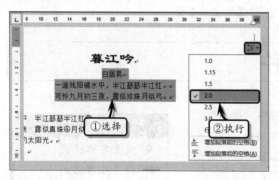

STEP|04 选择"注释"中的所有段落，按 Tab 键设置段落的首行缩进。

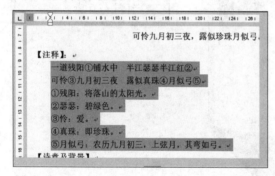

STEP|05 将光标定位在"诗意及背景"下的段落前面，按 Tab 键设置段落的首行缩进。

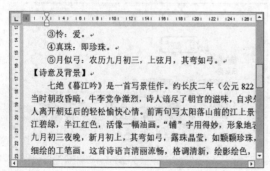

STEP|06 设置上下标。选择带圈序号字符，执行【开始】|【字体】|【上标】命令，设置其上标格式。使用同样方法，分别设置其他上标格式。

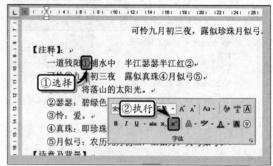

STEP|07 设置页眉和页脚。执行【插入】|【页眉和页脚】|【页眉】命令，在展开的级联菜单中选择【平面（奇数页）】选项。

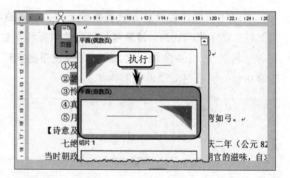

STEP|08 单击【页眉】部分的"键入文档标题"域，在域中输入文本的标题内容为"语文课件"，并设置其字体格式。

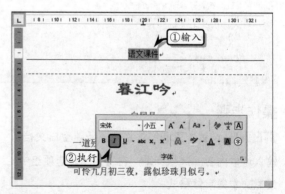

STEP|09 然后，执行【插入】|【页眉和页脚】|【页脚】命令，在展开的级联菜单中选择【花丝】选项。

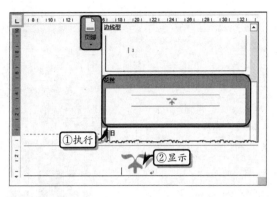

【主题】|【离子会议室】命令，设置其主题样式。

STEP|10 设置主题。执行【设计】|【文档格式】

3.5 练习：制作产品介绍页面

Office

产品介绍页面一般用于产品宣传，主要向客户展示产品信息和产品历史。在本练习中，主要借助 Word 内置的字体样式、文档的分栏功能，以及页眉页脚功能，来对宣传页面进行排版，从而达到美化文档的目的。

练习要点

- 应用样式
- 设置字体格式
- 首字下沉
- 设置分栏
- 添加页眉和页脚

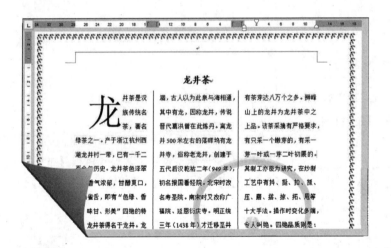

操作步骤 〉〉〉〉

STEP|01 设置标题样式。输入文章内容，并将光标置于标题段落，执行【开始】|【样式】|【标题】命令，设置标题样式。

STEP|02 设置正文样式。选择所有的正文文本，执行【开始】|【样式】|【列出段落】命令，设置样式。

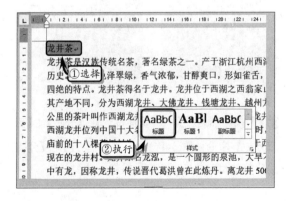

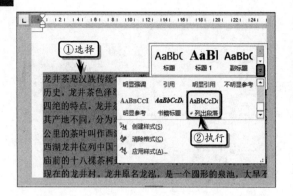

STEP|03 设置行间距。选择所有的正文文本，执行【开始】|【段落】|【行和段落间距】|1.5 命令，设置行间距。

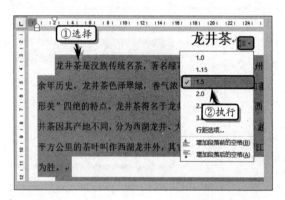

STEP|04 设置分栏。选择 1~6 段正文文本，执行【布局】|【页面设置】|【分栏】|【三栏】命令，设置正文的分栏效果。

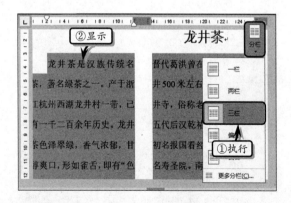

STEP|05 然后，执行【页面设置】|【分栏】|【更多分栏】命令，弹出【分栏】对话框，启用【分隔线】复选框，单击【确定】按钮。

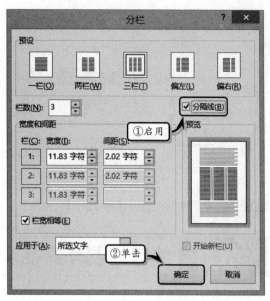

STEP|06 将光标定位在"《西湖茗》"文本之前，按 Enter 键空一行。然后，在末尾处空 5 行。

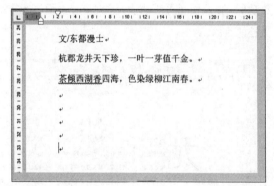

STEP|07 将光标定位在末尾处，执行【布局】|【页眉设置】|【分隔符】|【连续】命令，设置分隔符。

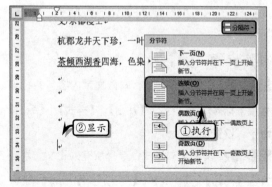

STEP|08 选择两段诗文和其后的空行，执行【布

局】|【页面设置】|【分栏】|【两栏】命令，设置
分栏。

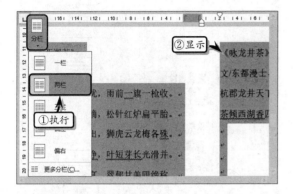

STEP|09 设置诗歌标题和作者的居中对齐格式，
然后定位在诗歌上方的空行处，执行【开始】|【字
体】|【下划线】命令，添加下划线并按空格键到
本行末尾处。

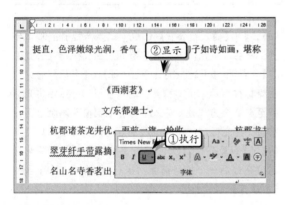

STEP|10 设置首字下沉样式。选择"龙"文字，
执行【插入】|【文本】|【首字下沉】|【下沉】命
令，设置下沉效果。

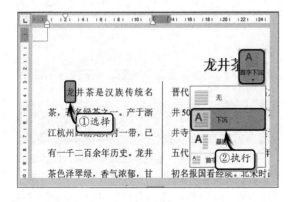

STEP|11 设置水印。执行【设计】|【页面背景】|
【水印】|【自定义水印】命令，选中【图片水印】
选项，并单击【选择图片】按钮。

STEP|12 在弹出的【插入图片】对话框中，单击
【来自文件】选项后面的【浏览】按钮。

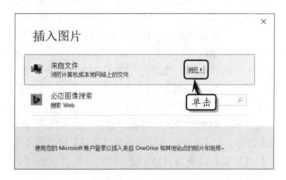

STEP|13 在弹出的【插入图片】对话框中，选择
图片文件，单击【插入】按钮即可。

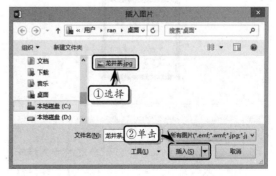

STEP|14 设置页面边框。执行【设计】|【页面背景】|【页面边框】命令，在弹出的【边框和底纹】对话框中，选择【艺术型】选项，单击【确定】按钮即可。

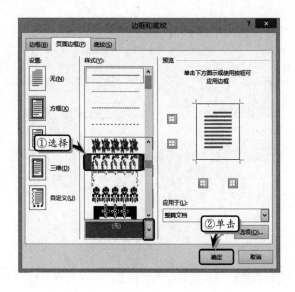

Office 3.6 新手训练营

练习 1：制作方形印章
downloads\3\新手训练营\方形印章

提示：本练习中，首先在文档中输入一个文本"制"，并设置其带圈字符样式。选择带圈字符，右击执行【切换域代码】命令，在域代码中的"制"文本处输入"制苏造州"。然后，选中"制苏造州"文本，执行【开始】|【段落】|【中文版式】|【合并字符】命令。在域代码中的方框形状处，按下 Ctrl+]组合键，放大方框，使其与字体相符合。最后，右击执行【字体】命令，在【高级】选项卡中将【位置】设置为【提升】，【磅值】设置为【15 磅】。同时，右击执行【切换域代码】命令，返回的普通视图中。

练习 2：制作化学方程式
downloads\3\新手训练营\化学方程式

提示：本练习中，首先执行【插入】|【符号】|

【公式】|【插入新公式】命令，输入方程式的基本公式。然后，将光标定位在字母 n 后面，执行【公式工具】|【设计】|【结构】|【上小标】|【下标】命令，将光标移至第 1 个方框处，输入字母 O，然后将光标移至第 2 个方框处，输入下标。依次输入剩余上下标字符，将光标定位在 MnO2 后面，执行【设计】|【结构】|【运算符】|【Delta 等于】命令。最后，将光标定位在最后一个加号前面，执行【设计】|【符号】|【上箭头】命令即可。

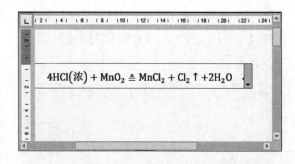

$$4HCl(浓) + MnO_2 \triangleq MnCl_2 + Cl_2 \uparrow +2H_2O$$

练习 3：制作联合公文头
downloads\3\新手训练营\联合公文头

提示：本练习中，首先，在文档中输入制作联合公文头的文本，并设置文本的字体格式。然后，选中单位名称，执行【开始】|【段落】|【中文版式】|【双

行合一】命令，设置双行显示单位名称的效果。最后，为突出显示单位名称文本，还需要设置该文本的字体颜色与字号。

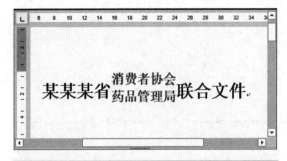

练习 4：制作识字卡
downloads\3\新手训练营\识字卡

提示：本练习中，首先输入文本，并设置文本的特大号字体。然后，执行【开始】|【字体】|【拼音指南】命令，使用拼音指南功能为文本添加拼音，并设置拼音的对齐方式与偏移量。

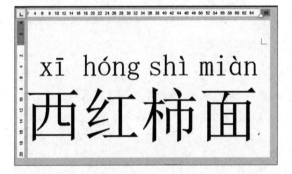

练习 5：添加段落边框
downloads\3\新手训练营\添加段落边框

提示：本练习中，首先新建空白文档，输入文档内容，设置标题文本和正文文本的字体格式。然后，设置首行缩进 1.5 字符和 1.5 倍行距样式。最后，选择第 2 段中的第 1 行文本，执行【开始】|【段落】|【边框】|【边框和底纹】命令，在弹出的对话框中，激活【边框】选项卡，在【设置】栏中选择【方框】选项，在【样式】列表框中选择【双划线】，将【颜色】设置为【红色】、【宽度】设置为 0.75。在【底纹】选项卡中，设置填充与图案样式。最后，为第 2 段中的其他行添加相同的边框样式和底纹样式即可。

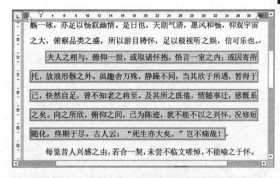

练习 6：添加双下划线
downloads\3\新手训练营\双下划线

提示：本练习中，首先新建空白文档，输入标题与正文，并设置标题文本和正文文本的字体和段落格式。然后，单击【字体】选项组中的【对话框启动器】按钮，在【字体】对话框中为文本添加【双下划线】，并在【高级】选项卡中，将【位置】选项设置为【提升】，将【磅值】设置为【5 磅】。最后，在文本前后分别添加一个空格，并将空格符号的【位置】选项设置为【标准】。

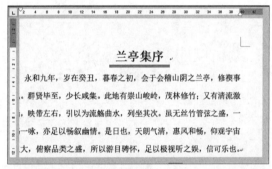

练习 7：制作个性的横线
downloads\3\新手训练营\个性的横线

提示：本练习中，首先执行【开始】|【段落】|【边框】|【横线】命令，为文本添加一条横线。然后，设置横线的底纹样式，并设置横线的显示颜色。

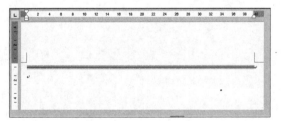

第 **4** 章

图 文 混 排

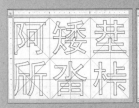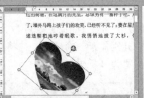

　　一篇好的文档除了必备优美的文字之外，还需要配备一些绚丽的图片作为点缀。Word 2016 为用户提供了强大的图形功能，通过在单调的文档中插入本地图片、自选图形，以及艺术字等图形对象的方法，促使文档变得更加丰富多彩，更加富有吸引力以及引人注目。在本章中，将详细介绍制作图片、图形和文本混排的基础知识和实用方法，使用户在学习这些基本知识的基础上，编排出具有丰富版面的文档。

4.1　使用图片

在 Word 中，可通过插入图片与剪贴画的方法来装饰文档，以使文档具有图文并茂的视觉效果。

4.1.1　插入图片

在文档中，可以插入本地计算机中保存的图片，也可以直接插入网页中的图片。另外，用户还可以插入 Word 组件中自带的剪贴画。

1．插入本地图片

插入本地图片是指插入本地计算机硬盘中保存的图片，以及连接到本地计算机中的照相机、U盘与移动硬盘等设备中的图片。

执行【插入】|【插图】|【图片】命令，在弹出的【插入图片】对话框中，选择图片文件，单击【插入】按钮，插入图片。

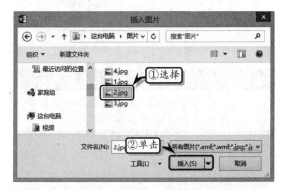

> **技巧**
>
> 在【插入图片】对话框中，双击选中的图片文件，可快速插入图片。

2．插入联机图片

除了本地图片之后，Word 还为用户提供了联机图片，以供用户使用网络中的图片。

执行【插入】|【插图】|【联机图片】命令，弹出【插入图片】对话框。在【必应图像搜索】文本框中输入搜索内容，单击【搜索】按钮，搜索网络图片。

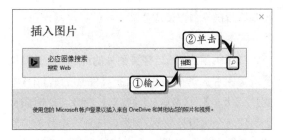

然后，在弹出的搜索列表中，选择需要插入的图片，单击【插入】按钮，插入图片。

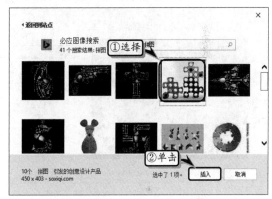

3．使用屏幕截图

执行【插入】|【插图】|【屏幕截图】命令，在其列表中选择【屏幕截图】选项。然后，拖动鼠标在屏幕中截取相应的区域，即可将截图插入到文档中。

> **注意**
>
> 在使用屏幕截图时，需要事先打开需要截取屏幕的软件或文件，否则系统只能截取当前窗口中的内容。

4.1.2　编辑图片

为文档插入图片之后，还需要对图片进行裁剪、旋转、对齐图片、设置图片位置、设置自动换行等编辑操作，以适应整体文档的布局需求。

1．裁剪图片

在编辑图片时，若需要图片的局部，此时就需要裁剪图片。选择图片，执行【图片工具】|【格式】|【大小】|【裁剪】|【裁剪】命令，此时图片上出现 8 个裁剪控制柄。然后在任意一个裁剪控制柄上按住鼠标左键拖动，均可以对选择图片进行裁剪。

另外，还可以将图片裁剪为某个形状。执行【图片工具】|【格式】|【大小】|【裁剪】|【裁剪为形状】|【心形】命令，即可将图片裁剪为心形样式。

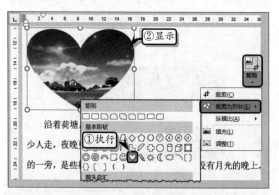

> **提示**
>
> 在裁剪图片时，执行【格式】|【大小】|【裁剪】|【纵横比】命令，可将图片按纵横比裁剪。

2．旋转图片

旋转图形功能用于改变图形的方向，即可以根

据度数使图形任意向左或者向右旋转，也可以在水平方向或者垂直方向翻转图形。

选择图片，将鼠标移至图片上方的控制点处，当鼠标变成 ↻ 形状时，拖动鼠标即可旋转图片。

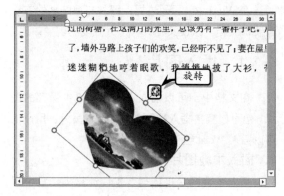

另外，执行【格式】|【排列】|【旋转】命令，在其列表中选择相应的选项即可。

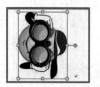

向右旋转 90°　　　　向左旋转 90°

> **提示**
>
> 用户也可执行【旋转】|【其他旋转选项】命令，来设置任意角度的旋转。

3．设置对齐方式

图形的对齐是指在页面中精确地设置图形位置。它的主要作用是使多个图形在水平或者垂直方向上精确定位。

选择图片，执行【排列】|【对齐】|【顶端对齐】命令，即可设置图片的对齐方式。

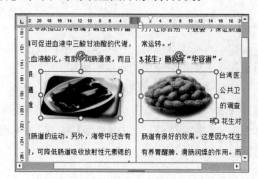

另外，在【对齐】下拉列表中，首先应选择是按页面还是边距对齐。例如执行【对齐页面】命令，则所有的对齐方式均相对于页面对齐；若执行【对齐边距】命令，则所有的对齐方式均相对于页边距对齐。

4．设置图片位置

选择图片，执行【图片工具】|【格式】|【排列】|【位置】命令，选择一种图片位置的排列方式即可。

5．设置自动换行

在 Word 中，将【文字环绕】功能更改成为【自动换行】功能，用于设置图片环绕文字的方式。

选择图片，执行【图片工具】|【格式】|【排列】|【自动换行】命令，在下拉列表中选择一个选项。

穿越型环绕　　　　　浮于文字上方

另外，用户可执行【自动换行】|【编辑环绕顶点】命令来编辑环绕顶点。但是，只有当图片的

环绕方式被更改为【紧密型环绕】和【穿越型环绕】时，【编辑环绕顶点】命令才显示为正常状态（否则为灰色不可用状态）。

4.1.3　设置图片样式

在文档中插入图片后，为了增加图片的美观性与实用性，还需要设置图片的格式。设置图片格式主要是对图片样式、图片形状、图片边框及图片效果的设置。

1．应用快速样式

快速样式是 Word 预置的各种图像样式的集合，共包含 28 种图片样式。

选择图片，执行【图片工具】|【格式】|【图片样式】|【快速样式】命令，在级联菜单中选择一种图片样式即可。

2．自定义边框样式

除了使用系统内置的快速样式来美化图片之外，还可以通过自定义边框样式，达到美化图片的目的。

选择图片，执行【图片工具】|【格式】|【图

片样式】|【图片边框】命令，在其级联菜单中选择一种色块。

另外，执行【图片样式】|【图片边框】|【粗细】或【虚线】命令，设置线条的粗细度和虚线样式。

3. 自定义图片效果

Word 为用户提供了预设、阴影、映像、发光、柔化边缘、棱台和三维旋转 7 种效果。

选择图片，执行【图片工具】|【格式】|【图片样式】|【图片效果】|【映像】命令，在其级联菜单中选择一种映像效果。

另外，执行【图片效果】|【映像】|【映像选项】命令，可在弹出的【设置图片格式】窗格中，自定义【透明度】、【大小】、【模糊】和【距离】等映像参数。

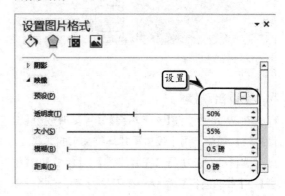

4.2 使用图形

在 Word 中，除了使用图片来改变文档的美观程度，还可以使用图形来调整文档的布局，以满足对文档进行合理排版的需求。

4.2.1 使用形状

Word 为用户提供了线条、矩形、基本形状、箭头总汇、公式形状等 8 种形状类型，用户可以通过绘制不同的形状来达到美化文档的效果。

1．插入形状

执行【插入】|【插图】|【形状】命令，在级联菜单中选择一种形状。当光标变为"十"字形，按住鼠标左键并拖动鼠标即可开始绘制，最后释放鼠标即可完成。

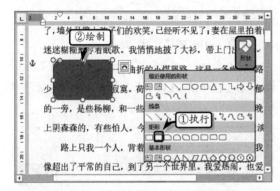

插入形状之后，右击执行【添加文字】命令，在形状中输入文本，并通过执行【开始】选项卡【字体】选项组中的各个命令，设置文字的字形、加粗或颜色等字体格式。

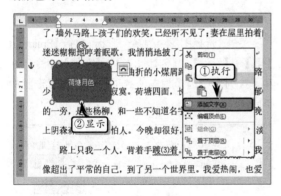

2．设置形状样式

Word 内置了 42 种形状的主体样式，同时还内置了 35 种预设样式供用户使用。

选择形状，执行【绘图工具】|【格式】|【形状样式】|【其他】命令，在其下拉列表中选择一种形状样式。

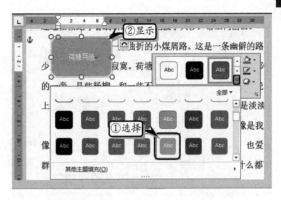

3．设置形状效果

Word 为用户提供了预设、阴影、映像、发光、柔化边缘、棱台和三维旋转 7 种效果。

选择形状，执行【格式】|【形状样式】|【形状效果】|【阴影】命令，在其列表中选择相符的阴影样式即可。

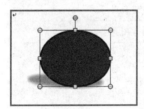 

透视效果　　　　　外部阴影效果

> **提示**
>
> 执行【阴影】|【阴影选项】命令，可在弹出的【设置形状格式】对话框中设置详细参数。

4.2.2　使用 SmartArt 图形

SmartArt 图形是信息和观点的视觉表示形式，可以通过从多种布局中进行选择来创建 SmartArt 图形，从而快速、轻松、有效地传达信息。

1．插入 SmartArt 图形

执行【插入】|【插图】|【SmartArt】命令，在弹出的【选择 SmartArt 图形】对话框中选择符合的图形类型。

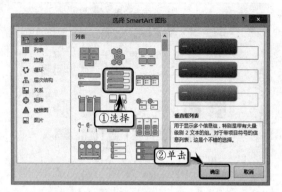

在 Word 中，用户创建的 SmartArt 类型主要包括以下几种。

类　别	说　明
列表	显示无序信息
流程	在流程或时间线中显示步骤
循环	显示连续而可重复的流程
层次结构	显示树状列表关系
关系	对连接进行图解
矩阵	以矩形阵列的方式显示并列的 4 种元素
棱锥图	以金字塔的结构显示元素之间的比例关系
图片	允许用户为 SmartArt 插入图片背景

2．设置 SmartArt 的样式

执行【SmartArt 工具】|【设计】|【SmartArt 样式】|【快速样式】命令，在其级联菜单中选择相应的样式，即可为图像应用新的样式。

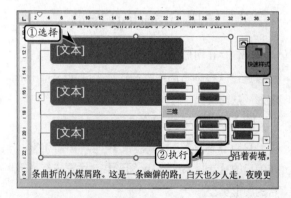

同样，执行【设计】|【SmartArt 样式】|【更改颜色】命令，在其级联菜单中选择相应的选项，即可为图形应用新的颜色。

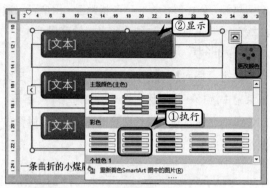

3．设置 SmartArt 的布局

选择 SmartArt 图形，执行【SmartArt 工具】|【设计】|【布局】|【更改布局】命令，在其级联菜单中选择相应的布局样式即可。

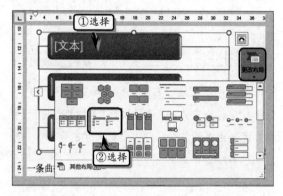

另外，选择图形中的某个形状，执行【SmartArt 工具】|【设计】|【创建图形】|【布局】命令，在其下拉列表中选择相应的选项，即可设置形状的布局。

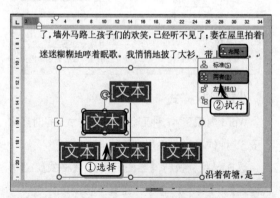

注意
在文档中，只有在【组织结构图】布局下，才可以设置单元格形状的布局。

使用文本框

文本框是一种存放文本或者图形的对象,不仅可以放置在页面的任何位置,而且还可以进行更改文字方向、设置文字环绕、创建文本框链接等一些特殊的处理。

4.3.1　插入文本框

Word 为用户提供了自动插入和绘制文本框两种插入类型,用户可根据具体使用情况选择相应的插入方法。

1．自动插入

Word 系统中自带了 35 种内置文本框,执行【插入】|【文本】|【文本框】命令,在下拉列表中选择相符的文本框样式即可。

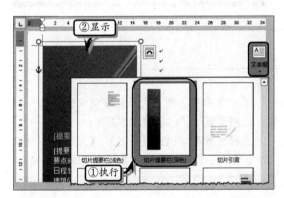

2．手动绘制

在 Word 中,用户可以根据文本框中文本的排列方向,绘制横排文本框和竖排文本框。执行【插入】|【文本】|【文本框】|【绘制横排文本框】或者【绘制竖排文本框】命令,此时光标变为“十”形状,拖动鼠标即可绘制横排或竖排的文本框。

注意

绘制文本框之后,用户可以像设置形状样式和格式那样设置文本框的样式和格式。

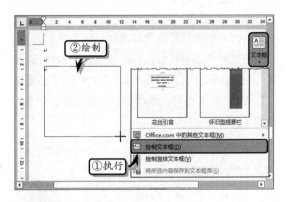

4.3.2　编辑文本框

用户在使用 Word 进行排版或制作页面文章时,经常会遇到更改文本方向,或链接文本框内容的情况,此时可以使用 Word 中特定的编辑功能,对文本框进行编辑操作,以达到用户的使用需求。

1．设置文字方向

在使用内置文本框时,需要设置文字的方向为【竖排】或【横排】。选择需要设置文字方向的文本框,执行【格式】|【文本】|【文字方向】命令,即可将文本框中的文字方向由【横排】转换为【竖排】。

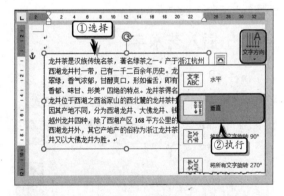

提示

用户可以执行【文字方向】|【文字方向选项】命令,在弹出的【文字方向-文本框】对话框中,自定义文本的显示方向。

2．链接文本框

Word 中最多可以建立 32 个文本框链接。在建立文本框之间的链接关系时，需要保证要链接的文本框是空的，并且所链接的文本框必须在同一个文档中，以及它未与其他文本框建立链接关系。

在文档中绘制或插入两个以上的文本框，选择第一个文本框，执行【格式】|【文本】|【创建链接】命令，此时光标变成 ⬆ 形状，单击第二个文本框即可。

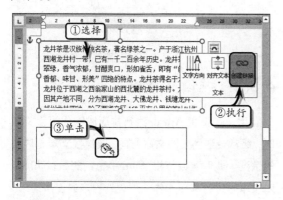

创建完文本框之间的链接之后，在第一个文本框中输入内容，如果第一个文本框中的内容无法完整显示，则内容会自动显示在链接的第二个文本框中。

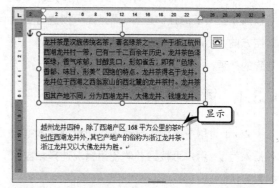

> **提示**
>
> 要断开一个文本框和其他文本框的链接，首先选择这个文本框，执行【格式】|【文本】|【断开链接】命令即可。

4.4 使用艺术字

艺术字是一个文字样式库，不仅可以将艺术字添加到文档中以制作出装饰性效果，而且还可以将艺术字扭曲成各种各样的形状，以及将艺术字设置为阴影与三维效果的样式。

4.4.1 插入艺术字

执行【插入】|【文本】|【艺术字】命令，选择相符的艺术字样式，输入文本并设置其字体格式。

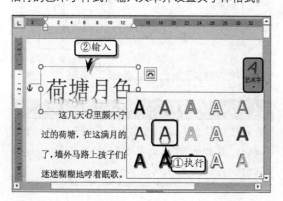

插入艺术字之后，为适应整体文档的布局需求，还需要更改艺术字的文本方向。

选择艺术字，执行【格式】|【文本】|【文字方向】命令，选择一种文字方向选项即可。

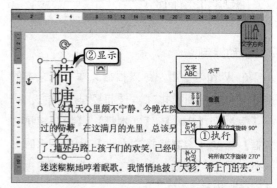

4.4.2 美化艺术字

为了使艺术字更具有美观性，可以像设置图片格式那样设置艺术字格式，即设置艺术字的样式、转换效果、映像效果等格式。

1．设置艺术字样式

选择艺术字，执行【格式】|【艺术字样式】|【其他】命令，在下拉列表中选择相符的艺术字样式即可。

而弯曲形状主要包括左停止、倒 V 形等 36 种形状。

选择艺术字，执行【格式】|【艺术字样式】|【文本效果】|【转换】命令，在下拉列表中选择一种形状即可。

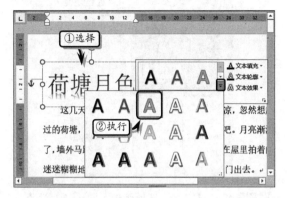

2．设置艺术字转换效果

设置艺术字的转换效果，即将艺术字的整体形状更改为跟随路径或弯曲形状。其中，跟随路径形状主要包括上弯狐、下弯狐、圆与按钮 4 种形状，

提示

用户可以执行【格式】|【艺术字样式】|【文本效果】|【阴影】、【映像】和【发光】等命令，来设置艺术字的其他格式。

Office

4.5　练习：制作素食养生小册子

Word 文档不仅可以制作类似论文的长篇文档、论文、信函等一些正规的书面文章，而且还可以制作优美的诗集、散文、宣传小册子等一些休闲可读性文章。而宣传小册子，在注重展示主要思想内容的同时加以配备相应的图片，使其更具有吸引力和可延读性。在本练习中，将通过制作一个有关素食养生的小册子，来详细介绍宣传小册子的制作方法和操作技巧。

练习要点

- 设置字体格式
- 设置段落格式
- 设置分栏
- 设置页边距
- 插入艺术字
- 插入形状
- 设置形状格式
- 插入文本框
- 插入图片
- 设置图片格式

操作步骤 》》》

STEP|01 制作正文。新建空白文档，从第 2 行中开始输入文本正文，并设置正文的字体大小。

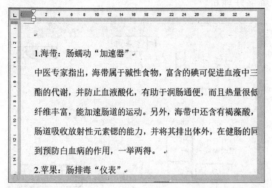

STEP|02 选择段落正文，单击【段落】选项组中的【对话框启动器】按钮，在弹出的【段落】对话框中，将【特殊格式】设置为【首行缩进】。

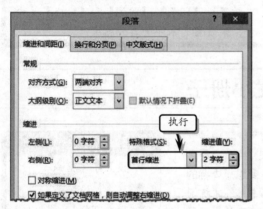

STEP|03 选择小标题1，执行【开始】|【字体】|【加粗】命令，同时执行【字体颜色】|【其他颜色】命令。

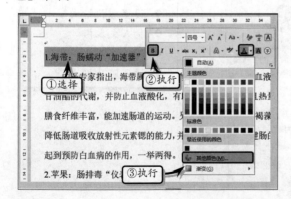

STEP|04 在弹出的【颜色】对话框中，激活【自定义】选项卡，将颜色值分别设置为 149、55 和 52，并单击【确定】按钮。

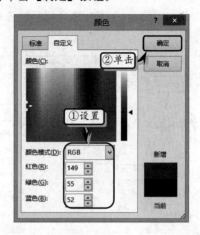

STEP|05 在【字体】选项组中，单击【对话框启动器】按钮。在弹出的【字体】对话框中，单击【文字效果】按钮。

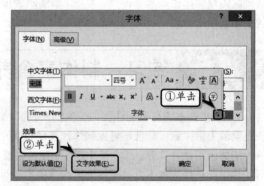

STEP|06 打开【文字效果】选项卡，展开【映像】选项组，单击【预览】按钮，选择预览效果，并单击【确定】按钮。

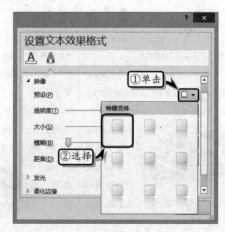

STEP|07 选择小标题 1，执行【开始】|【剪贴板】|【格式刷】命令。然后，选择小标题 2 中的所有文本，复制该文本格式。使用同样的方法，设置其他小标题文本的字体格式。

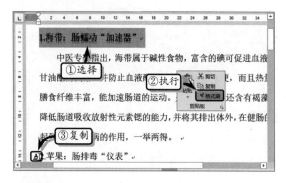

STEP|08 设置分栏。选择所有文本，执行【布局】|【页面设置】|【分栏】|【更多分栏】命令，选择【两栏】选项，启用【分隔线】复选框。

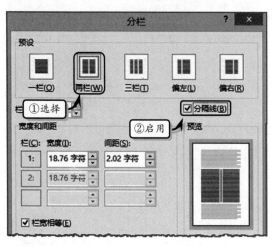

STEP|09 设置页边距。执行【布局】|【页面设置】|【页边距】|【窄】命令，设置文档的页边距。

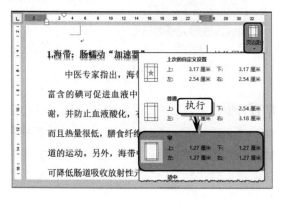

STEP|10 设置主题。执行【设计】|【文档格式】|【主题】|【平面】命令，设置文档的主题样式。

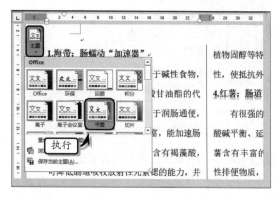

STEP|11 制作艺术字标题。执行【插入】|【文本】|【艺术字】|【填充-橙色，着色 4，软棱台】命令，插入艺术字并输入艺术字文本。

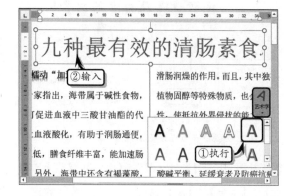

STEP|12 选择艺术字，在【开始】选项卡【字体】选项组中，设置艺术字文本的字体格式。

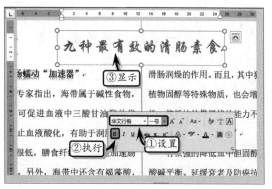

STEP|13 执行【绘图工具】|【格式】|【艺术字样式】|【文本填充】|【紫色】命令，设置艺术字的字体颜色。

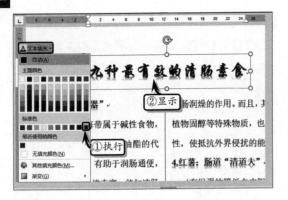

STEP|14 执行【绘图工具】|【格式】|【艺术字样式】|【映像】|【紧密映像，接触】命令，设置艺术字的映像格式。

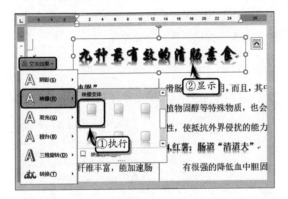

STEP|15 执行【绘图工具】|【格式】|【艺术字样式】|【棱台】|【圆】命令，设置艺术字的棱台格式。

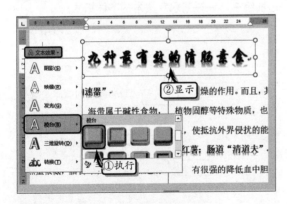

STEP|16 执行【绘图工具】|【格式】|【艺术字样式】|【转换】|【停止】命令，设置艺术字的转换格式。

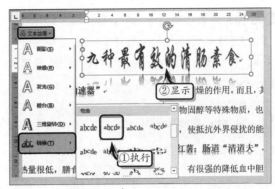

STEP|17 插入图片。执行【插入】|【插图】|【图片】命令，在弹出的【插入图片】对话框中，选择图片文件，单击【确定】按钮。

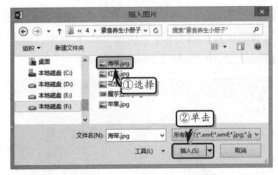

STEP|18 调整图片大小，执行【图片工具】|【格式】|【排列】|【环绕文字】|【四周型】命令，设置图片的排列方式。

STEP|19 执行【图片工具】|【格式】|【图片样式】|【快速样式】|【棱台透视】命令，设置图片样式。使用同样的方式，插入其他图片并设置图片样式。

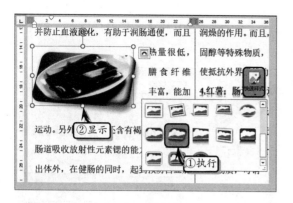

STEP|20 将光标定位在第 4 段中，插入图片设置图片环绕方式。同时，执行【格式】|【大小】|【裁剪】|【裁剪为形状】|【心形】命令，裁剪图片并调整其位置。

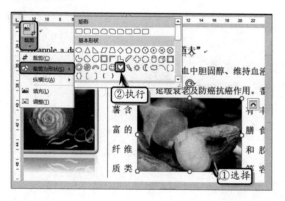

STEP|21 插入形状。执行【插入】|【插图】|【形状】|【斜纹】命令，绘制一个斜纹形状并调整形状大小。

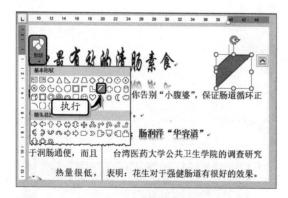

STEP|22 复制形状，选择被复制形状，执行【绘图工具】|【格式】|【排列】|【旋转】|【水平翻转】命令，翻转形状并调整其位置。

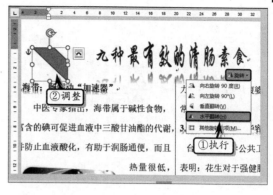

STEP|23 选择所有形状，执行【格式】|【形状样式】|【形状效果】|【棱台】|【松散嵌入】命令，设置形状的棱台效果。

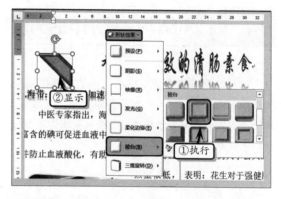

STEP|24 插入文本框。执行【插入】|【文本】|【绘制竖排文本框】命令，绘制文本框，输入文本并设置文本的字体格式。

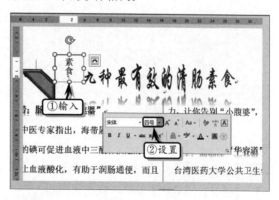

STEP|25 旋转文本框，使用与形状方向相对应。同时，执行【格式】|【艺术字样式】|【快速样式】|【填充-黑色，文本 1，阴影】命令，设置艺术字样式。

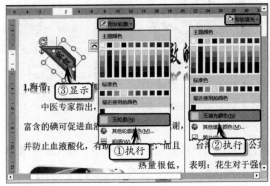

STEP|26 执行【格式】|【形状样式】|【形状填充】|【无填充】命令，同时执行【形状轮廓】|【无轮

廓】命令，设置形状样式。用同样的方法，制作第2个文本框。

Office 4.6 练习：制作通知单

通知单是日常生活中必不可少的一种单据，小到电费、水费、学杂费等通知单，大到高考录取通知单。在本练习中，将运用 Word 中的插入形状、设置字符格式、插入艺术字等功能，来制作一份填报志愿通知单。

练习要点

- 设置文本格式
- 绘制形状
- 设置形状格式
- 插入艺术字
- 设置艺术字效果
- 设置艺术字字体格式

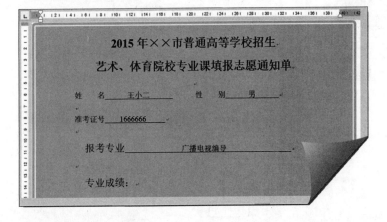

操作步骤 >>>>

STEP|01 制作背景矩形形状。执行【插入】|【插图】|【形状】|【矩形】命令，在文档中插入一个矩形形状。

STEP|02 选择形状，执行【格式】|【形状样式】|【形状填充】|【绿色，个性色，淡色 40%】命令，设置形状的填充颜色。

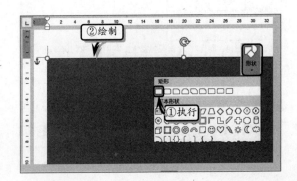

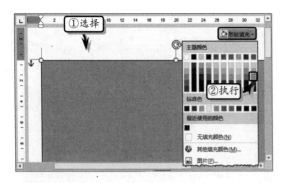

STEP|03 执行【格式】|【形状样式】|【形状轮廓】
|【橙色，强调文字颜色 6】命令，设置形状的轮廓
颜色。

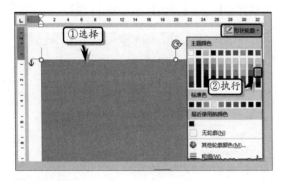

STEP|04 右击形状，执行【设置形状格式】命令，
打开【线型】选项卡，设置【宽度】、【复合类型】
和【联接类型】选项。

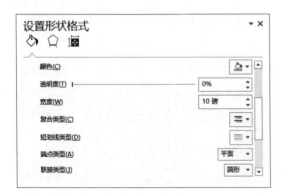

STEP|05 右击形状，执行【添加文字】命令，在
形状中输入文本，设置其顶端对齐、字体颜色和段
落缩进。

STEP|06 制作标题。选择标题文本，在【开始】
选项卡【字体】选项组中，设置标题文本的字体
格式。

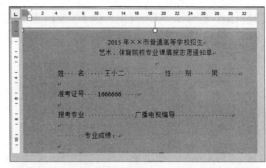

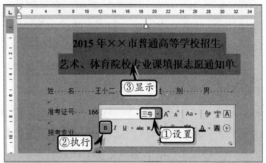

STEP|07 选择"报考专业"、"专业成绩"、"总分"
等文本，在【字体】选项组中，设置文本的【字号】
与【加粗】效果。

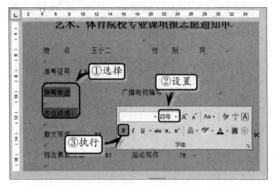

STEP|08 选择"姓名"、"性别"、"准考证号"等
文本后面的字符，为其添加下划线。

STEP|09 制作章。执行【插入】|【插图】|【形状】|【同心圆】命令，绘制一个同心圆并调整其内圆尺寸。

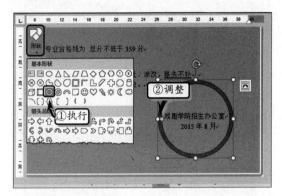

STEP|10 执行【格式】|【形状样式】|【形状填充】|【红色】命令，同时执行【形状轮廓】|【红色】命令，分别设置形状的填充与轮廓颜色。

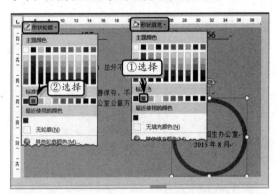

STEP|11 执行【插入】|【文本】|【艺术字】|【填充-金色，着色4，软棱台】命令，插入艺术字并输入艺术字文本。

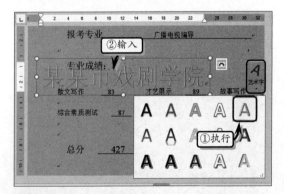

STEP|12 在【开始】选项卡【字体】选项组中，设置艺术字的字体格式。

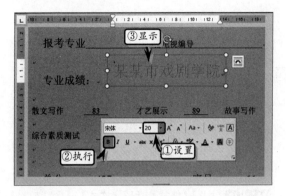

STEP|13 单击【字体】选项组中的【对话框启动器】按钮，激活【高级】选项卡，将【间距】设置为【加宽】，将【磅值】设置为【2磅】。

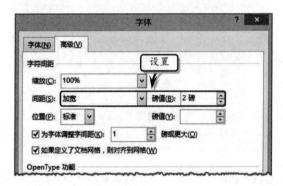

STEP|14 选择艺术字，执行【格式】|【艺术字样式】|【文本填充】|【红色】命令，同时执行【文本轮廓】|【红色】命令，设置文本的填充与轮廓颜色。

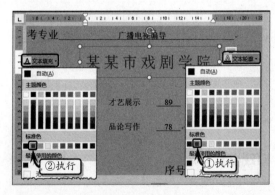

STEP|15 执行【格式】|【艺术字样式】|【文本效果】|【棱台】|【无】命令，取消艺术字的棱台效果。

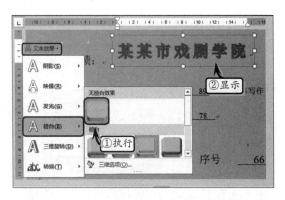

STEP|16 然后，执行【艺术字样式】|【文本效果】|【转换】|【上弯弧】命令，设置艺术字的转换效果，并调整弯弧的弧度。

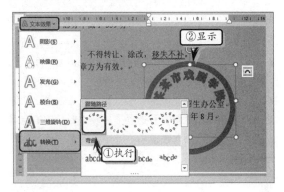

STEP|17 使用上述制作艺术字的方法，制作另外不包含转换效果的一个艺术字，并调整其大小与位置。

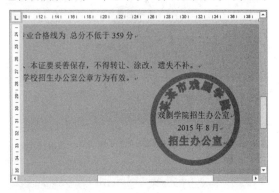

STEP|18 执行【插入】|【插图】|【形状】|【五角星】命令，在艺术字下方绘制一个五角星形状。

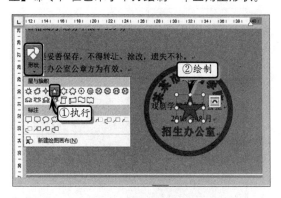

STEP|19 选择形状，执行【格式】|【形状样式】|【形状填充】|【红色】命令，同时执行【形状轮廓】|【红色】命令，设置形状的填充与轮廓颜色。

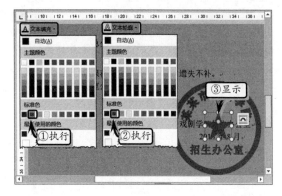

4.7　新手训练营

练习 1：裁剪图片

　　downloads\4\新手训练营\裁剪图片

提示：本练习中，首先在文档中插入一张图片。

然后，执行【格式】|【裁剪】|【纵横比】|【3:4】命令裁剪图片。然后，执行【裁剪】|【裁剪为形状】|【立方体】命令，将图片裁剪为立方体形状。同时，执行【裁剪】|【填充】命令，拖动鼠标调整裁剪范围。

最后，执行【格式】|【图片样式】|【图片边框】|【黑色】命令，设置图片的边框样式。

练习 2：制作立体相框

downloads\4\新手训练营\立体相框

提示：本练习中，首先在文档中插入一张图片，并执行【格式】|【图片样式】|【双框架，黑色】命令，设置图片的样式。然后，单击【图片样式】选项组中的【对话框启动器】按钮，将【宽度】设置为【35 磅】、【颜色】设置为【橙色】。最后，打开【三维格式】选项卡，将【顶端】设置为【艺术装饰】，并将【宽度】设置为【19 磅】、【高度】设置为【16 磅】。

练习 3：制作目录列表

downloads\4\新手训练营\目录列表

提示：本练习中，首先执行【插入】|【插图】|SmartArt 命令，选择【垂直 V 形列表】选项，单击【确定】按钮。然后，在图形中输入文本内容，并设置文本的字体格式。最后，执行【设计】|【SmartArt 样式】|【日落场景】命令，同时执行【设计】|【SmartArt

样式】|【更改颜色】|【彩色范围-个性 4 至 5】命令，设置图形样式和颜色。

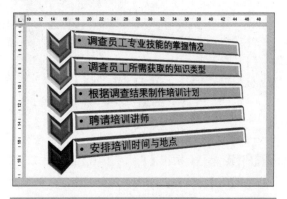

练习 4：制作偿债能力分析图

downloads\4\新手训练营\偿债能力分析图

提示：本练习中，首先在文档中插入一个"齿轮"SmartArt 图形，并执行【设计】|【SmartArt 样式】|【嵌入】命令，设置图形样式。然后，选择图形中的形状，右击执行【设置形状格式】命令，在弹出的窗格中，选中【渐变填充】选项，并设置形状的渐变填充颜色。最后，插入线条和"流程图:文档"形状，设置形状样式和效果，输入文本并设置文本格式。

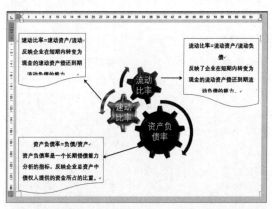

练习 5：制作坐标显示图

downloads\4\新手训练营\坐标显示图

提示：本练习中，首先绘制两个箭头形状，并将【形状轮廓】设置为【蓝-灰，文字 2】、【粗细】设置为【4.5 磅】。在下箭头形状下面插入两个直线形状，并分别设置【形状轮廓】和【粗细】选项。然后，插入三个圆角矩形形状，调整形状输入形状文本，并设置文本的字体格式。同时，为圆角矩形形状添加【右下偏移】阴影效果。最后，插入文本框，输入文本并设置文本的字体格式。

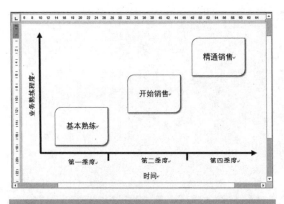

练习 6：制作立体圆形

downloads\4\新手训练营\立体圆形

提示：本练习中，首先插入一个圆形形状，取消形状的轮廓颜色，同时将【形状填充】颜色自定义为 0、102 和 0。然后，插入两个椭圆形形状，调整形状大小和位置。同时选择两个椭圆形形状，右击执行【设置形状格式】命令，选中【渐变填充】选项。将左侧渐变光圈颜色设置为"白色，背景 1"，将右侧渐变光圈颜色自定义为 66、80 和 22，并将右侧渐变光圈的【透明度】设置为 100%。最后，展开【线条】选项组，选中【无线条】选项即可。

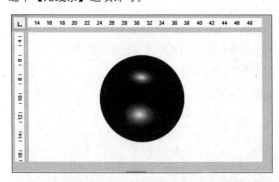

练习 7：制作立体心形

downloads\4\新手训练营\立体心形

提示：本练习中，首先插入一个心形形状，将【形状轮廓】设置为【无轮廓】、【形状填充】设置为【红色】。然后，执行【绘图工具】|【格式】|【形状效果】

|【三维旋转】|【等轴右上】命令，设置选择旋转效果。最后，右击选择【设置形状格式】命令，展开【三维格式】选项组，将【顶部棱台】设置为【凸起】，其【宽度】和【高度】分别设为【5 磅】和【2 磅】；将【深度】颜色设置为【红色】、【大小】设置为【22 磅】；将【曲面图】颜色设置为【深红】、【大小】设置为【2.5 磅】；将【材料】设置为【线框】、【光源】设置为【三点】，并将【角度】设置为 20°。

练习 8：制作贝塞尔曲线

downloads\4\新手训练营\贝赛尔曲线

提示：本练习中，首先绘制两个箭头形状，将【轮廓粗细】设置为【1.5 磅】，并调整两个箭头形状的显示位置。然后，绘制一条曲线线条，将【轮廓粗细】设置为【1.5 磅】，并调整其显示位置。最后，选择曲线形状，执行【格式】|【插入形状】|【编辑形状】|【编辑顶点】命令，编辑曲线形状的顶点。

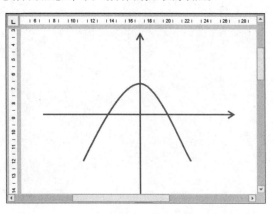

第 5 章

文 表 混 排

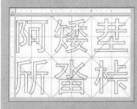 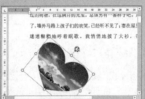  

　　表格是编排文档文字信息组织的一种形式，它不仅具有严谨的结构，而且还具有简洁、清晰的逻辑效果，可以清晰、简洁、明了地概括文档中的数据内容。Word 提供了强大和便捷的表格制作与编辑功能，不仅可以创建简单的文档表格，而且还可以对表格中的数据进行简单的计算与排序，以及在文本信息与表格格式之间互相转换。在本章中，将详细介绍在 Word 文档中创建表格、编辑表格和处理表格数据等文表混排的基础知识和实用技巧。

5.1　创建表格

表格是由表示水平行与垂直列的直线组成的单元格，创建表格即在文档中插入与绘制表格。通过创建表格，可以代替许多文字说明，将文档内容简明、概要地表达出来。

5.1.1　插入表格

在 Word 2016 中不仅可以插入内置的表格、快速表格，而且还可以插入 Excel 电子表格。

1．插入内置表格

将光标置于要插入表格的位置，执行【插入】|【表格】|【表格】命令，拖动鼠标以选择行数和列数，即可插入相应的表格。

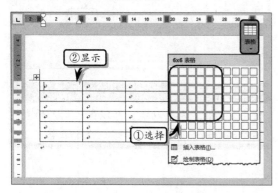

另外，执行【插入】|【表格】|【插入表格】命令，在【插入表格】对话框的【列数】和【行数】微调框中，输入具体数值即可插入相应的表格。

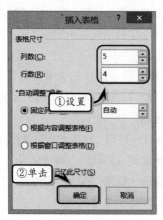

【插入图表】对话框中还包括如下选项。

元素名称		解　释
表格尺寸	列数	在【列数】微调框中单击微调按钮，或者直接输入表格的列数
	行数	在【行数】微调框中单击微调按钮，或者直接输入表格的行数
"自动调整"操作	固定列宽	表格中列宽指定一个确切的值，将按指定的列宽建立表格
	根据内容调整表格	表格列宽随输入的内容的多少而自动调整
	根据窗口调整表格	表格宽度与正文区宽度相同，每列列宽等于正文区宽度除以列数
为新表格记忆此尺寸		启用该复选框，此时对话框中的设置将成为以后新建表格的默认值

2．插入 Excel 表格

执行【插入】|【表格】|【Excel 电子表格】命令，即可在文档中插入一个 Excel 电子表格，用户只需输入相关数据即可。

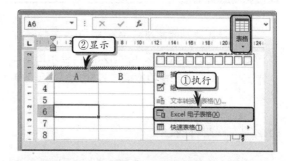

提示

插入 Excel 电子表格之后，单击文档中表格之外的空白处，即可关闭 Excel 电子表格的编辑窗口，返回到文档中。

3．插入快速表格

执行【插入】|【表格】|【快速表格】命令，在其级联菜单中，选择要应用的表格样式即可，如选择【表格式列表】选项。

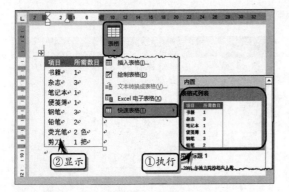

5.1.2 绘制表格

在 Word 中，除了可以插入表格之外，用户还可以根据设计需求，手动绘制表格。

执行【插入】|【表格】|【绘制表格】命令，当光标变成 ⫽ 形状时，拖动鼠标即可在文档中绘制表格的外边框。

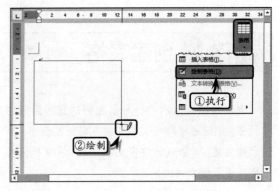

然后，将鼠标移至表格内，拖动鼠标即可绘制表格内边框，从而形成完整的表格。

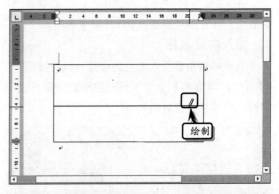

> **提示**
>
> 使用【绘制表格】功能，可以在已插入的表格外部绘制一个外边框，形成嵌套表格。

5.2 编辑表格

在使用表格制作高级数据之前，用户还需要对表格进行一系列的编辑操作，例如选择单元格、插入单元格、调整单元格的宽度与高度、合并拆分单元格等。

5.2.1 操作表格

使用表格的首要步骤便是操作表格，操作表格主要包括选择单元格、选择整行、选择整列、插入单元格、删除单元格等。

1．选择表格

在操作单元格之前，首先需要选择要操作的表格对象，选择表格的具体方法如下所述。

（1）选择当前单元格：将光标移动到单元格左边界与第一个字符之间，当光标变成 ➚ 形状时，单击即可。

（2）选择后（前）一个单元格：按 Tab 或 Shift+Tab 键，可选择插入符所在的单元格后面或前面的单元格。

（3）选择一整行：移动光标到该行左边界的外侧，当光标变成 ⫽ 形状时，单击即可。

（4）选择一整列：移动鼠标到该列顶端，待光标变成 ↓ 形状时，单击即可。

（5）选择多个单元格：单击要选择的第一个单元格，按住 Ctrl 键的同时单击需要选择的所有单元格即可。

（6）选择整个表格：单击表格左上角的按钮 ⊞ 即可。

2．插入行或列

选择需要插入行的单元格，执行【表格工具】|【布局】|【行和列】|【在上方插入】命令，即可在所选单元格的上方插入新行。

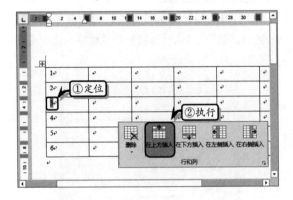

其他各按钮的功能如下所示：

按钮名称	功能作用
在下方插入	在所选行的下方插入新行
在左侧插入	在所选列的左边插入新列
在右侧插入	在所选列的右边插入新列

3．插入单元格

选择单元格，单击【行和列】选项组上的【表格插入单元格对话框启动器】按钮，在弹出的【插入单元格】对话框中选择【活动单元格下移】选项。

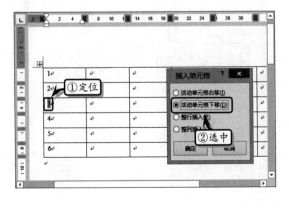

5.2.2　调整单元格

为了使表格与文档更加协调，也为了使表格更加美观，用户还需要调整表格的大小、列宽、行高。同时，还需要运用绘制表格的方法来绘制斜线表头。

1．调整大小

选择表格，执行【布局】|【单元格大小】|【自动调整】|【根据内容自动调整表格】命令，即可使表格中的单元格根据内容自己调整其大小。

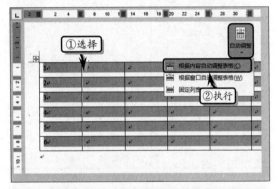

另外，用户也可以在【单元格大小】选项组的【表格列宽度】和【表格行高度】文本框中输入具体数值，调整单元格大小。

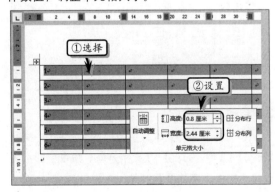

除此之外，将鼠标置于要调整大小的位置，当光标变成 ↖、 ↕、 ‖ 时，拖动鼠标即可更改表格大小、行高及列宽。

2．设置对齐方式

要设置单元格数据的对齐方式，可以通过【布局】选项卡【对齐方式】选项组中的各按钮来完成。

按钮	按钮名称	功　能
	靠上两端对齐	单击该按钮，可将文字靠单元格左上角对齐
	靠上居中对齐	文字居中，并靠单元格顶部对齐
	靠上右对齐	文字靠单元格右上角对齐
	中部两端对齐	文字垂直居中，并靠单元格左侧对齐
	水平居中	文字在单元格内水平和垂直都居中
	中部右对齐	文字垂直居中，并靠单元格右侧对齐
	靠下两端对齐	文字靠单元格左下角对齐
	靠下居中对齐	文字居中，并靠单元格底部对齐
	靠下右对齐	文字靠单元格右下角对齐

另外，选择表格并右击，执行【表格属性】命令。在【表格属性】对话框的【对齐方式】栏中，选择一种对齐方式。

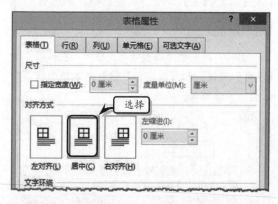

3．更改文字方向

将光标置于要更改文字方向的单元格内，执行【布局】|【对齐方式】|【文字方向】命令，即可更改单元格中文字的显示方向。

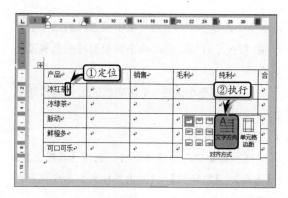

4．设置单元格边距

执行【布局】|【对齐方式】|【单元格边距】命令，在弹出的【表格选项】对话框中，分别设置上、下、左、右的边距值。

5．设置环绕方式

选择表格，右击执行【表格属性】命令。在弹出的【表格属性】对话框中，用户还可以设置表格的尺寸，或者为其设置环绕方式。

5.2.3 合并和拆分单元格

Word 表格类似于 Excel 表格，也具有合并和拆分单元格的功能。通过该功能，可以帮助用户更好地利用表格展示文档数据。

1．合并单元格

选择要合并的单元格区域，执行【布局】|【合并】|【合并单元格】命令，即可将所选单元格区域合并为一个单元格。

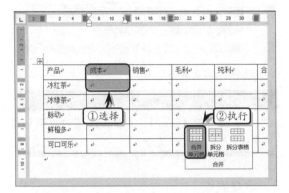

用户也可以选择要合并的单元格区域并右击，执行【合并单元格】命令。

2．拆分单元格

要将一个单元格拆分为多个单元格，可以将光标置于该单元格内，执行【布局】|【合并】|【拆分单元格】命令，在弹出的对话框中，输入要拆分的行数与列数即可。

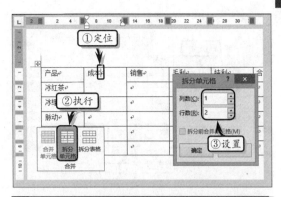

> **技巧**
>
> 用户也可以右击单元格，执行【拆分单元格】命令，在弹出的【拆分单元格】对话框中输入要拆分的行数和列数。

3．拆分表格

执行【布局】|【合并】|【拆分表格】命令，将表格以当前光标所在的单元格为基准，拆分为上下两个表格。

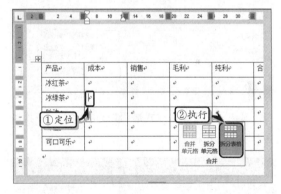

Office **5.3** 美化表格

美化表格是运用 Word 提供的表格样式功能，设置表格的整体样式、自定义底纹样式，以及自定义边框样式等美化操作。

5.3.1 应用表样式

样式是包含颜色、文字颜色、格式等一些组合的集合，Word 一共为用户提供了 99 种内置表格样式。用户可根据实际情况应用快速样式或自定义表格样式，来设置表格的外观样式。

1．应用快速样式

选择表格，执行【表格工具】|【设计】|【表样式】|【其他】命令，在其列表中选择要应用的表格样式即可。

> **提示**
>
> 单击【表样式】选项组中的【其他】下拉按钮，执行【修改表格样式】命令，即可修改表格样式；执行【清除】命令，即可清除该样式。

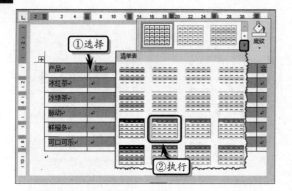

2．设置表样式

用户在应用表格样式时，还可以通过在【表格样式选项】选项组中，禁用或启用各个复选框，完成对表格样式的设置。

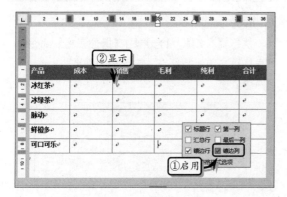

其中，在【表格样式选项】选项组中，一共包括下表中的 6 种选项。

选　　项	作　　用
标题行	显示表格中第一行的特殊格式
第一列	显示表格中第一列的特殊格式
汇总行	显示表格中最后一行的特殊格式
最后一列	显示表格中最后一列的特殊格式
镶边行	显示镶边行，这些行上的偶数行和奇数行的格式互不相同，这种镶边方式使表格的可读性更强
镶边列	显示镶边行，这些行上的偶数列和奇数列的格式互不相同

5.3.2　自定义边框和底纹

Word 为用户提供了 12 种边框样式，除此之外还提供了自定义边框和自定义底纹样式，来达到美化表格的目的。

1．应用内置边框样式

选择表格或单元格区域，执行【表格工具】|【设计】|【边框】|【边框】|【所有框线】命令，即可为表格添加边框。

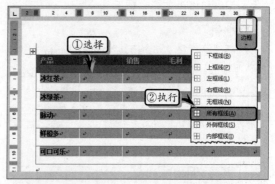

> **提示**
>
> 用户可以执行【设计】|【边框】|【边框刷】命令，为表格添加边框。

2．设置底纹

设置底纹是设置表格的背景颜色，选择表格，执行【表格工具】|【设计】|【表格样式】|【底纹】命令，在其列表中选择一种底纹颜色即可。

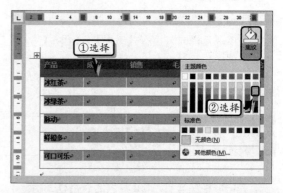

> **提示**
>
> 执行【设计】|【表格样式】|【底纹】|【其他颜色】命令，可以在弹出的【颜色】对话框中自定义底纹颜色。

3．自定义边框

当系统提供的内置边框无法满足用户需求时，可以自定义边框样式。

选择表格或单元格区域，执行【表格工具】|【设计】|【边框】|【边框和底纹】命令，在弹出的【边框和底纹】对话框的【边框】选项卡中，设置边框样式、颜色、宽度等选项即可。

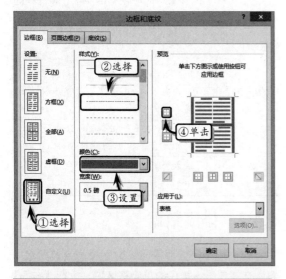

> **提示**
>
> 用户可以通过【设计】选项卡【边框】选项组中的【边框样式】、【笔颜色】、【笔画粗细】和【笔样式】等命令，来自定义表格边框。

4．自定义底纹

选择表格或单元格区域，执行【表格工具】|【设计】|【边框】|【边框和底纹】命令，在弹出的【边框和底纹】对话框的【底纹】选项卡中，设置【填充】颜色和【图案】选项，并单击【确定】按钮。

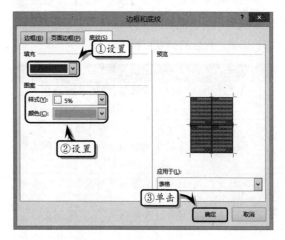

5.4 处理表格数据

在 Word 中不仅可以插入与绘制表格，而且还可以像 Excel 那样处理表格中的数值型数据。例如，运用公式、函数对表格中的数据进行运算，同时还可以根据一定的规律对表格中的数据进行排序，以及进行表格与文本之间的转换。

5.4.1　计算数据

在 Word 文档的表格中，用户可以运用【求和】按钮与【公式】对话框对数据进行加、减、乘、除、求总和等运算。

将光标置于要计算数据的单元格中，执行【布局】|【数据】|【公式】命令。在【公式】对话框

的【公式】文本框中输入公式，单击【确定】按钮即可。

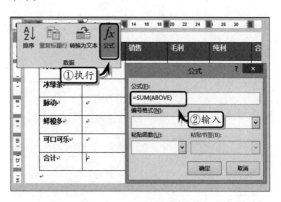

用户还可以通过【公式】对话框，设置编号格

式或者进行粘贴函数。

(1) 公式：在【公式】文本框中输入公式后，还可以通过输入 left（左边数据）、right（右边数据）、above（上边数据）和 below（下边数据），来指定数据的计算方向。

(2) 编号格式：单击【编号格式】下拉按钮，在其列表中可以选择计算结果内容中的格式。其中，列表中包含的格式以符号表示。

格　式	说　明
#,##0	预留数字位置。确定小数的数字显示位置。与 0 相同
#,##0.00	预留数字位置，与 0 相同，只显示有意义的数字，而不显示无意义的 0。其小数为两位
￥#,##0.00; (￥#,##0.00)	将结果数字以货币类型显示，小数位为两位
0	预留数字位置。确定小数的数字显示位置，按小数点右边的 0 的个数对数字进行四舍五入处理
0%	以百分比形式显示，无小数位
0.00	预留数字位置，其小数位为两位
0.00%	以百分比形式显示，其小数位为两位

(3) 粘贴函数：单击【粘贴函数】下拉按钮，用户可以在其列表中选择要使用的函数。

函　数	说　明
ABS	数字或算式的绝对值（无论该值实际上是正还是负，均取正值）
AND	如果所有参数值均为逻辑真（TRUE），则返回 1，反之返回 0
AVERAGE	求出相应数字的平均值
COUNT	统计指定数据的个数
DEFINED	判断指定单元格是否存在。存在返回 1，反之返回 0
FALSE	返回 0（零）
IF	IF（条件，条件真时反应的结果，条件假时反应的结果）
INT	INT(x)对值或算式结果取整
MAX	取一组数中的最大值
MIN	取一组数中的最小值

续表

函　数	说　明
OR	OR(x,y)如果逻辑表达式 x 和 y 中的任意一个或两个的值为 true，那么取值为 1；如果两者的值都为 false，那么取值为 0（零）
PRODUCT	一组值的乘积。例如，函数 { = PRODUCT (1,3,7,9) }，返回的值为 189
ROUND	ROUND(x,y)将数值 x 舍入到由 y 指定的小数位数。x 可以是数字或算式的结果
SIGN	SIGN(x)如果 x 是正数，那么取值为 1；如果 x 是负数，那么取值为-1
SUM	一组数或算式的总和
TRUE	返回 1

5.4.2　排序数据

数字排序是按照字母或数字排列当前所选内容。选择要进行排序的单元格区域，执行【布局】|【数据】|【排序】命令，弹出【排序】对话框，在【主要关键字】栏中选择【各人总分】选项，选中【降序】选项。

用户可以在【排序】对话框中，通过各选项进行设置。

(1) 关键字：在【排序】对话框中，包含【主要关键字】、【次要关键字】和【第三关键字】三种关键字。在排序过程中，将按照【主要关键字】进行排序；当有相同记录时，按照【次要关键字】进行排序；若二者都是相同记录，则按照【第三关键字】进行排序。

（2）类型：单击【类型】下拉按钮，在其列表中可以选择笔画、数字、拼音或者日期类型，设置按哪种类型进行排序。

（3）使用：对【使用】选项的设置，可以将排序设置应用到每个段落上。

（4）排序方式：在对话框中，用户可以选择【升序】或【降序】单选按钮，以设置排序方式。

（5）列表：当用户选择【有标题行】单选按钮时，则在关键字的列表中显示字段的名称；当选择【无标题行】单选按钮时，则在关键字的列表中以列1、列2、列3…表示字段列。

（6）选项：单击该按钮，可以设置排序的分隔符、排序选项与排序语言。

> **提示**
>
> 另外，在【排序】对话框中，单击【选项】按钮，即可在弹出的【排序选项】对话框中，进行排序选项的设置。

5.4.3 表格与文本互转

在 Word 文档中，用户可以将文本直接转换成表格形式。反之，也可以将表格转换成文本形式。

1．表格转换成文本

将光标置于表格中，执行【布局】|【数据】|【转换为文本】命令，在弹出的【表格转换成文本】对话框中选择【制表符】选项。

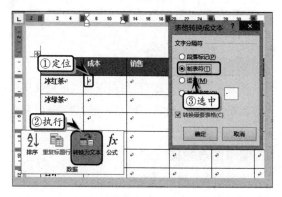

在【表格转换成文本】对话框中，选择不同的单选按钮，将会转换成不同的文本格式。

选 项	说 明
段落标记	把每个单元格的内容转换成一个文本段落
制表符	把每个单元格的内容转换后用制表符分隔，每行单元格的内容成为一个文本段落
逗号	把每个单元格的内容转换后用逗号分隔，每行单元格的内容成为一个文本段落
其他字符	可在对应的文本框中输入用作分隔符的半角字符，每个单元格的内容转换后用输入的文本分隔符隔开，每行单元格的内容成为一个文本段落

2．文本转换成表格

选择要转换成表格的文本段落，执行【插入】|【表格】|【表格】|【文本转换成表格】命令，在弹出的【将文字转换成表格】对话框中设置列数即可。

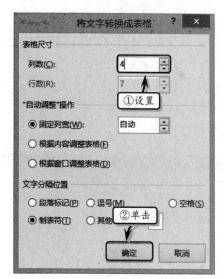

在【将文字转换成表格】对话框中，用户可以进行相关设置。

设 置 栏	参 数	说 明
表格尺寸	列数	设置文本转换成表的列数。用户可以更改该值，来改变产生列数
	行数	表格的行数，其根据所选文本的段落决定。默认情况下，不可调整

续表

设置栏	参数	说明
"自动调整"操作	固定列宽	可在右边列表框中指定表格的列宽，或者选择【自动】选项由系统自定义列宽
	根据内容调整表格	Word 将自动调节以文字内容为主的表格，使表格的栏宽和行高达到最佳配置

续表

设置栏	参数	说明
"自动调整"操作	根据窗口调整表格	表示表格内容将会同文档窗口具有相同的跨度
文字分隔位置		在该栏中，与【表格转换成文本】对话框相比，多出一个【空格】格式。该栏中，选择文本之间所使用的分隔符，一般在转换表格之前，需要在文本之间使用统一的分隔符

5.5 使用图表

Word 还为用户提供了图表功能，运用该功能不仅可以形象地显示文档比较复杂的数据，而且还可以详细地分析数据的变化趋势。

5.5.1 创建图表

Word 中的图表是借用 Excel 中的图表功能，其操作方法与 Excel 图表大同小异。

执行【插入】|【插图】|【图表】命令，在弹出的【插入图表】对话框中，选择图表类型，单击【确定】按钮。

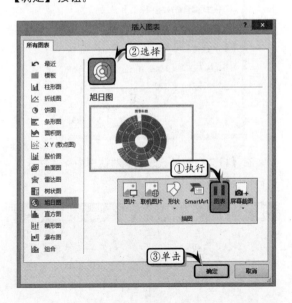

此时，系统会自动生成图表，并弹出 Excel 窗

口，输入图表数据，关闭 Excel 窗口即可。

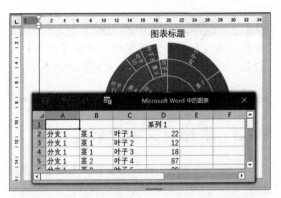

> **提示**
>
> 在 Word 文档中插入图表后，可以在【格式】选项卡中设置其格式。具体的操作方法将在 Excel 2016 中进行讲解。

5.5.2 编辑图表

图表的创建完成以后，用户还可以根据数据的更改重新编辑图表数据、更改图表的类型，以及设置图表的环绕方式等。

1. 编辑图表数据

选择图表，执行【图表工具】|【设计】|【数据】|【编辑数据】|【编辑数据】命令，此时系统将自动弹出 Excel 窗口，在该窗口中编辑图表数据

即可。

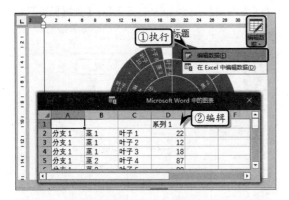

2. 更改图表类型

选择图表，执行【设计】|【类型】|【更改图表类型】命令，在弹出的【更改图表类型】对话框中选择一种图表类型即可。

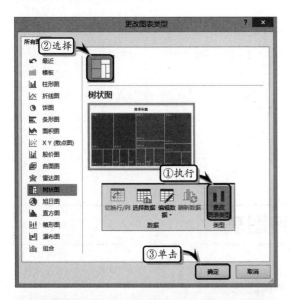

5.5.3　设置样式和布局

图表布局直接影响到图表的整体效果，用户可根据工作习惯设置图表的布局以及图表样式，从而达到美化图表的目的。

1. 设置图表样式

图表样式主要包括图表中对象区域的颜色属性。Word 也内置了一些图表样式，允许用户快速对其进行应用。

选择图表，执行【图表工具】|【设计】|【图表样式】|【快速样式】命令，在下拉列表中选择相应的样式即可。

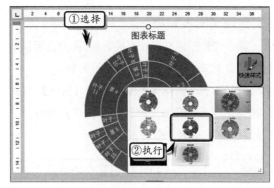

2. 更改图表颜色

执行【图表工具】|【设计】|【图表样式】|【更改颜色】命令，在其级联菜单中选择一种颜色类型，即可更改图表的主题颜色。

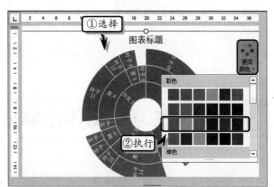

3. 使用内置图表布局

选择图表，执行【设计】|【图表布局】|【快速布局】命令，在其级联菜单中选择相应的布局。

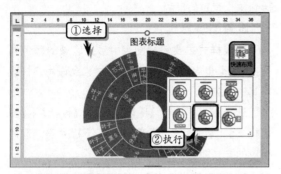

4. 自定义图表布局

除了使用预定义图表布局之外，用户还可以通过手动设置来调整图表元素的显示方式。

选择图表，执行【图表工具】|【设计】|【图表布局】|【添加图表元素】|【数据表】命令，在其级联菜单中选择相应的选项即可。

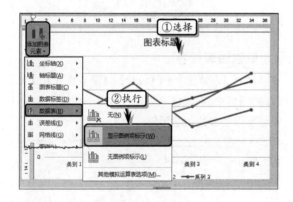

另外，选择图表，执行【图表工具】|【设计】|【图表布局】|【添加图表元素】|【数据标签】命令，在其级联菜单中选择相应的选项即可。

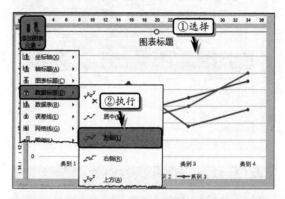

提示

使用同样的方法，用户还可以通过执行【添加图表元素】命令，添加图例、网格线、坐标轴等图表元素。

5.6 练习：制作比赛成绩图表

在 Word 中，除了可以通过表格来详细展示文档中的数据之外，还可以使用图表功能，来形象地比较与分析数据之间的相关性和变化性。在本练习中，将通过制作一份比赛成绩图表，来详细介绍使用图表和表格的操作方法和实用技巧。

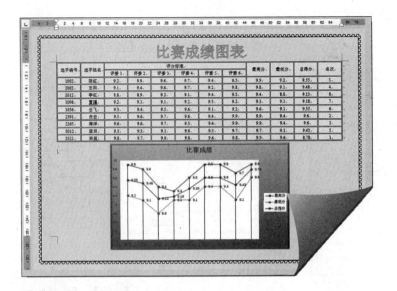

操作步骤 〉〉〉〉

STEP|01 制作标题。新建空白文档，将纸张方向设置为【横向】。执行【插入】|【文本】|【艺术字】|【填充-橙色，着色 2，轮廓-着色 2】命令，插入艺术字并输入文本。

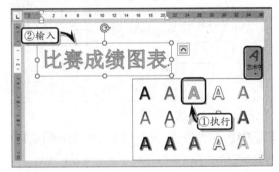

STEP|02 制作数据表。执行【插入】|【表格】|【表格】|【插入表格】命令，在弹出的【插入表格】对话框中设置行列数，并单击【确定】按钮。

STEP|03 选择表格中的第 1 列第 1 和 2 个单元格，执行【表格工具】|【布局】|【合并】|【合并单元格】命令，合并单元格。使用同样的方法，合并其他单元格。

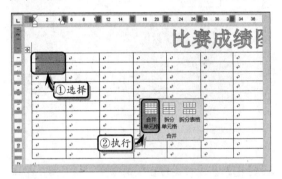

STEP|04 在表格中输入基础数据，选择表格，执行【表格工具】|【布局】|【对齐方式】|【水平居中】命令，设置表格的对齐方式。

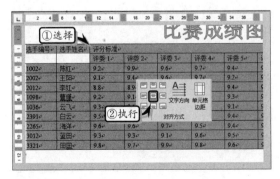

STEP|05 同时，执行【表格工具】|【设计】|【边

框】|【边框】|【边框和底纹】命令，设置表格的边框样式和颜色。

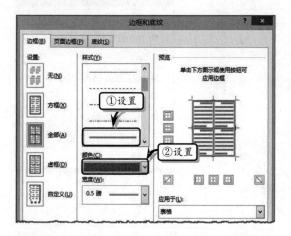

STEP|06 执行【表格工具】|【设计】|【表格样式】|【底纹】|【金色，个性色 4，淡色 80%】命令，设置表格的底纹颜色。

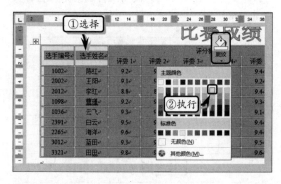

STEP|07 将光标定位在"最高分"列的第 1 个单元格中，执行【表格工具】|【数据】|【公式】命令，输入计算公式，并单击【确定】按钮。使用同样的方法，计算其他最高分。

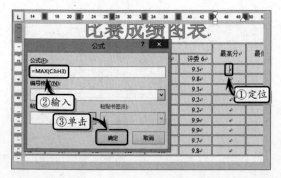

STEP|08 将光标定位在"最低分"列的第 1 个单

元格中，执行【表格工具】|【数据】|【公式】命令，输入计算公式，并单击【确定】按钮。使用同样的方法，计算其他最低分。

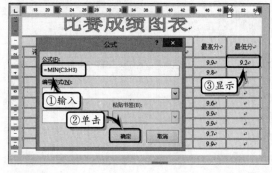

STEP|09 将光标定位在"总得分"列的第 1 个单元格中，执行【表格工具】|【数据】|【公式】命令，输入计算公式，并单击【确定】按钮。使用同样的方法，计算其他总得分，并输入"名次"数据。

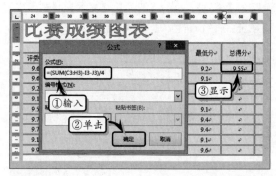

STEP|10 制作图表。执行【插入】|【插图】|【图表】命令，选择【带数据标记的折线图】选项，并单击【确定】按钮。

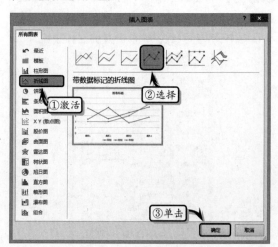

STEP|11 然后，在弹出的 Excel 工作表中，输入图表数据，并关闭 Excel 工作表。

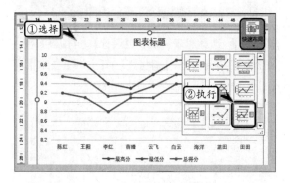

STEP|12 选择图表，设置环绕方式。执行【设计】|【图表布局】|【快速布局】|【布局 9】命令，设置图表的布局样式。

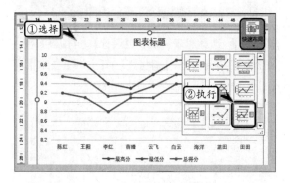

STEP|13 执行【设计】|【图表样式】|【更改颜色】|【颜色 3】命令，更改图表的颜色。

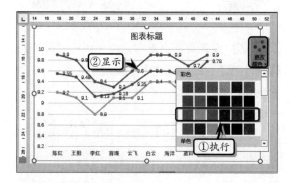

STEP|14 将图表标题更改为"比赛成绩"，并在【开始】选项卡【字体】选项组中，设置文本的字体格式。

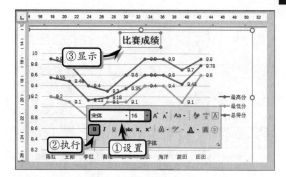

STEP|15 选择图表中的绘图区，执行【格式】|【形状样式】|【形状填充】|【白色，背景 1】命令，设置其填充颜色。

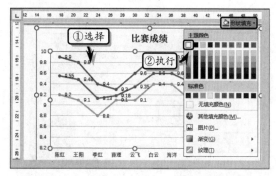

STEP|16 选择图表，右击执行【设置图表区格式】命令，选中【渐变填充】选项，单击【预设渐变】下拉按钮，选择【中等渐变-个性色 6】选项，设置图表区域的渐变填充效果。

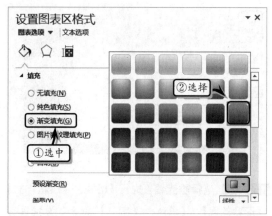

STEP|17 选择图表中的数据系列，执行【格式】|【形状样式】|【形状效果】|【棱台】|【圆】命令，设置数据系列的形状效果。用同样的方法，设置其他数据系列的形状效果。

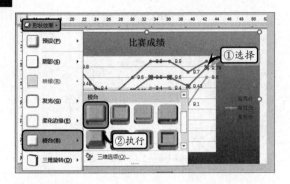

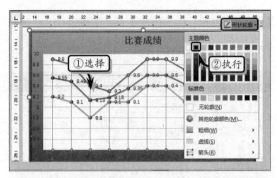

STEP|18 选择图表，执行【格式】|【形状样式】
|【形状效果】|【棱台】|【松散嵌入】命令，设置
图表的棱台效果。

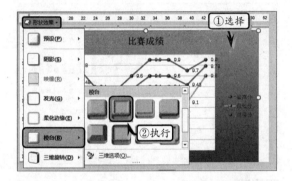

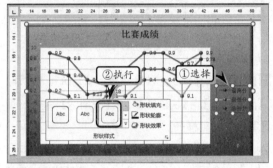

STEP|19 执行【设计】|【图表布局】|【添加图
表原始】|【线条】|【垂直线】命令，添加垂
直线。

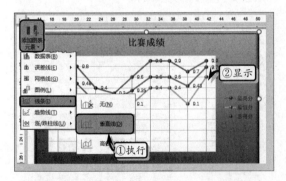

STEP|22 选择图表，执行【设计】|【图表布局】
|【添加图表元素】|【网格线】|【主轴主要水平网
格线】命令，取消图表中的网格线。

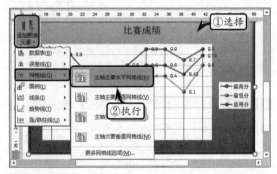

STEP|23 设置页面背景和边框。执行【设计】|
【页面背景】|【页面颜色】|【绿色，个性色 6，淡
色 80%】命令，设置背景颜色。

STEP|20 选择垂直线，执行【格式】|【形状样式】
|【形状轮廓】|【黑色，文字 1】命令，设置垂直
线的轮廓颜色。

STEP|21 选择图例，执行【格式】|【形状样式】
|【其他】|【彩色轮廓-橙色，强调颜色 2】命令，
设置图例的形状样式。

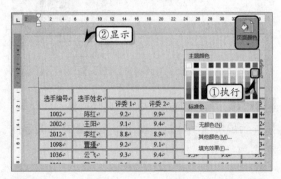

STEP|24 同时，执行【设计】|【页面背景】|【页面边框】命令，单击【艺术型】下拉按钮，选择相应的选项即可。

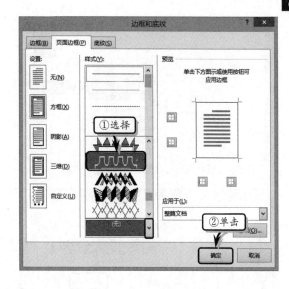

5.7 练习：制作旅游简介

用户在使用 Word 过程中，经常需要用到表格、图表、公式或其他项目，为了使其条理化，可以对其进行编号，此时可以使用题注来完成。在本练习中，将通过制作一份旅游简介文档，来详细介绍使用标题、图片和题注的操作方法和技巧。

练习要点
- 使用艺术字
- 设置边框格式
- 插入项目符号
- 插入图片
- 设置图片格式
- 设置排列方式
- 插入题注
- 插入表格
- 设置表格格式
- 设置页面边框
- 设置背景颜色

操作步骤 >>>>

STEP|01 设置主题颜色。新建空白文档，执行【设计】|【文档格式】|【颜色】|Office 2007-2010 命令，设置主题颜色。

STEP|02 制作标题。执行【插入】|【文本】|【艺术字】|【填充-红色，着色 2，轮廓-着色 2】命令，输入艺术字文本并调整其位置。

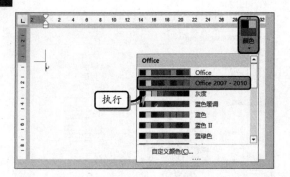

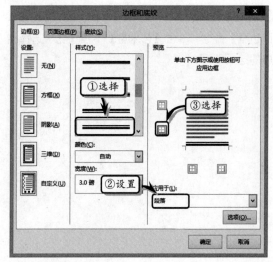

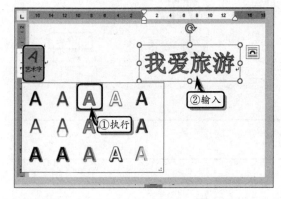

STEP|03 回车新增空行，将光标放置于第1行处，执行【开始】|【样式】|【标题1】命令，设置段落样式。

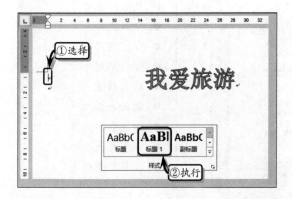

STEP|04 同时，执行【开始】|【段落】|【边框】|【边框和底纹】命令，在弹出的对话框中设置边框样式和应用范围。

STEP|05 添加项目符号。在标题下方输入旅游正文内容，同时选择文本"泰国"、"普罗旺斯"和"夏威夷"，执行【开始】|【段落】|【项目符号】|【定义新项目符号】命令。

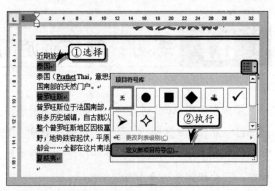

STEP|06 在弹出的【定义新项目符号】对话框中，单击【符号】按钮。

STEP|07 在【符号】对话框中，将【字体】设置为 Wingdings，在列表框中选择一种符号，单击【确定】按钮。

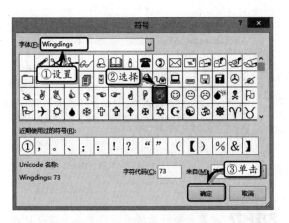

STEP|08 设置正文格式。选择文本"近期旅游热点"，执行【开始】|【样式】|【标题 1】命令，设置文本样式，并将【字体】设置为【黑体】。

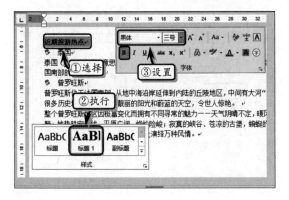

STEP|09 选择文本"泰国"、"普罗旺斯"和"夏威夷"，在【字体】选项组中将【字体】设置为【华文行楷】、【字号】设置为【三号】。

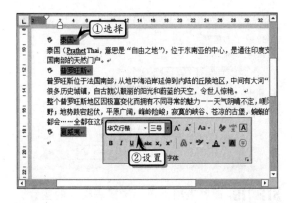

STEP|10 选择项目符号下方的正文文本，单击【段落】选项组中的【对话框启动器】按钮。单击【特殊格式】下拉按钮，选择【首行缩进】选项。

STEP|11 插入题注。执行【引用】|【题注】|【插入题注】命令，单击【新建标签】按钮，在弹出的对话框中输入标签名称，单击【确定】按钮。

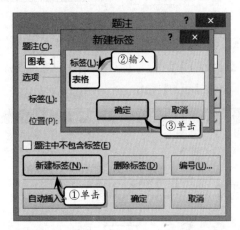

STEP|12 在【题注】对话框中，单击【自动插入题注】按钮。在弹出的对话框中，启用【Microsoft Word 表格】复选框，并单击【确定】按钮。

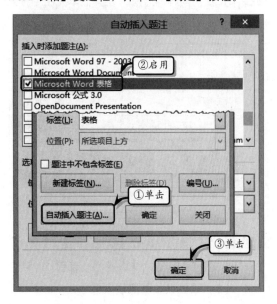

STEP|13 设置泰国段落。将光标定位在"普罗斯旺"上方一行中，执行【插入】|【表格】|【表格】命令，插入一个 1 行 3 列的表格。

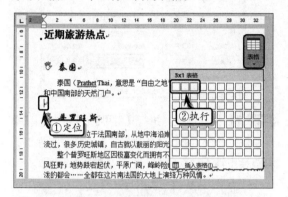

STEP|14 将光标定位在表格左侧的单元格中，执行【插入】|【插图】|【图片】命令，选择图片文件，单击【插入】按钮。

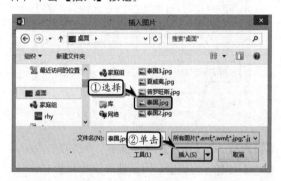

STEP|15 使用同样的方法，在其他单元格中插入相应的图片，并将题注名称更改为"泰国"。

STEP|16 选择表格，执行【表格工具】|【设计】|【表格样式】|【底纹】|【橄榄色，着色 3，淡色60%】命令，设置表格的底纹颜色。

STEP|17 设置普罗旺斯段落。将光标定位在"夏威夷"上方一行中，执行【插入】|【表格】|【表格】命令，插入一个 1 行 1 列的表格，并修改题注名称。

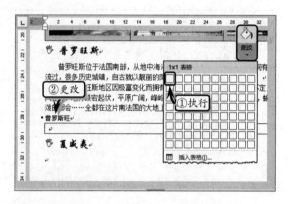

STEP|18 插入表格图片。将光标定位在表格左侧的单元格中，执行【插入】|【插图】|【图片】命令，选择图片文件，单击【插入】按钮。

STEP|19 调整表格大小，选择表格中的图片，执行【图片工具】|【格式】|【排列】|【环绕文字】|【浮于文字上方】命令，设置图片的排列方式。

STEP|20 选择"普罗斯旺"段落所有正文和表格，执行【布局】|【页面设置】|【分栏】|【两栏】命令，设置分栏。

STEP|21 选择表格，执行【表格工具】|【设计】|【边框】|【边框】|【无框线】命令，取消边框样式。

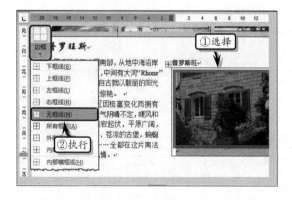

STEP|22 选择图片，执行【图片工具】|【格式】|【图片样式】|【快速样式】|【双框架，黑色】命令，设置图片的样式。

STEP|23 制作夏威夷段落。在夏威夷段落下方，插入两张图片，调整图片的方向和位置，并设置图片的样式。

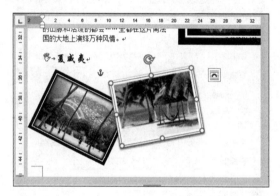

STEP|24 执行【插入】|【文本】|【文本框】|【简单文本框】命令，输入文本并设置文本的字体格式。

STEP|25 选择文本框，执行【绘图工具】|【格式】|【形状样式】|【形状轮廓】|【无轮廓】命令，取消轮廓样式。

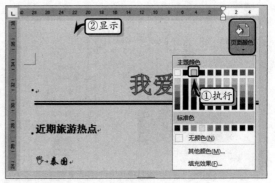

STEP|26 同时，单击【段落】选项组中的【对话框启动器】按钮，将【行距】设置为【1.5 倍行距】。

STEP|28 同时，执行【设计】|【页面背景】|【页面边框】命令，单击【艺术型】下拉按钮，选择一种艺术样式，单击【确定】按钮。

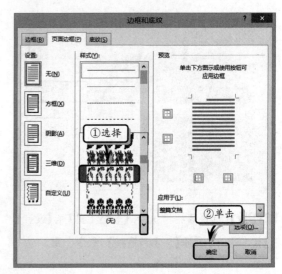

STEP|27 设置背景和边框。执行【设计】|【页面背景】|【页面颜色】|【茶色，背景 2】命令，设置页面背景颜色。

Office

5.8 新手训练营

练习 1：制作带框标签

downloads\5\新手训练营\带框标签

提示：本练习中，首先在文档中插入一个 3 列 4 行的表格。在表格中输入文本，并设置其列宽与行高。然后，选择表格，执行【布局】|【表】|【属性】命令，单击【选项】按钮。在弹出的【表格选项】对话框中，启用【允许调整单元格间距】复选框，并将间距值设置为【0.5 厘米】。最后，选择整个表格，执行【设计】|【表格样式】|【边框】|【边框和底纹】命令，取消表格的上下左右外边框。

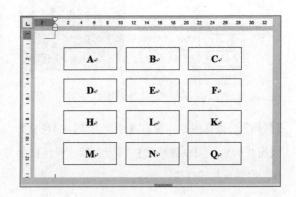

练习 2：制作图书销售统计图表

downloads\5\新手训练营\图书销售统计图表

提示：本练习中，首先输入标题文本，并设置文本的字体格式。然后，插入表格，输入表格数据并设置对齐格式。在表格中插入求和和平均公式，计算求和和平均值，并分别设置不同单元格的填充颜色。

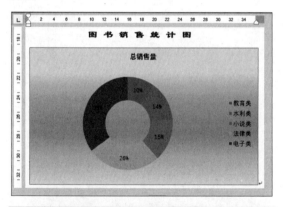

最后，输入图表标题并设置标题文本的字体格式。插入图表，在 Excel 工作表中输入图表数据。将图表布局设置【布局 9】，右击图表执行【设置图表区域格式】命令，设置图表区域的渐变填充效果和线条效果。

练习 3：制作销售业绩统计表

downloads\5\新手训练营\销售业绩统计表

提示：本练习中，首先插入表格，合并第 1 行中的所有单元格。输入表格数据，设置数据居中对齐格式，同时使用求和公式计算合计和小计值。然后，在第 1 行中插入艺术字，输入艺术字文本并设置其字体格式。选择表格，执行【表格工具】|【设计】|【表格样式】|【网格表 5 深色-着色 6】命令。最后，在表格第 2 行第 1 个单元格中绘制一条斜线，设置斜线的轮廓颜色。同时，在斜线上下方分别插入一个文本框，

输入文本，设置文本格式并旋转文本框。

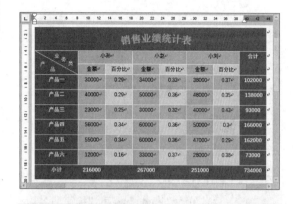

练习 4：制作组合图表

downloads\5\新手训练营\组合图表

提示：本练习中，首先执行【插入】|【插图】|【图表】命令，在弹出的【插入图表】对话框中，选择【组合】选项。同时，单击【系列 2】下拉按钮，选择【带数据标记的折线图】选项。然后，在 Excel 工作表中输入表格数据，并关闭 Excel 工作表。最后，选择图表，执行【图表攻击】|【设计】|【图表不急】|【快速不急】|【布局 11】命令，设置图表的布局。

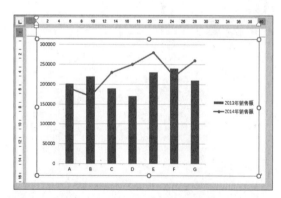

练习 5：创建瀑布图

downloads\5\新手训练营\瀑布图

提示：本练习中，首先在文档中插入一个堆积柱形图图表，并在 Excel 中输入图表基础数据。然后隐藏"辅助数据"数据系列，即将该数据列的填充颜色设置为【无填充】，并删除图例。最后，将"2008 年销售额"数据系列的【分隔间距】设置为【无间距】，并为该数据系列添加数据标签，以及取消图表的主要横网格线。

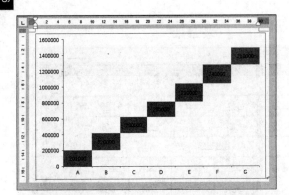

系列，在【填充】选项卡中，选中【无填充】选项。
同时，旋转【水平（值）轴】，将【最小值】、【最大
值】与【主要刻度单位】分别设置为 39993、40037
与 7。最后，在【数字】选项卡中，将日期格式设置
为【3 月 14 日】。

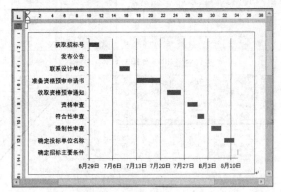

练习 6：制作甘特图

downloads\5\新手训练营\甘特图

提示：本练习中，首先插入一个堆积条形图，删
除图例，双击【垂直（类别）轴】，启用【逆序类别】
与【最大分类】选项。然后，双击"开始时间"数据

第 **6** 章

编制工作表

 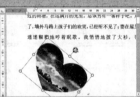 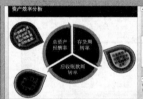 

  Excel 2016 是 Office 2016 系列办公软件中的一个组件，集数据统计、数据分析及数据管理三大基本功能于一身，被广泛应用于各行各业，是办公人员处理各类数据的必备工具。用户在制作各种电子表格时，经常会将多种类型的数据整合在一个工作表中进行运算和发布，此时为了使表格的外观更加美观、排列更加合理、重点更加突出、条理更加清晰，还需要对工作表进行一系列的基础编辑操作。本章将从认识 Excel 的操作界面入手，循序渐进地向用户介绍创建、打开、保存以及操作工作簿的方法，使用户轻松地学习并掌握 Excel 工作簿的制作基础。

6.1 初识 Excel 2016

相对于上一版本，Excel 2016 突出了对高性能计算机的支持，并结合时下流行的云计算理念，增强了与互联网的结合。在使用 Excel 2016 处理数据之前，还需要先了解一下 Excel 2016 的工作界面，以及常用术语。

6.1.1 Excel 2016 工作界面

Excel 2016 继续沿用了 Ribbon 菜单栏，主要由标题栏、工具选项卡栏、功能区、编辑栏、工作区和状态栏 6 个部分组成。在工作区中，提供了水平和垂直两个标题栏以显示单元格的行标题和列标题。

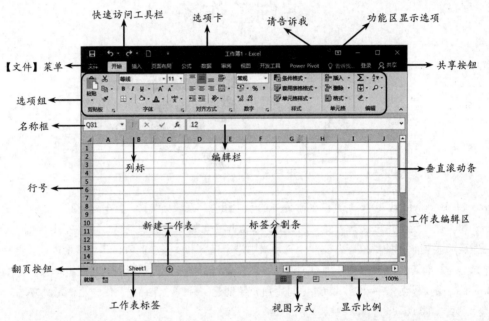

通过上图，用户已大概了解 Excel 2016 的界面组成，下面将详细介绍具体部件的详细用途和含义。

1．标题栏

标题栏由快速访问工具栏、文档名称栏、功能区显示选项和窗口管理按钮 4 部分组成。

快速访问工具栏是 Excel 提供的一组可自定义的工具按钮，用户可单击【自定义快速访问工具栏】按钮，执行【其他命令】命令，将 Excel 中的各种预置功能或自定义宏添加到快速访问工具栏中。

2．选项卡

选项卡栏是一组重要的按钮栏，它提供了多种按钮，用户在单击该栏中的按钮后，即可切换功能区，应用 Excel 中的各种工具。

3．选项组

选项组集成了 Excel 中绝大多数的功能。根据用户在选项卡栏中选择的内容，功能区可显示各种相应的功能。

在功能区中，相似或相关的功能按钮、下拉菜单以及输入文本框等组件以组的方式显示。一些可自定义功能的组还提供了扩展按钮，辅助用户以对话框的方式设置详细的属性。

4．编辑栏工具栏

编辑栏是 Excel 独有的工具栏，包括两个组成部分，即名称框和编辑栏。

在名称框中，显示了当前用户选择单元格的标题。用户可直接在此输入单元格的标题，快速转入到该单元格中。

编辑栏的作用是显示对应名称框的单元格中的原始内容，包括单元格中的文本、数据以及基本公式等。单击编辑栏左侧的【插入函数】按钮 f_x，可快速插入 Excel 公式和函数，并设置函数的参数。

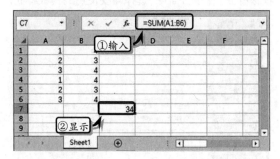

5．工作区

工作区是 Excel 最主要的窗格，其中包含了【全选】按钮 ▉、水平标题栏、垂直标题栏、工作窗格、工作表标签栏以及水平滚动条和垂直滚动条等。

单击【全选】按钮，可选中工作表中的所有单元格。单击水平标题栏或垂直标题栏中的某一个标题，可选择该标题范围内的所有单元格。

6．状态栏

状态栏可显示当前选择内容的状态，并切换Excel 的视图、缩放比例等。在状态栏的自定义区域内，用户可右击，在弹出的菜单中选择相应的选项。然后当用户选中若干单元格后，自定义区域内就会显示相应的属性。

6.1.2　Excel 常用术语

由于一个工作簿中可以包含多个工作表，而每个工作表中又可以管理多种类型的信息。所以，为了方便用户学习 Excel 的基础知识，首先需要介绍 Excel 中的一些常用术语。

1．工作簿

当用户创建工作簿时，系统会自动显示名为"工作簿 1"的电子表格。新版本的 Excel 默认情况下每个工作簿中只包括名称为 Sheet1 的 1 个工作表，而工作簿的扩展名为.xlsx。用户可通过执行【文件】|【选项】命令，在弹出的对话框中设置工作表的默认数量。

2．工作表

工作表又称为电子表格，主要用来存储与处理数据。工作表由单元格组成，每个单元格中可以存储文字、数字、公式等数据。每张工作表都具有一个工作表名称，默认的工作表名称均为 Sheet 加数字。例如，Sheet1 工作表即表示该工作簿中的第1 个工作表。用户可以通过单击工作表标签的方法，在工作表之间进行快速切换。

3．单元格

单元格是 Excel 中的最小单位，主要是由交叉的行与列组成的，其名称（单元格地址）是通过行号与列标来显示的，Excel 的每一张工作表由 1 000 000 行、16 000 列组成。例如，【名称框】中的单元格名称显示为 B2，表示该单元格中的行号为 2、列标为 B。

在 Excel 中，活动单元格将以加粗的黑色边框显示。当同时选择两个或者多个单元格时，这组单元格被称为单元格区域。单元格区域中的单元格可以是相邻的，也可以是彼此分离的。

Office 6.2　操作工作簿

由于工作簿是所有数据的存储载体，它包含了所有的工作表和单元格，所以在对 Excel 进行编辑操作之前，还需要先掌握创建和保存工作簿的各种方法。

6.2.1 创建空白工作簿

Excel 2016 在创建工作簿时，相对于旧版本有很大的改进，一般情况下用户可通过下列两种方法，来创建空白工作簿。

1. 直接创建

启用 Excel 2016 组件，系统将自动进入【新建】页面，此时选择【空白工作簿】选项即可。另外，执行【文件】|【新建】命令，在展开的【新建】页面中单击【空白工作簿】选项，即可创建空白工作表。

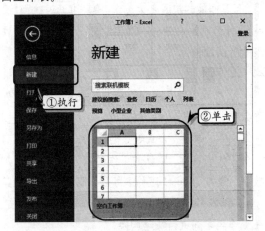

2. 【快速访问工具栏】创建

用户也可以通过【快速访问工具栏】中的【新建】命令，来创建空白工作簿。

对于初次使用的 Excel 2016 的用户来讲，需要单击【快速访问工具栏】右侧的下拉按钮，在其列表中选择【新建】选项，将【新建】命令添加到【快速访问工具栏】中。然后，直接单击【快速访问工具栏】中的【新建】按钮，即可创建空白工作簿。

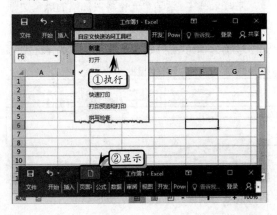

技巧

按 Ctrl+N 快捷键，也可创建一个空白的工作簿。

6.2.2 创建模板工作簿

Excel 2016 有别于前面旧版本中的模板列表，用户可通过下列三种方法，来创建模板工作簿。

1. 创建常用模板

执行【文件】|【新建】命令之后，系统只会在该页面中显示固定的模板样式，以及最近使用的模板样式。在该页面中，选择需要使用的模板样式。

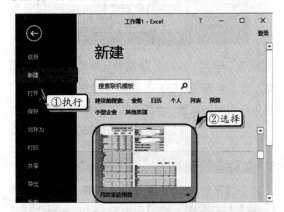

技巧

在新建模板列表中，单击模板名称后面的 📌 按钮，即可将该模板固定在列表中，便于下次使用。

然后，在弹出的创建页面中，预览模板文档内容，单击【创建】按钮即可。

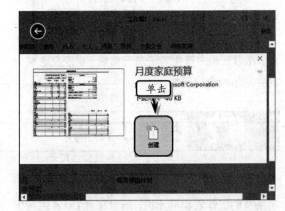

2．创建类别模板

在【新建】页面中的【建议搜索】列表中，选择相应的搜索类型，即可新建该类型的相关演示文稿模板。例如，在此选择【业务】选项。

然后，在弹出的【业务】模板页面中，将显示联机搜索到的所有有关【业务】类型的工作簿模板。用户只需在列表中选择模板类型，或者在右侧的【类别】窗口中选择模板类型，然后在列表中选择相应的工作簿模板即可。

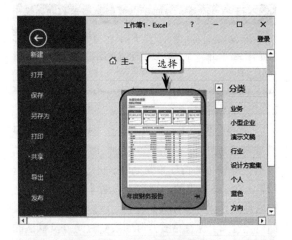

注意

在【业务】模板页面中，单击搜索框左侧的【主页】连接，即可将页面切换到【新建】页面中。

3．搜索模板

在【新建】页面中的搜索文本框中，输入需要搜索的模板类型。例如，输入"财务报告"文本。然后，单击搜索按钮，即可创建搜索后的模板文档。

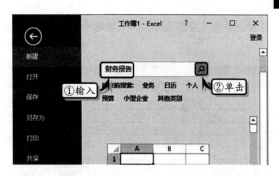

6.2.3　保存工作簿

当用户创建并编辑完工作簿之后，为保护工作簿中的数据与格式，需要将工作簿保存在本地计算机中。在 Excel 2016 中，保存工作簿的方法大体可分为手动保存与自动保存两种方法。

1．手动保存

对于新建工作簿，则需要执行【文件】|【保存】或【另存为】命令，在展开的【另存为】列表中，选择【这台电脑】选项，并在右侧选择所需保存的具体位置，例如选择【文档】选项。

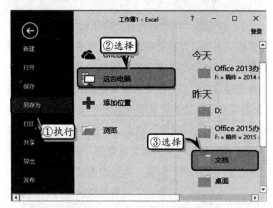

技巧

在【另存为】列表中，用户也可以直接选择【浏览】选项，在弹出的【另存为】对话框中，自定义保存位置。

在弹出的【另存为】对话框中，选择保存位置，设置保存名称和类型，单击【保存】按钮即可。

对于保存过的演示文稿，用户可以直接单击【快速访问工具栏】中的【保存】按钮，直接保存演示文稿即可。

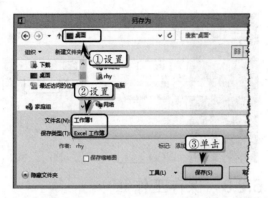

其中，【保存类型】下拉列表中的各文件类型及其功能如下表所示。

类 型	功 能
Excel 工作簿	将工作簿保存为默认的文件格式
Excel 启用宏的工作簿	将工作簿保存为基于 XML 且启用宏的文件格式
Excel 二进制工作簿	将工作簿保存为优化的二进制文件格式，提高加载和保存速度
Excel 97-2003 工作簿	保存一个与 Excel 97-2003 完全兼容的工作簿副本
XML 数据	将工作簿保存为可扩展标识语言文件类型
单个文件网页	将工作簿保存为单个网页
网页	将工作簿保存为网页
Excel 模板	将工作簿保存为 Excel 模板类型
Excel 启用宏的模板	将工作簿保存为基于 XML 且启用宏的模板格式
Excel 97-2003 模板	保存为 Excel 97-2003 模板类型
文本文件（制表符分隔）	将工作簿保存为文本文件
Unicode 文本	将工作簿保存为 Unicode 字符集文件
XML 电子表格 2003	保存为可扩展标识语言 2003 电子表格的文件格式
Microsoft Excel 5.0/95 工作簿	将工作簿保存为 5.0/95 版本的工作簿
CSV（逗号分隔）	将工作簿保存为以逗号分隔的文件
带格式文本文件（空格分隔）	将工作簿保存为带格式的文本文件
DIF（数据交换格式）	将工作簿保存为数据交换格式文件
SYLK（符号链接）	将工作簿保存为以符号链接的文件

续表

类 型	功 能
Excel 加载宏	保存为 Excel 插件
Excel 97-2003 加载宏	保存一个与 Excel 97-2003 兼容的工作簿插件
PDF	保存一个由 Adobe Systems 开发的基于 PostScriptd 的电子文件格式，该格式保留了文档格式并允许共享文件
XPS 文档	保存为一种版面配置固定的新的电子文件格式，用于以文档的最终格式交换文档
Strict Open XML 电子表格	可以保存一个 Strict Open XML 类型的电子表格，可以帮助用户读取和写入 ISO8601 日期以解决 1900 年的闰年问题
OpenDocument 电子表格	保存一个可以在使用 OpenDocument 演示文稿的应用程序中打开，还可以在 PowerPoint 2010 中打开.odp 格式的演示文稿

注意

在 Excel 2016 中，保存文件也可以像打开文件那样，将文件保存到 OneDrive 和其他位置中。

2. 自动保存

用户在使用 Excel 2016 时，往往会遇到计算机故障或意外断电的情况。此时，便需要设置工作簿的自动保存与自动恢复功能。执行【文件】|【选项】命令，在弹出的对话框中激活【保存】选项卡，在右侧的【保存工作簿】选项组中进行相应的设置即可。例如，保存格式、自动恢复时间以及默认的文件位置等。

Office
6.3 编辑数据

数据是工作表的灵魂，用户可以在其中输入多种类型及形式的数据。除此之外，还可以使用填充功能，快速填充具有一定规律的数据。

6.3.1 选择单元格

用户可以选择一个单元格，也可以选择多个单元格（即单元格区域，区域中的单元格可以相邻或不相邻）。选择单元格时，用户可以通过鼠标或者键盘进行操作。

1. 选择单个单元格

启动 Excel 组件，单击需要编辑的工作表标签，即选定为当前工作表。用户可以使用鼠标、键盘或通过【编辑】选项组选择单元格或单元格区域。

移动鼠标，将鼠标指针移动到需要选择的单元格上单击，该单元格即为选择单元格。

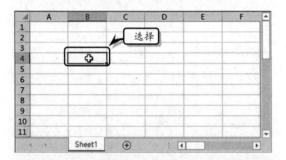

> **提示**
>
> 如果选择单元格不在当前视图窗口中，可以通过拖动滚动条，使其显示在窗口中，然后再选取。

除了使用上述的鼠标选择单元格的方法外，还可以通过键盘上的方向键，来选择单元格。

图标及功能	键名	含　义
↑	向上	在键盘上按【向上】按钮，即可向上移动一个单元格
↓	向下	在键盘上按【向下】按钮，即可向下移动一个单元格

续表

图标及功能	键名	含　义
←	向左	在键盘上按【向左】按钮，即可向左移动一个单元格
→	向右	在键盘上按【向右】按钮，即可向右移动一个单元格
Ctrl+↑	——	选择列中的第一个单元格，即 A1、B1、C1 等
Ctrl+↓	——	选择列中的最后一个单元格
Ctrl+←	——	选择行中的第一个单元格，即 A1、A2、A3 等
Ctrl+→	——	选择行中的最后一个单元格

> **技巧**
>
> 还可以按 PageUp 和 PageDown 功能键，进行翻页操作。例如，选择 A1 单元格，窗口显示页为 26 行，按 PageDown 键，将显示 A26 单元格的内容。

2. 选择相邻的单元格区域

使用鼠标除了可以选择单元格外，还可以选择单元格区域。例如，选择一个连续单元格区域，单击该区域左上角的单元格，按住鼠标左键并拖动鼠标到该单元格区域的右下角单元格，松开鼠标左键即可。

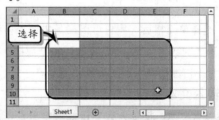

> **技巧**
>
> 使用键盘上的方向键，移动选择单元格区域的任一角上的单元格，按住 Shift 键的同时，通过方向键移至单元格区域对角单元格即可。

3．选择不相邻的单元格区域

在操作单元格时，根据不同情况的需求，有时需要对不连续单元格区域进行操作，具体操作如下：

使用鼠标选择 B3～B8 单元格区域，在按住 Ctrl 键的同时，选择 D4～D8 单元格区域。

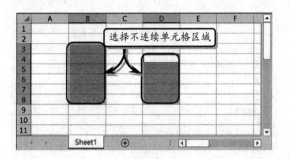

另外，我们经常还会遇到对一些特殊单元格区域进行操作。具体情况如下表所述。

单元格区域	选 择 方 法
整行	单击工作表最前面的行号
整列	单击工作表最上面的列标
整个工作表	单击行号与列标的交叉处，即【全选】按钮
相邻的行或列	单击工作表行号或者列标，并拖动行号或列标。也可以按 Shift 键，通过方向键操作
不相邻的行或列	单击所在选择的第一个行号或列标，按 Ctrl 键，再单击其他行号或列标

6.3.2　输入数据

选择单元格后，用户可以在其中输入多种类型及形式的数据。例如，常见的数值型数据、字符型数据、日期型数据以及公式和函数等。

1．输入文本

输入文本，即输入以字母或者字母开头的字符串和汉字等字符型数据。输入文本之前应先选择单元格，然后输入文字。此时，输入的文字将同时显示在编辑栏和活动单元格中。单击【输入】按钮✓，即可完成输入。

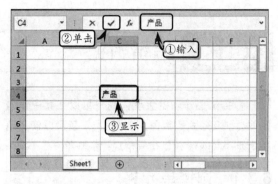

2．输入数字

数字一般由整数、小数等组成。输入数值型数据时，Excel 会自动将数据沿单元格右边对齐。用户可以直接在单元格中输入数字，其各种类型数字的具体输入方法如下表所述。

类　型	方　法
负数	在数字前面添加一个一号或者给数字添加上圆括号。例如：－50 或（50）
分数	在输入分数前，首先输入 0 和一个空格，然后输入分数。例如：0+空格+1/3
百分比	直接输入数字，然后在数字后输入%。例如：45%
小数	直接输入小数即可。可以通过【数字】选项组中的【增加数字位数】或【减少数字位数】按钮，调整小数位数。例如：3.1578
长数字	当输入长数字时，单元格中的数字将以科学计数法显示，且自动调整列宽直到显示 11 位数字为止。例如，输入 123456789123，将自动显示为 1.23457E+11
以文本格式输入数字	可以在输入数字之前先输入一个单引号'（单引号必须是英文状态下的），然后输入数字。例如输入身份证号

3．输入日期和时间

在单元格中输入日期和时间数据时，其单元格中的数字格式会自动从【通用】转换为相应的【日期】或者【时间】格式，而不需要去设定该单元格为【日期】或者【时间】格式。

输入日期时，首先输入年份，然后输入 1～12 中的数字作为月，再输入 1～31 中的数字作为日，注意在输入日期时，需用/号分开 "年/月/日"。例如 2013/1/28。

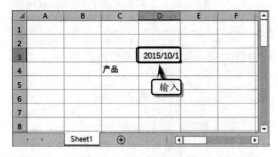

在输入时间和日期时，需要注意以下几点。

（1）时间和日期的数字格式：时间和日期在 Excel 工作表中，均按数字处理。其中，日期被保存为序列数，表示距 1900 年 1 月 1 日的天数；而时间被保存为 0～1 之间的小数，如 0.25 表示上午 6 点，0.5 表示中午十二点等。由于时间和日期都是数字，因此可以进行各种运算。

（2）以 12 小时制输入时间和日期：要以 12 小时制输入时间和日期，可以在时间后加一个空格并输入 AM 或者 PM，否则 Excel 将自动以 24 小时制来处理时间。

（3）同时输入日期和时间：如果用户要在某一个单元格中同时输入日期和时间，则日期和时间要用空格隔开，例如 2007-7-1 13：30。

6.3.3 填充数据

在输入具有规律的数据时，可以使用填充功能来完成。该功能可根据数据规则及选择单元格区域的范围，进行自动填充。

1. 使用填充柄

选择单元格后，其右下角会出现一个实心方块的填充柄。通过向上、下、左、右 4 个方向拖动填充柄，即可在单元格中自动填充具有规律的数据。

在单元格中输入有序的数据，将光标指向单元格填充柄，当指针变成十字光标后，沿着需要填充的方向拖动填充柄。然后，松开鼠标左键即可完成数据的填充。

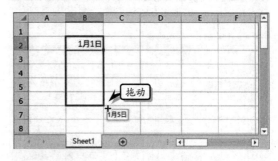

2. 普通填充

首先，选择需要填充数据的单元格区域。然后，执行【开始】|【编辑】|【填充】|【向下】命令，即可向下填充相同的数据。

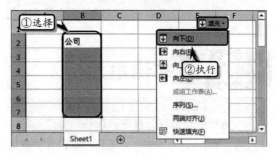

3. 序列填充

执行【开始】|【编辑】|【填充】|【系列】命令，在弹出的【序列】对话框中，可以设置序列产生在行或列、序列类型、步长值及终止值。

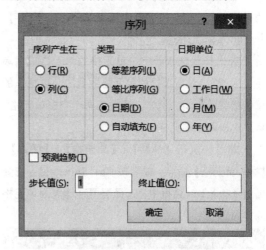

【序列】对话框中主要包括【序列产生在】和【日期单位】等选项组或选项，其具体说明如下表所述。

续表

选项组	选项	说　明
序列产生在		用于选择数据序列是填充在行中还是在列中
类型	等差序列	把【步长值】文本框内的数值依次加入到单元格区域的每一个单元格数据值上来计算一个序列。同等启用【趋势预测】复选框
		忽略【步长值】文本框中的数值，而直接计算一个等差级数趋势列
	等比序列	把【步长值】文本框内的数值依次乘到单元格区域的每一个单元格数值上来计算一个序列
		如果启用【趋势预测】复选框，则忽略【步长值】文本框中的数值，而会计算一个等比级数趋势序列

续表

选项组	选项	说　明
类型	日期	根据选择【日期】单选按钮计算一个日期序列
	自动填充	获得在拖动填充柄产生相同结果的序列
预测趋势		启用该复选框，可以让 Excel 根据所选单元格的内容自动选择适当的序列
步长值		从目前值或默认值到下一个值之间的差，可正可负，正步长值表示递增，负的则为递减，一般默认的步长值是 1
终止值		用户可在该文本框中输入序列的终止值

6.4 编辑单元格

在进行数据处理过程中，往往需要进行插入单元格、插入行/列，或合并单元格等操作。在本节中，将详细介绍插入和合并单元格的基础知识。

6.4.1 插入单元格

当用户需要改变表格中数据的位置或插入新的数据时，可以先在表格中插入单元格、行或列。

1. 插入单元格

在选择要插入新空白单元格的单元格或者单元格区域时，其所选择的单元格数量应与要插入的单元格数量相同。例如，要插入两个空白单元格，需要选取两个单元格。

然后，执行【开始】|【单元格】|【插入】|【插入单元格】命令，或者按 Ctrl+Shift+=键。在弹出的【插入】对话框中，选择需要移动周围单元格的方向。

> **提示**
>
> 选择单元格或单元格区域后，右击执行【插入】命令，也可以打开【插入】对话框。

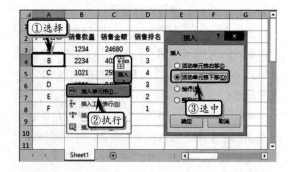

2. 插入行

要插入一行，选择要在其上方插入新行的行或该行中的一个单元格，执行【开始】|【单元格】|【插入】|【插入工作表行】命令即可。

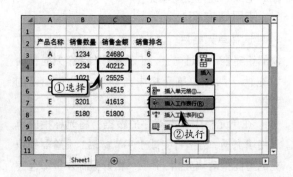

注意

选择需要删除的单元格，执行【开始】|【单元格】|【删除】|【删除单元格】命令，即可删除该单元格。删除行或列的方法，同删除单元格的方法大体一致。

另外，要快速重复插入行的操作，则单击要插入行的位置，然后按 Ctrl+Y 快捷键。

技巧

要插入多行，选择要在其上方插入新行的那些行，所选的行数应与要插入的行数相同。

3．插入列

如果要插入一列，应选择要插入新列右侧的列或者该列中的一个单元格，执行【开始】|【单元格】|【插入】|【插入工作表列】命令即可。

注意

当在工作表中插入行时，受插入影响的所有引用都会相应地做出调整，不管它们是相对引用，还是绝对引用。

6.4.2 调整单元格

调整单元格即根据字符串的长短和字号的大小来调整单元格的高度和宽度。

1．调整高度

选择需要更改行高的单元格或单元格区域，执行【开始】|【单元格】|【格式】|【行高】命令。在弹出的【行高】对话框中输入行高值即可。

用户也可以通过拖动鼠标的方法调整行高，即将鼠标置于要调整行高的行号处，当光标变成单

竖线双向箭头 ✛ 时，拖动鼠标即可。同时，双击即可自动调整该行的行高。

另外，用户可以根据单元格中的内容自动调整行高。执行【开始】|【单元格】|【格式】命令，选择【自动调整行高】选项即可。

2．调整宽度

调整列宽的方法与调整行高的方法大体一致。选择需要调整列宽的单元格或单元格区域后，执行【开始】|【单元格】|【格式】|【列宽】命令，在弹出的【列宽】对话框中输入列宽值即可。

用户也可以将鼠标置于列标处，当光标变成单竖线双向箭头 ✛ 时，拖动鼠标或双击即可。另外，执行【开始】|【单元格】|【格式】|【自动调整列宽】命令，可根据单元格内容自动调整列宽。

6.4.3 合并单元格

1．合并单元格

选择要合并的单元格后，执行【开始】|【对齐方式】|【合并后居中】命令，在其下拉列表中选择相应的选项即可合并单元格。例如，选择 B1～E1 单元格区域，执行【开始】|【对齐方式】|【合并后居中】命令，合并所选单元格。

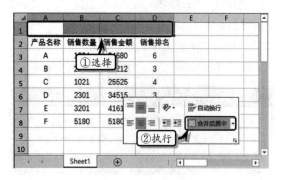

其中，Excel 组件为用户提供以下三种方式合并方式。

方 式	含 义
合并后居中	将选择的多个单元格合并成一个大的单元格，并将单元格内容居中
跨越合并	行与行之间相互合并，而上下单元格之间不参与合并
合并单元格	将所选单元格合并为一个单元格

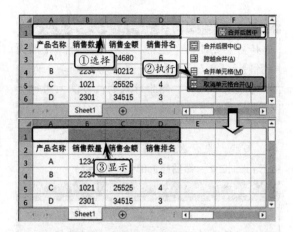

2．撤销合并

选择合并后的单元格，执行【对齐方式】|【合并后居中】|【取消单元格合并】命令，即可将合并后的单元格拆分为多个单元格，且单元格中的内容将出现在拆分单元格区域左上角的单元格中。

提示

另外，选择合并后的单元格，执行【开始】|【对齐方式】|【合并后居中】命令，也可以取消已合并的单元格。

6.5 管理工作表

默认情况下，每个工作簿中只包含一个工作表，此时为方便存储更多的数据用户还需要增加工作簿的数量。除此之外，为了使表格的外观更加美观、排列更加合理、重点更加突出、条理更加清晰，还需要对工作表进行简单的整理操作。

6.5.1 选择工作表

当用户需要在 Excel 中进行某项操作时，应首先指定相应的工作表为当前工作表，以确保不同类型的数据放置于不同的工作簿中，便于日后的查找和编辑。

1．选择单个工作表

在 Excel 中，单击工作表标签即可选定一个工作表。例如，单击工作表标签 Sheet2，即可选定 Sheet2 工作表。

提示

工作表标签位于工作簿窗口的底端，用来显示工作表的名称。标签滚动按钮位于工作表标签的前端。

2．选择相邻的多个工作表

首先应单击要选定的第一张工作表标签，然后按住 Shift 键的同时，单击要选定的最后一张工作表标签，此时将看到在活动工作表的标题栏上出现"工作组"的字样。

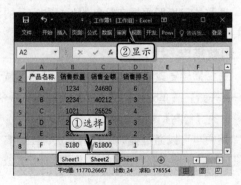

3．选择不相邻的多个工作表

单击要选定的第一张工作表标签，在按住 Ctrl 键的同时，逐个单击要选定的工作表标签即可。

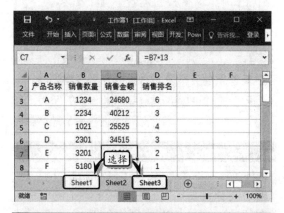

技巧

Shift 键和 Ctrl 键可以同时使用。也就是说，可以用 Shift 键选取一些相邻的工作表，然后再用 Ctrl 键选取另外一些不相邻的工作表。

4．选择全部工作表

右击工作表标签，执行【选定全部工作表】命令，即可将工作簿中的工作表全部选定。

6.5.2 更改工作表的数量

在工作簿中默认有 1 个工作表，用户可以根据实际工作中的需要，通过插入和删除工作表，来更改工作表的数量。

1．插入工作表

用户只需单击【状态栏】中的【插入工作表】按钮，即可在当前的工作表后面插入一个新的工作表。

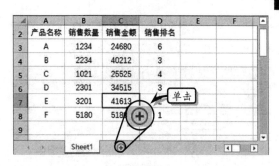

另外，执行【开始】|【单元格】|【插入】|【插入工作表】命令，即可插入一个新的工作表。

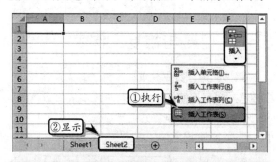

技巧

选择与插入的工作表个数相同的工作表，执行【开始】|【单元格】|【插入】|【插入工作表】命令，即可一次性插入多张工作表。

2．删除工作表

选择要删除的工作表，执行【开始】|【单元格】|【删除】|【删除工作表】命令即可。

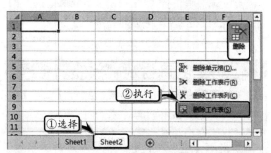

技巧

用户也可以右击需要删除的工作表，执行【删除】命令，即可删除工作表。

3．更改默认的工作表数量

执行【文件】|【选项】命令，激活【常规】

选项卡，在【包含的工作表数】微调框中输入合适的工作表个数，单击【确定】按钮即可。

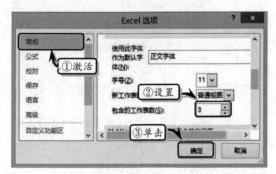

6.5.3　隐藏与恢复工作表

用户在进行数据处理时，为了避免操作失误，需要将数据表隐藏起来。当用户再次查看数据时，可以恢复工作表，使其处于可视状态。

1．隐藏工作表

打开需要隐藏的工作表，执行【开始】|【单元格】|【格式】|【隐藏和取消隐藏】|【隐藏工作表】命令，即可隐藏当前工作表。

> **技巧**
>
> 用户也可以右击工作表标签，执行【隐藏】命令，来隐藏当前的工作表。

2．隐藏工作表行或列

选择需要隐藏行中的任意一个单元格，执行【开始】|【单元格】|【格式】|【隐藏和取消隐藏】|【隐藏行】命令，即可隐藏单元格所在的行。

另外，选择需要隐藏列中的任意一个单元格，执行【开始】|【单元格】|【格式】|【隐藏和取消隐藏】|【隐藏列】命令，即可隐藏单元格所在的列。

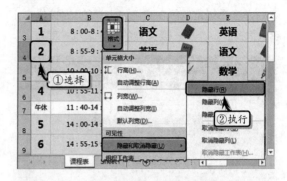

> **技巧**
>
> 选择任意一个单元格，按 Ctrl+9 快捷键可快速隐藏行，而按 Ctrl+0 快捷键可快速隐藏列。

3．恢复工作表

执行【单元格】|【格式】|【隐藏和取消隐藏】|【取消隐藏工作表】命令，同时选择要取消的工作表名称，单击【确定】按钮即可恢复工作表。

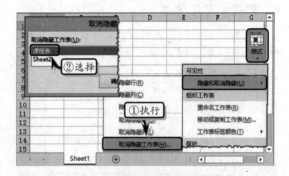

> **提示**
>
> 右击工作表标签，执行【取消隐藏】命令，在弹出的【取消隐藏】对话框中，选择工作表名称，单击【确定】按钮，即可显示隐藏的工作表。

4．恢复工作表行或列

单击【全选】按钮或按 Ctrl+A 快捷键，选择整张工作表。然后，执行【单元格】|【格式】|【隐藏和取消隐藏】|【取消隐藏行】或【取消隐藏列】命令，即可恢复隐藏的行或列。

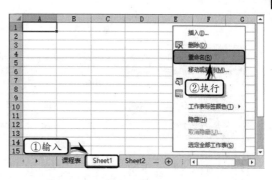

技巧

按 Ctrl+A 快捷键，全选整张工作表，然后按
Ctrl+Shift+(组合键即可取消隐藏的行，按
Ctrl+Shift+)组合键即可取消隐藏的列。

6.5.4 美化工作表标签

默认情况下，Excel 中工作表标签的颜色与字
号，以及工作表名称都是默认的。为了区分每个工
作表中的数据类别，也为了突出显示含有重要数据
的工作表，需要设置工作表的标签颜色，以及重命
名工作表。

1. 重命名工作表

Excel 默认工作表的名称都是 Sheet 加序列号。
对于一个工作簿中涉及的多个工作表，为了方便操
作，需要对工作表进行重命名。

右击需要重新命名的工作表标签，执行【重
命名】命令，输入新名称后按 Enter 键即可。

技巧

双击需要重命名的工作表标签，此时该标签
呈高亮显示，即标签处于编辑状态，在标签
上输入新的名称后按 Enter 键即可。

2. 设置工作表标签的颜色

Excel 允许用户为工作表标签定义一个背景
颜色，以标识工作表的名称。

选择工作表，执行【开始】|【单元格】|【格
式】|【工作表标签颜色】命令，在展开的子菜单
中选择一种颜色即可。

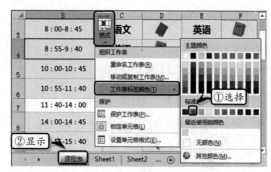

另外，选择工作表，右击工作表标签，执行
【工作表标签颜色】命令，在其子菜单中选择一种
颜色，即可设置工作表标签的颜色。

提示

右击工作表标签，执行【工作表标签颜色】
|【无颜色】命令，可取消工作表标签中的颜
色。另外，执行【工作表标签颜色】|【其他
颜色】命令，可以在【颜色】对话框中自定
义标签颜色。

6.6 练习：制作课程表

课程表简称课表，是帮助学生了解课程安排的一种简单表格。
课程表分为两种，一种是学生使用的，一种是教师使用的。在本
练习中，将使用 Excel 制作一个学生课程表。

	课程表					
星期 时间	星期一	星期二	星期三	星期四	星期五	星期六
晨会						
上午	语文	数学	作文	英语	语文	语文
	数学	英语	作文	语文	化学	语文
	眼保健操					
	英语	计算机	物理	数学	英语	数学
	政治	体育	生物	地理	生物	数学
	午间休息					
下午	历史	语文	化学	美术		
	地理	音乐	政治	历史		
	活动、打扫卫生					

练习要点

- 合并单元格
- 设置行高
- 输入文本
- 设置文本格式
- 设置单元格外边框
- 设置单元格内边框
- 制作斜线表头
- 设置文本方向
- 设置背景颜色

操作步骤 ▶▶▶▶

STEP|01 设置行高。新建工作簿，单击【全选】按钮，右击行标签执行【行高】命令，在弹出的【行高】对话框中输入【行高】值并单击【确定】按钮。

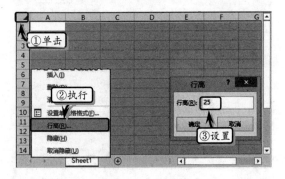

STEP|02 制作标题。选择单元格区域 B1:H1，执行【开始】|【对齐方式】|【合并后居中】命令，合并单元格区域。

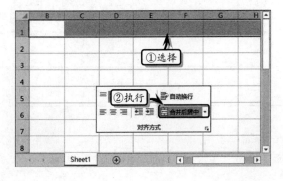

STEP|03 在合并后的单元格中输入标题文本，在【开始】选项卡【字体】选项组中，设置文本的字体格式并调整其行高。

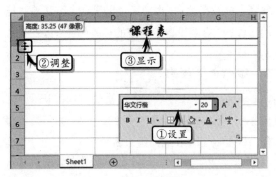

STEP|04 制作表格列标题。在单元格区域 C2:H2中输入列标题，在【字体】选项组中设置文本的字体格式，同时执行【开始】|【对齐方式】|【居中】命令，设置对齐格式。

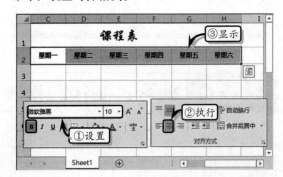

STEP|05 然后，合并单元格区域 B3:H3，在合并后的单元格中输入文本"晨会"，并在【字体】选项组中设置文本的字体格式。

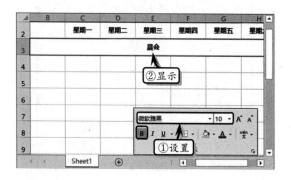

STEP|06 合并单元格区域 B4:B8，输入文本"上午"，并在【字体】选项组中设置文本的字体格式。

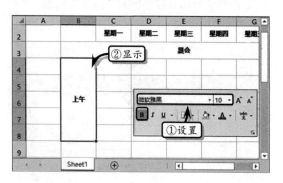

STEP|07 选择合并后的单元格，执行【开始】|【对齐格式】|【方向】|【竖排文字】命令，设置文本的显示方向。

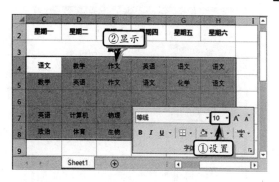

STEP|08 制作表格内容。在单元格区域 C4:H5 与 C7:H8 中输入课程名称，并设置其字体和对齐格式。

STEP|09 合并单元格区域 C6:H6，输入文本"眼保健操"并设置文本的字体格式。同时，将第 6 行的行高设置为 20。用同样的方法制作其他课程内容。

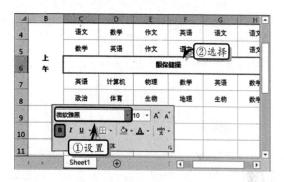

STEP|10 设置背景颜色。选择单元格区域 B2:H2，执行【开始】|【字体】|【填充颜色】|【绿色，个性色，淡色 60%】命令，设置背景填充颜色。使用同样方法，设置其他单元格的填充颜色。

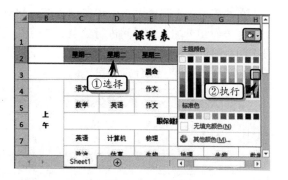

STEP|11 设置边框格式。选择单元格区域 B2:H12，右击执行【设置单元格格式】命令，在【边框】选项卡设置内边框的线条样式和颜色。

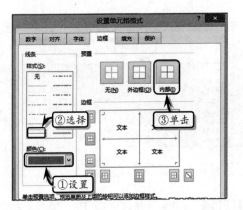

STEP|12 同时，右击执行【设置单元格格式】命令，在【边框】选项卡中设置外边框的线条样式和颜色。

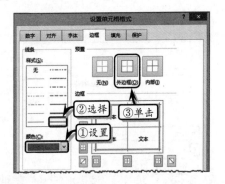

STEP|13 制作斜线表头。选择单元格 B2，右击执行【设置单元格格式】命令，在【边框】选项卡中

设置边框颜色和样式，单击【右斜下】按钮，设置边框位置。

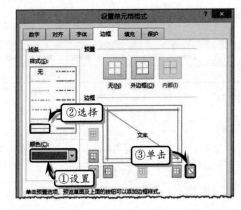

STEP|14 在单元格中输入文本，设置文本的字体格式，执行【开始】|【对齐方式】|【自动换行】命令，调整该行高并按空格键空出文本之前和两个文本之间的距离。

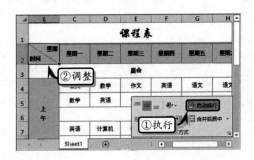

6.7 练习：制作人事资料分析表

在本练习中，将通过 Excel 制作人事资料分析表，对员工的身份证号码和参加工作时间进行记录。并且利用函数功能，通过员工的身份证号码提取该员工的出生日期及性别，还可以通过员工参加工作的时间，来计算该员工的工龄。

练习要点

- 合并单元格
- 设置字体格式
- 设置对齐格式
- 设置边框格式
- 使用函数
- 填充公式
- 设置背景颜色

			人事资料分析表		
				制表时间：	2015/9/19 11:09
姓名	性别	出生日期	身份证号	参加工作时间	年资
张鹏	男	1976/04/05	110010197604056123	2004/2/25	11年6个月
王利伟	女	1956/05/12	110010195605125326	2001/4/5	14年5个月
赵飞	女	1975/02/21	110010197502212000	2005/6/26	10年2个月
张永	男	1987/02/03	110101198702035697	2006/9/8	9年0个月
闻一	男	1988/09/10	110010198809102555	2005/5/12	10年4个月
丁红	男	1978/08/15	110010197808152559	2005/12/5	
陈曦	男	1989/09/30	110010198909302302	2004/2/26	
姜文文	女	1978/09/28	110010197809282406	2006/10/12	
姚乐乐	男	1983/10/23	110010198310232567	2000/7/8	

操作步骤 >>>>

STEP|01 制作基础表格。设置工作表的行高，输入基础数据，并设置数据区域的字体和对齐格式。

STEP|02 合并单元格区域 B2:G2，输入标题文本，并设置文本的字体格式。

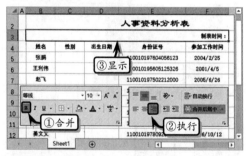

STEP|03 合并单元格区域 E3:F3，执行【开始】|【对齐方式】|【右对齐】命令，设置其对齐方式，输入文本并设置其字体格式。

STEP|04 显示当前时间。选择单元格 G3，在【编辑】栏中输入计算公式，按 Enter 键返回当前时间。

STEP|05 计算表格数据。选择单元格 C5，在【编辑】栏中输入计算公式，按 Enter 键返回性别。

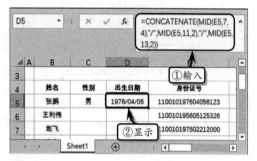

STEP|06 选择单元格 D5，在【编辑】栏中输入计算公式，按 Enter 键返回出生日期。

STEP|07 选择单元格 G5，在【编辑】栏中输入计算公式，按 Enter 键返回年资。

STEP|08 同时选择单元格区域 C5:D13 和 G5:G13，执行【开始】|【编辑】|【填充】|【向下】命令，向下填充公式。

STEP|09 自定义边框样式。选择单元格区域 B4:G13，右击执行【设置单元格格式】命令，打开【边框】选项卡，设置边框线条样式、颜色和显示位置。

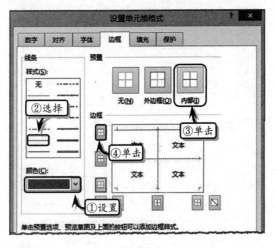

STEP|10 选择单元格 B2 和单元格区域 B3:G13，右击执行【设置单元格格式】命令，激活【边框】选项卡，设置边框线条样式、颜色和显示位置。

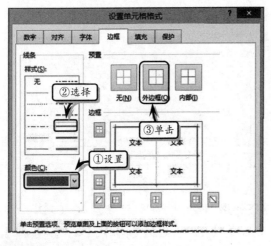

STEP|11 设置填充颜色。选择单元格区域 B3，执行【开始】|【字体】|【填充颜色】|【其他颜色】命令，在【标准】选项卡中选择填充颜色。

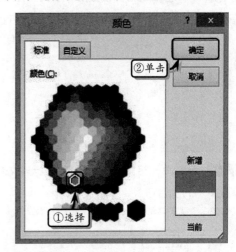

STEP|12 选择单元格区域 B6:G7，执行【开始】|【字体】|【填充颜色】|【其他颜色】命令，在【颜色】选项卡中自定义填充颜色。用同样的方法设置其他单元格区域的填充颜色。

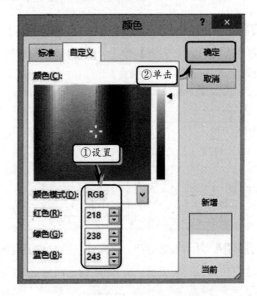

Office 6.8 新手训练营

练习 1：制作员工档案表

⊙downloads\6\新手训练营\员工档案表

提示：本练习中，首先单击【全选】按钮，右击行标签执行【行高】命令，设置工作表的行高。然后，合并相应的单元格区域，输入表格内容，并设置数据的对齐和字体格式。最后，右击单元格区域，执行【设置单元格格式】命令，在【边框】选项卡中自定义边框样式和颜色。

练习 2：制作人力资源规划表
downloads\6\新手训练营\人力资源规划表

提示：本练习中，首先合并相应的单元格区域，输入表格内容和表尾文字。然后，合并相应的单元格区域，并设置单元格的自动换行格式。同时，设置整个表格的【所有框线】边框样式。最后，使用 SUM 函数计算合计值。

练习 3：制作人事资料卡
downloads\6\新手训练营\人事资料卡

提示：本练习中，首先制作表格标题，并设置标题文本的字体格式。同时，合并相应的单元格区域，输入文本并设置文本的字体格式。然后，选择相应的单元格区域，执行【对齐方式】|【方向】|【竖排文字】命令，更改文本的显示方向。最后，执行【字体】

|【边框】|【所有框线】和【粗匣框线】命令，设置表格的边框样式。

练习 4：制作股票交易表
downloads\6\新手训练营\股票交易表

提示：本练习中，首先合并单元格区域 B1:I1，输入标题文本并设置文本的字体格式。然后，在表格中输入交易表基础数据，并设置其对齐和所有框线格式。同时，以文本格式输入交易代码（在数据签名中输入'符号），并分别设置不同单元格区域的数字格式。最后，选择表格区域，执行【开始】|【样式】|【其他】|【好】命令，设置单元格样式。同时，在【视图】选项卡【显示】选项组中，禁用【网格线】复选框，隐藏工作表中的网格线。

练习 5：制作仓库库存表
downloads\6\新手训练营\仓库库存表

提示：本练习中，首先合并单元格区域 B1:I1，输入标题文本并设置文本的字体格式。同时，在表格中输入库存数据，并设置数据的对齐方式。然后，在"编号"列中输入带'符号的文本格式的编号数据，同时将"日期"列中的数据格式设置为【短日期】格式。最后，设置表格的【所有框线】边框样式。同时选择整个工作表，执行【字体】|【填充颜色】|【白色，背景 1，深色 5%】命令，设置其填充颜色。

编号	仪器名称	单价	进（出）货	数量	出（入）库数量	日期	经手人
仓库库存表							
0102002	电流表	195	1	15	15	2006/6/5	徐晓丽
0102003	电压表	485	1	22	22	2006/6/8	乔雷
0102004	万用表	120	1	5	5	2006/6/9	熊家平
0102005	绝缘表	315	-1	6	-6	2006/6/11	肖法刚
0102006	真空仪	2450	-1	8	-8	2006/6/15	徐伟
0102007	频率表	4375	-1	9	-9	2006/6/15	赵凤乐
0102008	压力表	180	3	8	24	2006/6/18	刘苏
0102009	录像机	3570	-2	10	-20	2006/6/20	田清涛

练习 6：制作航班时刻表

downloads\6\新手训练营\航班时刻表

提示：本练习中，首先合并相应的单元格区域，输入标题文本，并设置文本的字体格式。然后，在表格中输入航班详细数据，并设置单元格区域的对齐和字体格式。最后，选择相应的单元格区域，执行【开始】|【数字】|【数字格式】|【时间】和【长日期】命令，分别设置单元格区域的【时间】和【日期】数字格式。

航班号	机型	起飞时间	到港时间	起始日期	截止日期
北京至广州航班时刻表					
CA1351	JET	7:45:00	10:50:00	2007年1月4日	2007年1月23日
HU7803	767	8:45:00	11:40:00	2007年12月13日	2007年3月24日
CA1321	777	8:45:00	11:50:00	2007年1月2日	2007年1月25日
CZ3196	757	8:45:00	11:55:00	2007年12月13日	2007年3月24日
CZ3162	319	9:55:00	13:00:00	2007年12月14日	2007年3月24日
CA1315	772	11:25:00	14:20:00	2007年1月28日	2007年1月25日
CZ3102	777	11:55:00	15:05:00	2007年10月29日	2007年11月1日
CZ346	77B	12:55:00	16:05:00	2007年12月30日	2007年3月25日
CZ3106	JET	14:00:00	17:05:00	2007年12月31日	2007年3月24日
CA1327	320	14:10:00	17:15:00	2007年12月6日	2007年3月24日
HU7801	767	14:55:00	17:45:00	2007年12月14日	2007年3月24日

练习 7：制作销售部员工资料表

downloads\6\新手训练营\销售部员工资料表

提示：本练习中，首先删除多余的工作表，并更改工作表的名称。然后，运用设置数据格式功能，设置日期数字格式与特殊的邮政编码格式。最后，运用填充颜色功能，设置单元格区域的背景色，并为表格添加所有框线。

员工编号	姓名	性别	学历	工作时间	身份证号码
销售部员工资料表					
SL04025	张晓丽	女	专科	2007/1/2	410522198402233000
SL04012	孙艳艳	女	本科	2008/2/1	410522198308212000
SL04241	周广西	男	本科	2005/3/25	410522198505062000
SL04015	乔蕾蕾	女	研究生	2007/9/10	410522198112233000
SL04013	魏家平	女	专科	2004/2/23	410522198203032000
SL04130	孙茂艳	女	本科	2006/6/23	410522198109102000
SL04285	徐宏伟	男	研究生	2004/5/2	410522198202252000
SL04169	徐晓丽	女	专科	2005/8/7	410522198401022000

练习 8：制作考勤记录表

downloads\6\新手训练营\考勤记录表

提示：本练习中，首先合并单元格区域，输入标题文本并设置文本的字体格式。然后，输入表格内容，并设置内容文本的对齐和字体格式。最后，设置所有边框格式，并为相应的单元格区域设置背景颜色。

员工编号	姓名	性别	迟到	早退	矿工	加班
考勤记录表						
SL04025	张晓丽	女	2			1
SL04012	孙艳艳	女				
SL04241	周广西	男		1	1	
SL04015	乔蕾蕾	女	2			1
SL04013	魏家平	女		1		
SL04130	孙茂艳	女	1			
SL04285	徐宏伟	男				
SL04169	徐晓丽	女	1	1	1	1

第**7**章

美化工作表

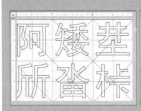 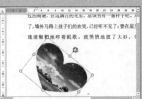  

在 Excel 中，默认的工作簿无任何修饰，仅仅是以单元格为基本单位排列行与列。在工作簿中添加数据内容后，为了使数据表达到较佳的表现效果，通常会采用一些方法美化数据表，如添加边框、填充颜色、使用表格主题等。在本章中，将详细介绍美化工作表中的数据、边框、底纹等基础知识与操作方法。

7.1 设置文本格式

在 Excel 2016 中，用户可通过设置文本的字体、字号、字形或特色文本效果等文本格式，来增加版面的美观性。

7.1.1 设置字体格式

字体格式包括文本的字体样式、字号格式和字形格式，其具体操作方法如下所述。

1. 设置字体样式

在 Excel 中，单元格中默认的【字体】为【宋体】。如果用户想更改文本的字体样式，只需执行【开始】|【字体】|【字体】命令，选择一种字体格式即可。

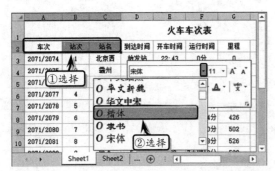

另外，单击【字体】选项组中的【对话框启动器】按钮，在【字体】选项卡中的【字体】列表框中选择一种文本字体样式即可。

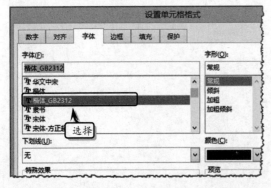

2. 设置字号格式

选择单元格，执行【开始】|【字体】|【字号】

命令，在其下拉列表中选择字号。

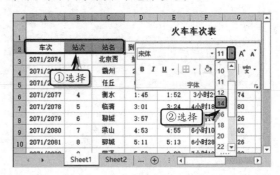

另外，选择需要设置的单元格或单元格区域，右击执行【设置单元格格式】命令，在【字体】选项卡中的【字号】列表中选择相应的字号即可。

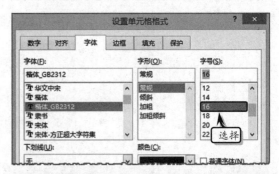

3. 设置字形格式

文本的常用字形包括加粗、倾斜和下划线三种，主要用来突出某些文本，强调文本的重要性。

选择单元格，执行【开始】|【字体】|【加粗】

命令，即可设置单元格文本的加粗字形格式。

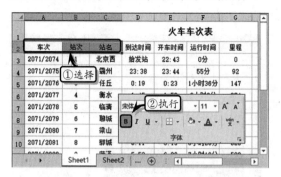

另外，单击【开始】选项卡【字体】选项组中的【对话框启动器】按钮，在弹出的【设置单元格格式】对话框中的【字体】选项卡中，设置字形格式即可。

技巧

选择需要设置的单元格或单元格区域，按快捷键 Ctrl+B 设置【加粗】；按快捷键 Ctrl+I 设置【倾斜】；按快捷键 Ctrl+U 添加【下划线】。

7.1.2　设置特殊格式

在 Excel 工作表中，用户还可以根据实际需求来设置文本的一些特色效果，例如设置删除线、会计用下划线等一些特殊效果。

1．设置会计专用下划线效果

选择单元格或单元格区域，右击执行【设置单元格格式】命令，弹出【设置单元格格式】对话框。在【字体】选项卡中，单击【下划线】下拉按钮，在其列表中选择一种下划线样式。例如，选择【双下划线】选项，系统则会根据单元格的列宽显示双下划线。

2．设置删除线效果

选择单元格或单元格区域，右击执行【设置单元格格式】命令。弹出【设置单元格格式】对话框。在【字体】选项卡中启用【删除线】复选框。

7.1.3　设置字体颜色

在 Excel 中，除了可以为文本设置内置的字体颜色之外，还可以自定义字体颜色，以突出美化版面的特效。

1．使用内置字体颜色

选择单元格或单元格区域，执行【开始】|【字体】|【字体颜色】命令，在其列表中的【主题颜色】或【标题颜色】栏中选择一种色块即可。

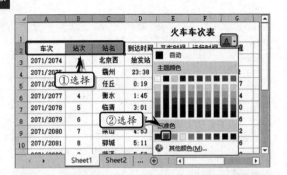

提示

选择单元格或单元格区域，右击执行【设置单元格格式】命令，在【字体】选项卡中，单击【颜色】下拉按钮，也可设置字体颜色。

2．自定义字体颜色

选择单元格或单元格区域，执行【开始】|【字体】|【字体颜色】|【其他颜色】命令。在弹出的【颜色】对话框中，激活【标准】选项卡，选择任意一种色块，即可为文本设置独特的颜色。

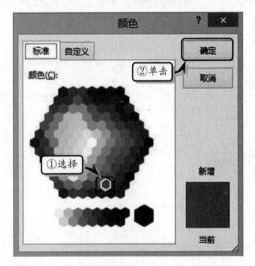

另外，在【颜色】对话框中，激活【自定义】选项卡，单击【颜色模式】下列按钮，在其下拉列

表中选择 RGB 选项，分别设置相应的颜色值即可自定义字体颜色。

在【颜色模式】下拉列表中，主要包括 RGB 与 HSL 两种颜色模式。

（1）RGB 颜色模式：该颜色模式主要基于红、绿、蓝三种基色，三种基色均由 0～255 共 256 种颜色组成。用户只需单击【红色】、【绿色】和【蓝色】微调按钮，或在微调框中直接输入颜色值，即可设置字体颜色。

（2）HSL 颜色模式：该颜色模式主要基于色调、饱和度与亮度三种效果来调整颜色，其各数值的取值范围介于 0～255 之间。用户只需在【色调】、【饱和度】与【亮度】微调框中设置数值即可。

提示

设置字体颜色之后，可通过执行【开始】|【字体】|【字体颜色】|【自动】命令，取消已设置的字体颜色。

Office 7.2 设置数字格式

默认情况下，Excel 中的数字是以杂乱无章的方式显示的，即不便于查看也不便于分析。此时，

用户可以使用数字格式功能，根据不同的数据类型设置相对于的数字格式，以达到突出数据类型和便

于查看和分析的目的。

7.2.1 使用内置格式

内置格式是 Excel 2016 为用户提供了数字格式集，包括常规、数值、货币、会计专用、日期、时间、百分比、分数、科学记数、文本、特殊以及自定义等类型。

1．选项组设置法

选择含有数字的单元格或单元格区域，执行【开始】|【数字】|【数字格式】命令，在下拉列表中选择相应的选项，即可设置所选单元格中的数据格式。

【数字格式】命令中的各种图标名称与示例如下表所述。

图 标	选 项	示 例
ABC 123	常规	无特定格式，如 ABC
12	数字	2222.00
	货币	￥1222.00
	会计专用	￥1232.00
	短日期	2007-1-25
	长日期	2008 年 2 月 1 日
	时间	12:30:00
%	百分比	10%
½	分数	2/3、1/4、4/6
10^2	科学计数	0.09e+04
ABC	文本	中国北京

另外，用户还可以执行【数字】选项组中的其他命令，来设置数字的小数位数、百分百、会计货币格式等数字样式。其中各项命令的具体含义如下表所述。

按钮	命 令	功 能
	增加小数位数	表示数据增加一个小数位
	减少小数位数	表示数据减少一个小数位
，	千位分隔符	表示每个千位间显示一个逗号
	会计数字格式	表示数据前显示使用的货币符号
%	百分比样式	表示在数据后显示使用百分比形式

2．对话框设置法

选择相应的单元格或单元格区域，单击【数字】选项组中的【对话框启动器】按钮。在【数字】选项卡中，选择【分类】列表框中的数字格式分类即可。例如，选择【数值】选项，并设置【小数位数】选项。

在【分类】列表框中，主要包含数值、货币、日期等 12 种格式，每种格式的功能如表所述。

分类	功 能
常规	不包含特定的数字格式
数值	适用于千位分隔符、小数位数以及不可以指定负数的一般数字的显示方式
货币	适用于货币符号、小数位数以及不可以指定负数的一般货币值的显示方式
会计专用	与货币一样，但小数或货币符号是对齐的
日期时间	将日期与时间序列数值显示为日期值

续表

分类	功 能
百分比	将单元格乘以 100 并为其添加百分号，而且还可以设置小数点的位置
分数	以分数显示数值中的小数，而且还可以设置分母的位数
科学记数	以科学记数法显示数字，而且还可以设置小数点位置
文本	表示数字作为文本处理
特殊	用来在列表或数字数据中显示邮政编码、电话号码、中文大写数字和中文小写数字
自定义	用于创建自定义的数字格式，在该选项中包含 12 种数字符号

7.2.2 自定义数字格式

自定义数字格式是使用 Excel 允许的格式代码，来表示一些特殊的、不常用的数字格式。

在【设置单元格格式】对话框中，用户还可以通过选择【分类】列表框中的【自定义】选项，来自定义数字格式。

提示

为单元格或单元格指定自定义数据类型之后，可以在【类型】列表框中选择该数据类型的代码，单击【删除】按钮，删除该自定义数据代码。

另外，自定义数字格式中的每种数字符号的含义如下表所述。

符 号	含 义
G/通用格式	以常规格式显示数字
0	预留数字位置。确定小数的数字显示位置，按小数点右边的 0 的个数对数字进行四舍五入处理，当数字位数少于格式中零的个数时，将显示无意义的 0
#	预留数字位数。与 0 相同，只显示有意义的数字
?	预留数字位置。与 0 相同，允许通过插入空格来对齐数字位，并除去无意义的 0
.	小数点，用来标记小数点的位置
%	百分比，其结果值是数字乘以 100 并添加% 符号
,	千位分隔符，标记出千位、百万位等数字的位置
_（下划线）	对齐。留出等于下一个字符的宽度，对齐封闭在括号内的负数，并使小数点保持对齐
：￥-()	字符，表示可以直接被显示的字符
/	分数分隔符，表示分数
""	文本标记符，表示括号内引述的是文本
*	填充标记，表示用星号后的字符填满单元格剩余部分
@	格式化代码，标识出输入文字显示的位置
[颜色]	颜色标记，用标记出的颜色显示字符
h	代表小时，其值以数字进行显示
d	代表日，其值以数字进行显示
m	代表分，其值以数字进行显示
s	代表秒，其值以数字进行显示

7.3 设置边框格式

Excel 2016 中默认的表格边框为网格线，无法 显示在打印页面中。为了增加表格的视觉效果，也为了使打印出来的表格具有整洁性,需要美化表格边框。

7.3.1 使用内置样式

Excel 2016 为用户提供了 13 种内置边框样式,以帮助用户美化表格边框。

选择需要设置边框格式的单元格或单元格区域,执行【开始】|【字体】|【边框】命令,在其列表中选择相应的选项即可。

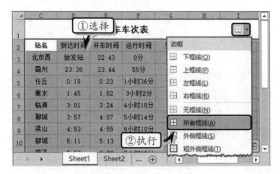

其中,【边框】命令中各选项的功能如下表所述。

图标	名称	功能
	下框线	可以为单元格添加下框线
	上框线	可以为单元格添加上框线
	左框线	可以为单元格添加左框线
	右框线	可以为单元格添加右框线
	无框线	可以清除单元格中的边框样式
	所有框线	可以为单元格添加所有框线
	外侧框线	可以为单元格添加外部框线
	粗匣框线	可以为单元格添加较粗的外部框线
	双底框线	可以为单元格添加双线条的底部框线
	粗底框线	可以为单元格添加较粗的底部框线
	上下框线	可以为单元格添加上框线和下框线
	上框线和粗下框线	可以为单元格添加上框线和较粗的下框线
	上框线和双下框线	可以为单元格添加上框线和双下框线

7.3.2 自定义边框格式

在 Excel 2016 中除了可以使用内置的边框样式为单元格添加边框之外,还可以通过绘制边框和自定义边框功能,来设置边框线条的类型和颜色,达到美化边框的目的。

1. 绘制边框

执行【开始】|【字体】|【边框】|【线型】和【线条颜色】命令,设置绘制边框线的线条型号和颜色。

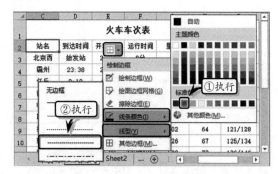

然后,执行【开始】|【字体】|【边框】|【绘制边框网格】命令,拖动鼠标即可为单元格区域绘制边框。

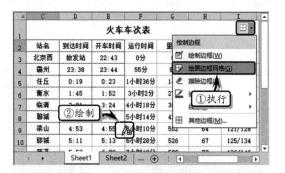

提示

为单元格区域添加边框样式之后,可通过执行【边框】|【擦除边框】命令,拖动鼠标擦除不需要的部分边框或全部边框。

2. 自定义边框

选择单元格或单元格区域,右击执行【设置单元格格式】命令。激活【边框】选项卡,在【样式】列表框中选择相应的样式。然后,单击【颜色】下拉按钮，在其下拉列表中选择相应的颜色，并设置边框的显示位置，在此单击【内部】和【外边框】按钮。

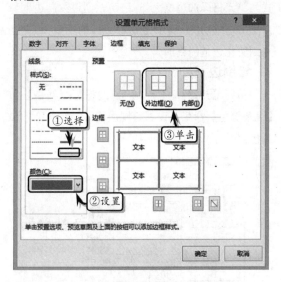

提示

为单元格区域添加边框样式之后，可通过执行【边框】|【无框线】命令，取消已设置的边框样式。

在【边框】选项卡中，主要包含以下三个选项组。

（1）线条：主要用来设置线条的样式与颜色，【样式】列表中提供了 14 种线条样式，用户选择相应的选项即可。同时，可以在【颜色】下拉列表中，设置线条的主体颜色、标准色与其他颜色。

（2）预置：主要用来设置单元格的边框类型，包含【无】、【外边框】和【内部】三种选项。其中【外边框】选项可以为所选的单元格区域添加外部边框；【内部】选项可为所选单元格区域添加内部框线；【无】选项可以帮助用户删除边框。

（3）边框：主要按位置设置边框样式，包含上框线、中间框线、下框线和斜线框线等 8 种边框样式。

Office 7.4 设置填充格式

为单元格或单元格区域设置填充颜色，不仅可以达到美化工作表外观的效果，还能够区分工作表中的各类数据，使其重点突出。

7.4.1 设置纯色填充

设置单元格的填充颜色与设置字体颜色的方法大体一致，也分为预定义颜色和自定义颜色两种方法。

1．预定义纯色填充

选择单元格或单元格区域，执行【开始】|【字体】|【填充颜色】命令，在其列表中选择一种色块。

技巧

为单元格区域设置填充颜色之后，执行【填充颜色】|【无填充颜色】命令，即可取消已设置的填充颜色。

另外，选择单元格或者单元格区域，单击【字体】选项组中的【对话框启动器】按钮，打开【填

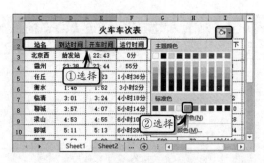

充】选项卡，选择【背景色】列表中相应的色块，并设置其【图案颜色】与【图案样式】选项。

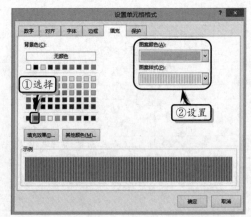

2. 自定义纯色填充

选择单元格或单元格区域，执行【开始】|【字体】|【填充颜色】|【其他颜色】命令，在弹出的【颜色】对话框中设置自定义颜色即可。

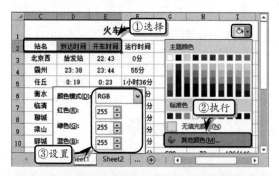

提示

用户也可以在【设置单元格格式】对话框的【填充】选项卡中单击【其他颜色】按钮，在弹出的【颜色】对话框中自定义填充颜色。

7.4.2 设置渐变填充

渐变填充是由一种颜色向另外一种颜色过渡的一种双色填充效果。

选择单元格或者单元格区域，右击执行【设置单元格格式】命令。在【填充】选项卡中，单击【填充效果】按钮，在弹出的【填充效果】对话框中设置渐变效果即可。

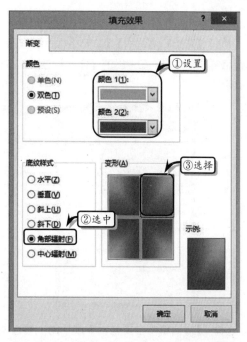

其中，【底纹样式】选项组中的各种填充效果如下表所述。

名 称	填 充 效 果
水平	渐变颜色由上向下渐变填充
垂直	渐变颜色由左向右渐变填充
斜上	渐变颜色由左上角向右下角渐变填充
斜下	渐变颜色由右上角向左下角渐变填充
角部辐射	渐变颜色由某个角度向外扩散填充
中心辐射	渐变颜色由中心向外渐变填充

7.5 应用表格样式和格式

在编辑工作表时，用户可以运用 Excel 2016 提供的样式和格式集功能，快速设置工作表的数字格式、对齐方式、字体字号、颜色、边框、图案等格式，从而使表格具有美观与醒目的独特特征。

7.5.1 应用表格样式

表格样式是一套包含数字格式、文本格式、对齐方式、填充颜色、边框样式和图案样式等多种格式的样式合集。

1. 应用样式

选择单元格或单元格区域，执行【开始】|【样式】|【单元格样式】命令，在其列表中选择相应的表格样式即可。

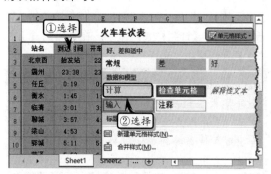

2. 创建新样式

执行【开始】|【样式】|【单元格样式】|【新建单元格样式】命令，在弹出的【样式】对话框中设置各选项。

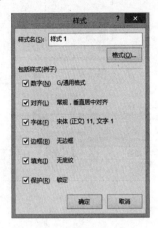

【样式】对话框中主要包括下表中的一些选项。

选项		功能
样式名		主要用来输入所创建样式的名称
格式		启用该选项，可以在弹出的【设置单元格格式】对话框中设置样式的格式
包括样式	数字	显示已定义的数字的格式
	对齐	显示已定义的文本对齐方式
	字体	显示已定义的文本字体格式
	边框	显示已定义的单元格的边框样式
	填充	显示已定义的单元格的填充效果
	保护	显示工作表是锁定状态还是隐藏状态

3. 合并样式

合并样式是指将工作簿中的单元格样式，复制到其他工作簿中。首先，同时打开包含新建样式的多个工作簿。然后，在其中一个工作簿中执行【单元格样式】|【合并样式】命令。在弹出的【合并样式】对话框中，选择合并样式来源即可。

> **注意**
>
> 合并样式应至少打开两个或两个以上的工作簿。合并样式后会发现自定义的新样式将会出现在被合并的工作簿的【单元格样式】下拉列表中。

7.5.2 应用表格格式

Excel 为用户提供了自动格式化的功能，它可以根据预设的格式，快速设置工作表中的一些格式，达到美化工作表的效果。

1. 自动套用格式

Excel 为用户提供了浅色、中等深浅与深色三种类型的 60 种表格格式。选择单元格或单元格区域，执行【开始】|【样式】|【套用表格格式】命令，选择相应的选项，在弹出的【套用表格式】对话框中单击【确定】按钮即可。

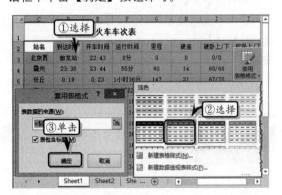

在【套用表格式】对话框中，包含一个【表包含标题】复选框。若启用该复选框，表格的标题将套用样式栏中的标题样式，反之，表格的标题将不套用样式栏中的标题样式。

2. 新建自动套用格式

执行【开始】|【样式】|【套用表格格式】|【新建表样式】命令，在弹出的【新建表样式】对话框中设置各项选项。

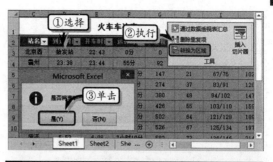

在【新建表样式】对话框中，主要包括下表中的一些选项。

选　项	功　能
名称	主要用于输入新表格样式的名称
表元素	用于设置表元素的格式，主要包含13 种表格元素
【格式】按钮	单击该按钮，可以在【设置单元格格式】对话框中设置表格元素的具体格式
【清除】按钮	单击该按钮，可以清除所设置的表元素格式
设置为此文档的默认表格样式	启用该选项，可以将新表样式作为当前工作簿的默认的表样式。但是，自定义的表样式只存储在当前工作簿中，不能用于其他工作簿

3. 转换为区域

为单元格区域套用表格格式之后，系统自动将单元格区域转换为筛选表格的样式。此时，选择套用表格格式的单元格区域，或选择单元格区域中的任意一个单元格，执行【表格工具】|【设计】|【工具】|【转换为区域】命令，即可将表格转换为普通区域，便于用户对其进行各项操作。

技巧

选择套用单元格格式的单元格，右击执行【表格】|【转换为区域】命令，也可将表格转换为普通区域。

4. 删除自动套用格式

选择要清除自动套用格式的单元格或单元格区域，执行【表格工具】|【设计】|【表格样式】|【快速样式】|【清除】命令，即可清除已应用的样式。

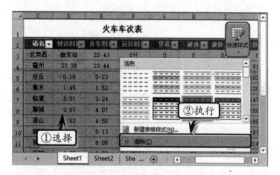

提示

用户也可以通过执行【设计】选项卡中的各项命令，来设置表格的属性、表格样式选项，以及外部表数据与表格样式等。

Office 7.6　练习：制作授课情况统计表

授课情况统计表主要用于反映教师的课程安排及课时情况，方便管理者查看每位老师的授课信息和授课课酬。在本练习中，将通过运用 Excel 中的美化工作表和计算数据等功能，来制作一份授课情况统计表。

闻翔计算机培训学校授课情况统计表

序号	教师编码	姓名	课程名称	星期	上课地点	班级	课时	课酬	金额
1	W02	王小明	word	星期一	2-1教室	215702	4	60	240
2	M03	马京京	Flash	星期一	2-2教室	215701	4	60	240
3	S01	程宇	Excel	星期一	3-3教室	215701	4	60	240
4	W03	吴斌	图形图像	星期二	3-4教室	215702	4	60	240
5	H02	何注	PPT	星期三	2-5教室	215701	4	60	240
6	L02	刘层军	摄影	星期三	3-2教室	215701	4	60	240
7	P01	潘新宇	网页	星期四	2-2教室	215701	4	6	
8	X01	徐志英	英语	星期四	2-3教室	215702	4	60	
9	S01	孙晓宇	Excel	星期五	3-1教室	215702	4	60	
10	S02	张双喜	word	星期五	3-1教室	215702	4	60	

练习要点

- 设置单元格格式
- 使用公式
- 填充公式
- 套用表格格式
- 设置背景颜色
- 隐藏网格线
- 设置字体格式

操作步骤 ▶▶▶▶

STEP|01 设置行高。单击【全选】按钮，右击行标签处，执行【行高】命令，在弹出的【行高】对话框中，输入行高值并单击【确定】按钮。

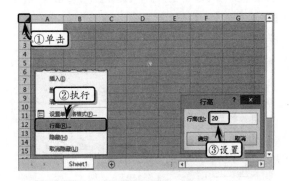

STEP|02 制作标题。选择单元格区域 B2:K2，执行【开始】|【对齐方式】|【合并后居中】命令，合并单元格区域。

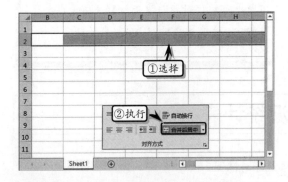

STEP|03 在合并后的单元格中输入标题文本，设置文本的字体格式并拖动行 2 分隔线调整该行行高。

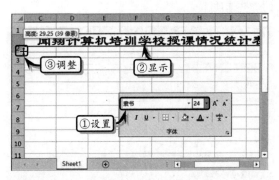

STEP|04 制作表格内容。在表格中输入基础数据，选择所有内容数据，执行【开始】|【对齐方式】|【居中】命令，设置居中对齐格式。

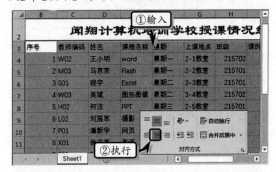

STEP|05 计算数据。选择单元格 K4，在编辑栏中输入计算公式，按 Enter 键，返回金额值。

STEP|06 选择单元格区域 K4:K13，执行【开始】|【编辑】|【填充】|【向下】命令，向下填充公式。

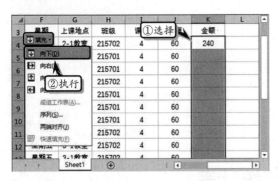

STEP|07 套用表格格式。选择单元格区域 B3:K13，执行【开始】|【样式】|【套用表格格式】|【表样式中等深浅 12】命令，套用表格格式。

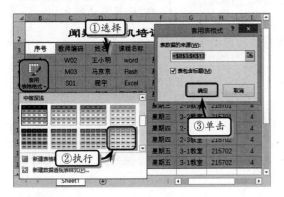

STEP|08 然后，执行【表格工具】|【设计】|【工具】|【转换为区域】命令，将表格转换为普通区域。

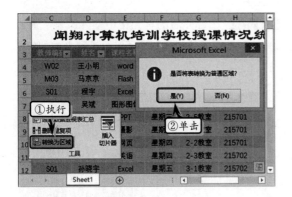

STEP|09 设置边框格式。选择单元格区域 B3:K13，执行【开始】|【字体】|【边框】|【所有框线】命令，设置所有框线样式。

STEP|10 选择单元格区域 B2:K13，执行【开始】|【字体】|【边框】|【粗外侧框线】命令，设置外边框样式。

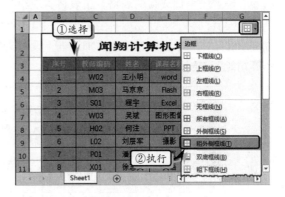

STEP|11 设置背景颜色。选择单元格 B2，执行【开始】|【字体】|【填充颜色】|【浅绿】命令，设置单元格的背景颜色。

STEP|12 隐藏网格线。在【视图】选项卡【显示】选项组中，禁用【网格线】复选框，隐藏网格线。

	A	B	C	D	E	F	G
1							
2	②显示		闽翔计算机培训学校授训				
3		序号	教师编码	姓名	课程名称	星期	上课地点
4		1	W02	王小明	word	星期一	2-1教室
5		2	M03	马京京			2-2教室
6		3	S01	程宇	☑标尺 ☑编辑栏		3-3教室
7		4	W03	吴斌	☐网格线 ☑标题		3-4教室
8		5	H02		①禁用	显示	2-5教室
9		6	L02		摄影	星期三	3-2教室
10		7	P01	潘新宇	网页	星期四	2-2教室
11		8	X01	徐志英	英语	星期四	2-3教室

Office 7.7 练习：制作员工成绩统计表

员工成绩统计表是一种记录员工知识培训成绩、技能培训成绩和心理素质培训成绩的表格。该表格实现组织自身和工作人员个人的发展目标，有计划地对全体工作人员进行训练，以适应并胜任职位工作。本例通过使用添加边框、设置文本格式和自动求和等功能，来制作一个员工成绩统计表。

员工成绩统计表

编号	姓名	培训课程							平均成绩	总成绩
		企业概论	规章制度	法律知识	财务知识	电脑操作	商务礼仪	质量管理		
018758	刘鹤	93	76	86	85	88	86	92	86.57	606
018759	张康	89	85	80	75	69	82	76	79.43	556
018760	王小童	80	84	68	79	86	80	72	78.43	549
018761	李园园	80	77	84	90	87	84	80	83.14	582
018762	郑远	90	89	83	84	75	79	85	83.57	585
018763	都莉莉	88	78	90	69	80	83	90	82.57	578
		80	86	81	92	91	84	80	84.86	594
		79	82	85	76	78	86	84	81.43	570
	祥	80	76	83	85	81	67	92	80.57	564
	宏	92	90	89	80	78	83	85	85.29	597
	刚	87	83	85	81	65	85	80	80.86	566

操作步骤 ▶▶▶▶

STEP|01 制作表格标题。设置工作表的行高，选择单元格区域 B2:L2，执行【开始】|【对齐方式】|【合并后居中】命令合并单元格区域。

STEP|02 在合并后的单元格中输入文本，并在【开始】选项卡【字体】选项组中设置文本的字体格式。

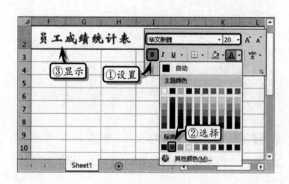

STEP|03 制作标题下划线。执行【开始】|【字体】
|【边框】|【线条颜色】|【红色】命令，设置边框
线条的颜色。

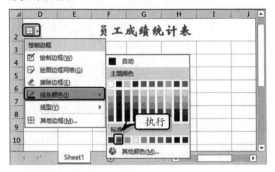

STEP|04 同时，执行【字体】|【边框】|【线型】
命令，在级联菜单中选择一种线条类型。然后，拖
动鼠标在单元格 B2 中绘制下框线。

STEP|05 制作列标题。选择单元格 B4:B5，执行
【开始】|【对齐方式】|【合并后居中】命令，合并
单元格区域。使用同样的方法，合并其他单元格
区域。

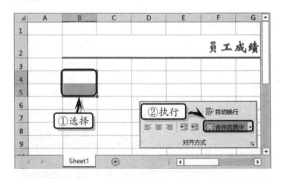

STEP|06 然后，在相应的单元格区域中输入列标
题文本，并设置文本的字体格式。

STEP|07 选择单元格区域 D5:J5，执行【开始】|
【对齐方式】|【自动换行】命令，设置表格的自动

换行格式，并调整行高和各列的列宽。

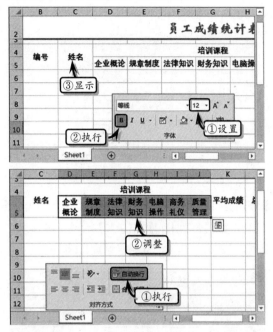

STEP|08 然后，选择单元格区域 B4:L5，执行【开
始】|【字体】|【填充颜色】|【浅绿】命令，设置
其填充颜色。

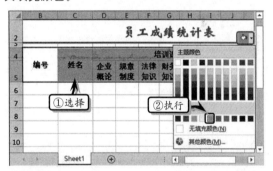

STEP|09 设置数字格式。选择单元格区域
B6:B16，执行【开始】|【数字】|【数字格式】|【文
本】命令，设置单元格区域的文本数字格式。

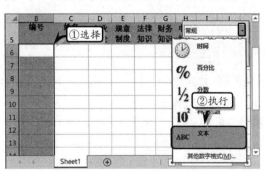

STEP|10 然后，在表格中输入基础数据，并设置数据的对齐格式。

	B	C	D	E	F	G	H	I	J	平
4			培训课程							
5	编号	姓名	企业概论	规章制度	法律知识	财务知识	电脑操作	商务礼仪	质量管理	平
6	018758	刘韵	93	76	86	85	88	86	92	
7	018759	张康	89	85	80	75	69	82	76	
8	018760	王小童	80	84	68	79	86	80	72	
9	018761	李圆圆	80	77	84	90	87	84	80	
10	018762	郑远	90	89	83	84	75	79	85	
11	018763	郝莉莉	88	78	90	80	80	83	90	
12	018764	王浩	80	86	81	92	91	84	80	
13	018765	苏户		79		76		84		

STEP|11 自动求和。选择单元格 L6，执行【开始】|【编辑】|【自动求和】|【求和】命令，修改求和区域，按 Enter 键对单元格区域进行求和。

STEP|12 然后，选择单元格区域 L6:L16，执行【开始】|【编辑】|【填充】|【向下】命令，向下填充公式。

STEP|13 计算平均成绩。选择单元格 K6，在【编辑】栏中输入计算公式，按 Enter 键显示计算结果。

STEP|14 然后，选择单元格区域 K6:K16，执行【开始】|【编辑】|【填充】|【向下】命令，向下填充公式。

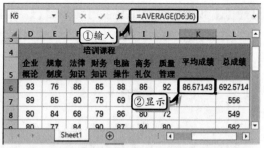

STEP|15 美化表格。选择单元格区域 K6:K16，执行【开始】|【数字】|【减少小数位数】命令，设置数据的小数位数。

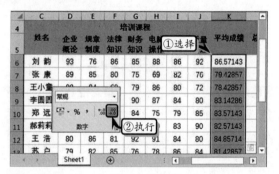

STEP|16 然后，选择单元格区域 B7:L7，执行【开始】|【样式】|【单元格样式】|【40%-着色 4】命令。使用同样的方法，设置其他单元格区域的单元格样式。

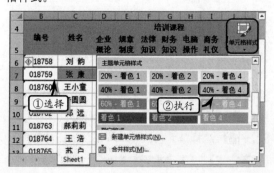

STEP|17 选择单元格区域 B4:L16，执行【开始】|【字体】|【边框】|【所有框线】命令，设置其边框格式。

颜色。

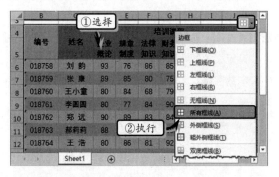

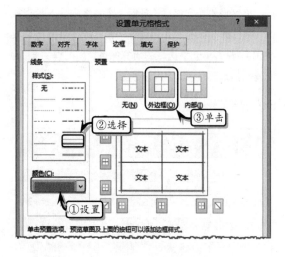

STEP|18 然后，右击执行【设置单元格格式】命令，打开【边框】选项卡，设置外边框线条样式和

Office

7.8 新手训练营

练习 1：制作供货商信用统计表

> downloads\7\新手训练营\供货商信用统计表

提示：本练习中，首先合并单元格区域 B1:J1，输入标题文本并设置文本的字体格式。同时，在表格中输入基础数据，并设置数据的字体和对齐格式。然后，选择单元格区域 B2:J2，执行【开始】|【样式】|【单元格样式】|【检查单元格】命令，设置单元格区域的样式。使用同样的方法，分别设置其他单元格区域的单元格样式。最后，选择单元格区域，右击执行【设置单元格格式】命令，自定义单元格区域的边框格式。

练习 2：制作销售记录表

> downloads\7\新手训练营\销售记录表

提示：本练习中，首先合并单元格区域 B1:I1，输入标题文本并设置文本的字体格式，设置标题单元格的自动换行格式。然后，在表格中输入基础数据，并设置数据的对齐和边框格式，同时将"订货金额"列中的数据设置为【会计专用】数据格式。最后，选择表格基础数据区域，执行【开始】|【样式】|【套用表格样式】|【表样式中等深浅 6】命令。

练习 3：制作员工信息统计表

> downloads\7\新手训练营\员工信息统计表

提示：本练习中，首先合并相应的单元格区域，输入标题文本并设置文本的字体格式。同时，在【边框】选项卡中，自定义单元格的下边框样式。然后，选择单元格区域 A5:A13，右击执行【设置单元格格式】命令，自定义前置0数值格式。同时，设置其他单元格区域的数字格式。最后，在表格中输入基础数据，并设置数据的对齐和边框格式。选择单元格区域A3:R4，设置单元格区域的填充颜色。用同样的方法，设置其他单元格区域的填充颜色。

练习4：制作销售业绩表

downloads\7\新手训练营\销售业绩表

提示：本练习中，首先合并单元格区域B1:H1，输入标题文本并设置文本的字体格式。同时，在表格中输入表格的基础数据，并设置数据的对齐和字体格式。然后，计算每个员工的合计值，并设置单元格的填充颜色。最后，右击单元格区域执行【设置单元格格式】命令，在【边框】选项卡中自定义边框格式。

练习5：制作公司通讯录

downloads\7\新手训练营\公司通讯录

提示：本练习中，首先合并单元格区域B1:G1，为单元格添加下边框并设置下边框的线条颜色。然后，插入一个圆角矩形形状，设置形状样式，输入文本并设置文本的字体格式。最后，设置单元格B4:B12的文本数字格式，输入基础数据，设置数据的对齐和文本格式，并设置所有框线的边框样式。

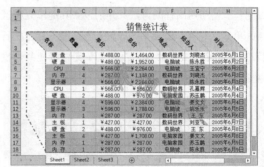

练习6：制作立体表格

downloads\7\新手训练营\立体表格

提示：本练习中，首先合并相应的单元格区域，输入标题文本并设置文本的字体格式。然后，输入表格内容，设置列标题文本显示方向，同时设置单元格区域的背景填充颜色，为其添加艺术字背景，并设置艺术字样式。最后，在表格四周绘制线条，并设置线条的轮廓颜色和线条类型。

第 8 章

计 算 数 据

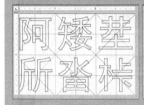   

　　Excel 是办公室自动化中非常重要的一款软件，除了具有创建、存储与分析数据的功能之外，还具有强大的数据运算功能，广泛应用于各种科学计算、统计分析领域。在使用 Excel 计算数据时，不仅可以使用公式条，辅以各种数学运算符号对数据进行处理，还可以使用封装好的函数和数组函数对数据进行复杂运算，充分体现 Excel 的动态特性。在本章中，将详细介绍 Excel 公式和函数的使用方法，以及名称的管理与应用。

8.1 公式的应用

公式是数学中的概念。公式的狭义概念为数据之间的数学关系或逻辑关系，其广义概念涵盖了对数据、字符的处理方法。在使用公式之前，还需先了解公式的概念、常量和单元格引用规则等有关公式的基础知识。

8.1.1 公式与 Excel

传统的数学公式通常只能在纸张上运算使用，如需要在计算机中使用这些公式，则需要对公式进行一些改造，通过更改公式的格式来帮助计算机识别和理解。

1. 公式概述

数学方程式是单个或多个函数的结合运用，可以对数值进行加、减、乘、除等各种运算。

完整的公式通常由运算符和参与计算的数据组成。其中，数据可以是具体的常数数值，也可以是由各种字符指代的变量；运算符是特殊的符号，可以表示数据之间的关系，也可以对数据进行处理。

在日常的办公、教学和科研工作中会遇到很多的公式，例如：

$$E = MC^2$$
$$\sin^2\alpha + \cos^2\alpha = 1$$

在上面的两个公式中，E、M、C、$\sin\alpha$、$\cos\alpha$ 以及数字 1 均为公式中的数值。而等号"="、加号"+"和以上标数字 2 "^{2}"显示的平方运算符号等则是公式的运算符。

2. 全部公式以等号开始

在 Excel 中使用公式时，需要遵循 Excel 的规则，将传统的数学公式翻译为 Excel 程序可以理解的语言。这种翻译后的公式就是 Excel 公式。Excel 公式的主要特点是将单元格中显示的内容作为等式的值，因此，在 Excel 单元格中输入公式时，只需要输入等号"="和另一侧的算式即可。在输入

等号"="后，Excel 将自动转入公式运算状态。

3. 以单元格名称为变量

如用户需要对某个单元格的数据进行运算，则可以直接输入等号"="，然后输入单元格的名称，再输入运算符和常量进行运算。

例如，将单元格 A2 中的数据视为圆的半径，则可以在其他的单元格中输入以下公式来计算圆的周长。

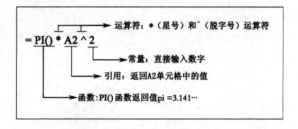

在上面的公式中，单元格的名称 A2 也称作"引用"。

> **提示**
>
> PI()是 Excel 预置的一种函数，其作用是返回圆周率 π 的值。关于函数的使用方法，可参考之后相关的章节。

在输入上面的公式后，用户即可按 `Enter` 键退出公式编辑状态。Excel 自动计算公式的值，将其显示到单元格中。

8.1.2 公式中的常量

常量是在公式中恒定不发生改变、无需计算直接引用的数据。Excel 2010 中的常量分为 4 种，即数字常量、日期常量、字符串常量和逻辑常量。

1. 数字常量

数字常量是最基本的一种常量，包括整数和小数两种，通常显示为阿拉伯数字。例如 3.14、25、0 等数字都属于数字常量。

2. 日期和时间常量

日期与时间常量是一种特殊的转换常量，其本

身是由 5 位整数和若干位小数构成的数据，包括日期常量和时间常量两种。

日期常量可以显示为多种格式，例如 2010 年 12 月 26 日、2010/12/26、2010-12-26 以及 12/26/2010 等。将 2010 年 12 月 26 日转换为常规数字后，显示一组 5 位整数 40538。

时间常量与日期常量类似，也可以显示为多种格式，例如 12:25:39、12:25:39 PM、12 时 25 分 39 秒等。将其转换为常规数字后，显示一组小数 0.5178125。

> **提示**
>
> 日期与时间常量也可以结合在一起使用。例如，数值 40538.5178125，就可以表示 2010 年 12 月 26 日 12 时 25 分 39 秒。

3. 字符串常量

字符串常量也是一种常用的常量，可以包含所有英文、汉字及特殊符号等字符。例如，字母 A、单词 Excel、汉字"表"、日文片假名せす以及实心五角星★等。

4. 逻辑常量

逻辑常量是一种特殊的常量，表示逻辑学中的真和假等概念。逻辑常量只有两种，即全大写的英文单词 TRUE 和 FALSE。逻辑常量通常应用于逻辑运算中，通过比较运算符计算出最终的逻辑结果。

> **提示**
>
> 有时 Excel 也可以通过数字来表示逻辑常量，用数字 0 表示逻辑假（FALSE），用数字 1 表示逻辑真（TRUE）。

8.1.3 公式中的运算符

运算符是 Excel 中的一组特殊符号，其作用是对常量、单元格的值进行运算。Excel 中的运算符大体可分为如下 4 种。

1. 算术运算符

算术运算符是最基本的运算符，用于对各种数值进行常规的数学运算，包括如下 6 种。

算术运算符	含 义	解释及示例
+	加	计算两个数值之和（6=2+4）
-	减	计算两个数值之差（3=7-4）
*	乘	计算两个数值的乘积（4*4=16 等同于 4×4=16）
/	除	计算两个数值的商（6/2=3 等同于 6÷2=3）
%	百分比	将数值转换成百分比格式，例如（10+20）%
^	乘方	数值乘方计算（2^3=8 等同于 2^3=8）

2. 比较运算符

比较运算符的作用是对数据进行逻辑比较，以获取这些数据之间的大小关系，包括如下 6 种。

比较运算符	含 义	示 例
=	相等	A5=10
<	小于	5<10
>	大于	12>10
>=	大于等于	A6>=3
<=	小于等于	A7<=10
<>	小于等于	8<>10

3. 文本连接符

文本运算符只有一个连接符&，使用连接符&运算两个相邻的常量时，Excel 会自动把常量转换为字符串型常量，再将两个常量连接在一起。

例如，数字 1 和 2，如使用加号+进行计算，其值为 3，而使用连接符&进行运算，则其值为 12。

4. 引用运算符

引用运算符是一种特殊的运算符，其作用是将不同的单元格区域合并计算，包括如下 3 种类型。

引用运算符	名 称	含 义
:	区域运算符	包括在两个引用之间的所有单元格的引用
,	联全运算符	将多个引用合并为一个引用
	交叉运算符	对两个引用共有的单元格的引用

在了解了 Excel 公式的各组成部分以及公式中的运算符后，即可使用公式、常量进行计算。另外，在 Excel 中，用户还可以像操作数据那样复制、移动和填充公式。

8.2.1 创建公式

在 Excel 中，用户可以直接在单元格中输入公式，也可以在【编辑】栏中输入公式。另外，除了在单元格中显示公式结果值之外，还可以直接将公式显示在单元格中。

1. 输入公式

在输入公式时，首先将光标置于该单元格中，输入＝号，然后再输入公式的其他元素，或者在【编辑】栏中输入公式，单击其他任意单元格或按 Enter 键确认输入。此时，系统会在单元格中显示计算结果。

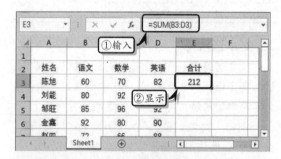

技巧

用户也可以在输入公式后，单击【编辑】栏中的【输入】按钮，确认公式的输入。

2. 显示公式

在默认状态下，Excel 只会在单元格中显示公式运算的结果。如果用户需要查看当前工作表中所有的公式，则可以执行【公式】|【公式审核】|【显示公式】命令，显示公式内容。

再次单击【公式审核】组中的【显示公式】按钮，将其被选中的状态解除，Excel 又会重新显示

公式计算的结果。

提示

用户也可以按 Ctrl+` 组合键快速切换显示公式或显示结果的状态。

8.2.2 复制和移动公式

如果多个单元格中所使用的表达式相同，可以通过移动、复制公式或填充公式的方法，达到快速输入公式的目的。

1. 复制公式

选择包含公式的单元格，按 Ctrl+C 快捷键复制公式。然后，选择需要放置公式的单元格，按 Ctrl+V 快捷键复制公式即可。

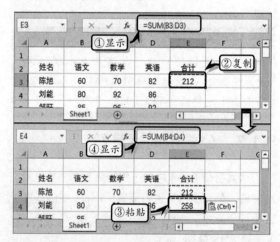

2. 移动公式

用户在复制公式时，其单元格引用将根据所用

引用类型而变化。但当用户移动公式时，公式内的单元格引用不会更改。例如，选择单元格 D3，按 Ctrl+X 快捷键剪切公式。然后，选择需要放置公式的单元格，按 Ctrl+V 快捷键复制公式，可发现公式没有变化。

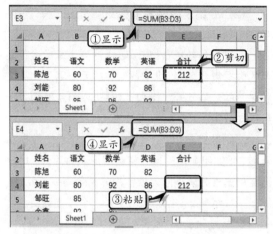

3. 填充公式

通常情况下，在对包含有多行或多列内容的表格数据进行有规律的计算时，可以使用自动填充功能快速填充公式。

例如，已知单元格 D3 中包含公式，选择单元格区域 D3:D8，执行【开始】|【编辑】|【填充】|【向下】命令，即可向下填充相同类型的公式。

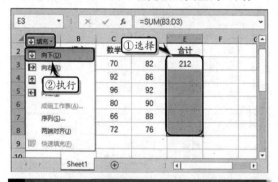

> **提示**
> 用户也可将鼠标移至单元格 D3 的右下角，当鼠标变成"十"形状时，向下拖动鼠标即可快速填充公式。

8.2.3 数组公式

数组是计算机程序语言中非常重要的一部分，

主要用来缩短和简化程序。运用这一特性不仅可以帮助用户创建非常雅致的公式，还可以帮助用户运用 Excel 完成非凡的计算操作。

1. 理解数组

数组是由文本、数值、日期、逻辑、错误值等元素组成的集合。这些元素按照行和列的形式显示，并可以共同参与或个别参与运算。元素是数组的基础，结构是数组的形式。在数组中，各种数据元素可以共同出现在同一个数组中。例如，下列 4 个数组：

{1 2 3 4 5 6 7 8 9}

$$\begin{cases} 星期一 \\ 星期二 \\ 星期三 \\ 星期四 \\ 星期五 \end{cases}$$

$$\begin{cases} 111 \ 112 \ 113 \ 111 \ 115 \\ 211 \ 212 \ 213 \ 211 \ 215 \\ 311 \ 312 \ 313 \ 311 \ 315 \\ 411 \ 412 \ 413 \ 411 \ 415 \end{cases}$$

$$\begin{cases} 1 \ \ 2 \ \ 3 \ \ 4 \ \ 5 \ \ 6 \\ 壹 \ 贰 \ 叁 \ 肆 \ 伍 \ 陆 \end{cases}$$

常数数组是由一组数值、文本值、逻辑值与错误值组合而成的数据集合。其中，数值可以为整数、小数与科学记数法格式的数字，但不能包含货币符号、括号与百分号。而文本值，必须使用英文状态下的双引号进行标记，文本值可以在同一个常数数组中并存不同的类型。另外，常数数组中不可以包含公式、函数或另一个数组作为数组元素。例如下列的常数数组，便是错误的：

{1 2 3 4 5 6% 7% 8% 9% 10%}

2. 输入数组

在 Excel 中输入数组时，需要先输入数组元素，然后用大括号括起来。数组中的横向元素需要用英文状态下的","号进行分割，数组中的纵向元素需要运用英文状态下的";"号进行分割。例如，数组{1 2 3 4 5 6 7 8 9}表示为{1,2,3,4,5,6,7,8,9}。

数组

$$\left\{ \begin{array}{cccccc} 1 & 2 & 3 & 4 & 5 & 6 \\ 壹 & 贰 & 叁 & 肆 & 伍 & 陆 \end{array} \right\}$$

表示为{1,2,3,4,5,6;"壹","贰","叁","肆","伍","陆"}

横向选择放置数组的单元格区域，在【编辑】栏中输入=与数组，并按 Ctrl+Shift+Enter 组合键。

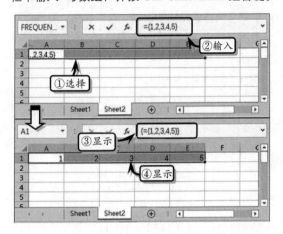

纵向选择单元格区域，用来输入纵向数组。然后，在【编辑】栏中输入=与纵向数组。按 Ctrl+Shift+Enter 组合键，即可在单元格区域中显示数组。

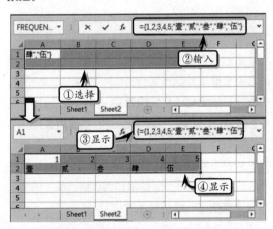

3．理解数组维数

通常情况下，数组以一维与二维的形式存在。

数组中的维数与 Excel 中的行或列是相对应的，一维数组即数组是以一行或一列进行显示的。另外，一维数组又分为一维横向数组与一维纵向数组。

其中，一维横向数组是以 Excel 中的行为基准进行显示的数据集合。一维横向数组中的元素需要用英文状态下的逗号分隔，例如，下列数组便是一维横向数组。

（1）一维横向数值数组：{1,2,3,4,5,6}。

（2）一维横向文本值数组：{"优","良","中","差"}。

一维纵向数组是以 Excel 中的列为基准进行显示的数据集合。一维纵向数组中的元素需要用英文状态下的分号分开。例如，数组{1;2;3;4;5}便是一维纵向数组。

二维数组是以多行或多列共同显示的数据集合，二维数组显示的单元格区域形状为矩形，用户需要用逗号分隔横向元素，用分号分隔纵向元素。例如，数组{1,2,3,4;5,6,7,8}便是一个二维数组。

4．多单元格数组公式

当多个单元格使用相同类型的计算公式时，一般公式的计算方法需要输入多个相同的计算公式。而运用数组公式，一步便可以计算出多个单元格中相同公式类型的结果值。

选择单元格区域 D3:D8，在【编辑】栏中输入数组公式，按 Ctrl+Shift+Enter 组合键即可。

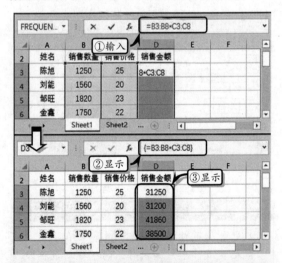

> **提示**
>
> 使用数组公式，不仅可以保证指定单元格区域内具有相同的公式，而且还可以完全防止新手篡改公式，从而达到包含公式的目的。

5．单个单元格数组公式

单个单元格数组公式即数组公式占据一个单元格，用户可以将单个单元格数组输入任意一个单元格中，并在输入数组公式后按 Ctrl+Shift+Enter 组合键，完成数组公式的输入。

例如，选择单元格 E9，在【编辑】栏中输入计算公式，按 Ctrl+Shift+Enter 组合键，即可显示合计额。

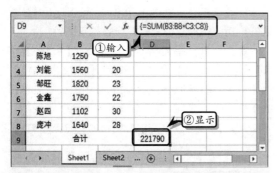

提示

使用数组公式时，可以选择包含数组公式的单元格或单元格区域，按 F2 键进入编辑状态。然后，再按 Ctrl+Shift+Enter 组合键完成编辑。

8.2.4 公式审核

Excel 中提供了公式审核的功能，其作用是跟踪选定单位内公式的引用或从属单元格，同时也可以追踪公式中的错误信息。

1．审核工具按钮

用户可以运用【公式】选项卡【公式审核】选项组中的各项命令，来检查公式与单元格之间的相互关系性。其中，【公式审核】选项组中各命令的功能如下表所示。

按钮	名　称	功　能
	追踪引用单元格	追踪引用单元格，并在工作表上显示追踪箭头，表明追踪的结果
	追踪从属单元格	追踪从属单元格（包含引用其他单元格的公式），并在工作表上显示追踪箭头，表明追踪的结果

续表

按钮	名　称	功　能
	移去箭头	删除工作表上的所有追踪箭头
	显示公式	显示工作表中的所有公式
	错误检查	检查公式中的常见错误
	追踪错误	显示指向出错源的追踪箭头
	公式求值	启动【公式求值】对话框，对公式每个部分单独求值以调试公式

2．查找与公式相关的单元格

如果需要查找为公式提供数据的单元格（即引用单元格），可以执行【公式】|【公式审核】|【追踪引用单元格】命令。

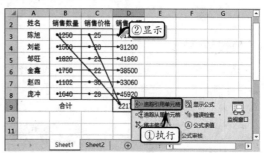

追踪从属单元格是显示箭头，指向受当前所选单元格影响的单元格。执行【公式】|【公式审核】|【追踪从属单元格】命令即可。

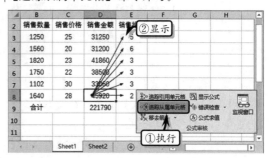

3．在【监视窗口】中添加单元格

使用【监视窗口】功能可以方便地在大型工作表中检查、审核或确认公式计算及其结果。

首先，选择需要监视的单元格，执行【公式审核】|【监视窗口】命令。在弹出的【监视窗口】对话框中单击【添加监视】按钮。然后，在弹出的【添加监视点】对话框中，添加监视点并单击【确定】按钮。

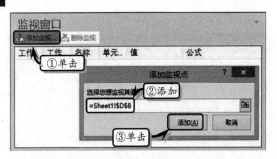

在【监视窗口】中选择需要删除的单元格，单击【删除监视】按钮即可。

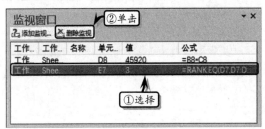

4．错误检查

选择包含错误的单元格，执行【公式审核】|【错误检查】命令，在弹出的【错误检查】对话框中将显示公式错误的原因。

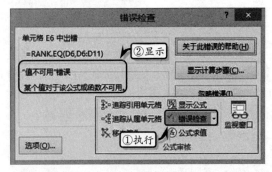

选择包含错误信息的单元格，执行【公式审核】|【错误检查】|【追踪错误】命令，系统会自动指出公式中引用的所有单元格。

5．显示计算步骤

在包含多个公式的单元格中，可以运用【公式求值】功能来检查公式运算步骤的正确性。

首先，选择单元格，执行【公式】|【公式审核】|【公式求值】命令。在弹出的【数据求值】对话框中，将自动显示指定单元格中的公式与引用单元格。

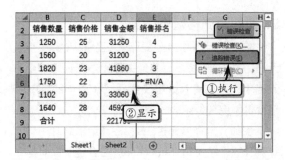

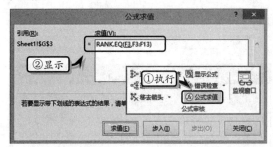

单击【求值】按钮，系统自动显示第一步的求值结果。继续单击【求值】按钮，系统将自动显示最终求值结果。

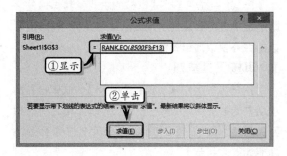

8.3 使用函数

在使用 Excel 进行数学运算时，用户不仅可以使用表达式与运算符，还可以使用封装好的函数进行运算，并通过名称将数据打包成数组应用到算式中。Excel 为用户提供了强大的函数库，其应用涵盖了各种科学技术、财务、统计分析领域中。

8.3.1 函数概述

函数是数学和解析几何学的概念，其意义在于封装一种公式或运算算法，根据引入的参数数值返回运算结果。

1．函数的概念

函数表示每个输入值（或若干输入值的组合）与唯一输出值（或唯一输出值的组合）之间的对应关系。例如，用 f 代表函数，x 代表输入值或输入值的组合，A 代表输出的返回值：

$$f(x) = A$$

在上面的公式中，x 称作参数，A 称作函数的值，由 x 的值组成的集合称作函数 $f(x)$ 的定义域，由 A 的值组成的集合称作函数 $f(x)$ 的值域。下图中的两个集合，展示了函数定义域和值域之间的映射关系。

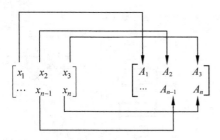

函数在数学和解析几何学中应用十分广泛。例如，常见的计算三角形角和边的关系所使用的三角函数，就是典型的函数。

2．函数在 Excel 中的应用

在日常的财务统计、报表分析和科学计算中，函数的应用也非常广泛，尤其在 Excel 这类支持函数的软件中，往往提供大量的预置函数，辅助用户快速计算。

典型的 Excel 函数通常由 3 个部分组成，即函数名、括号和函数的参数/参数集合。以求和的 SUM 函数为例，假设需要求 A1～A10 的 10 个单元格的数值之和，可以通过单元格引用功能，结合求和函数，具体如下：

```
SUM(A1,A2,A3,A4,A5,A6,A7,A8,A9,
A10)
```

提示

如函数允许使用多个参数，则用户可以在函数的括号中输入多个参数，并以逗号","将这些参数隔开。

在上面的代码中，SUM 即函数的名称，括号内的就是所有求和的参数。用户也可以使用复合引用的方式，将连续的单元格缩写为一个参数添加到函数中，具体如下：

```
SUM(A1:A10)
```

提示

如只需要为函数指定一个参数，则无需输入逗号","。

用户可将函数作为公式中的一个数值来使用，对该数值进行各种运算。例如，需要计算 A1～A10 之间所有单元格的和，再将结果除以 20，可使用如下的公式：

```
=SUM(A1:A10)/20
```

3．Excel 函数分类

Excel 2010 中预置了数百种函数，根据函数的类型，可将其分为如下几类。

函 数 类 型	作　用
财务	对数值进行各种财务运算
逻辑	进行真假值判断或者进行复合检验
文本	用于在公式中处理文字串
日期和时间	在公式中分析处理日期值和时间值
查找与引用	对指定的单元格、单元格区域进行查找、检索和比对运算
数学和三角函数	处理各种数学运算
统计	对数据区域进行统计分析
工程	对数值进行各种工程运算和分析
多维数据集	用于数组和集合运算与检索
信息	确定保存在单元格中的数据类型
兼容性	之前版本 Excel 中的函数（不推荐使用）
Web	用于获取 Web 中数据的 Web 服务函数

4．Excel 常用函数

在了解了 Excel 函数的类型之后，还有必要了解一些常用 Excel 函数的作用及使用方法。在日常

工作中，以下 Excel 函数的应用比较广泛。

函 数	格 式	功 能
SUM	=SUM（number1, number2…）	返回单元格区域中所有数字的和
AVERAGE	=AVERAGE（number1, number2…）	计算所有参数的平均数
IF	=IF（logical_tset,value_if_true, value_if_false）	执行真假值判断，根据对指定条件进行逻辑评价的真假，而返回不同的结果
COUNT	=COUNT（value1, value2…）	计算参数表中的参数和包含数字参数的单元格个数
MAX	=MAX（number1, number2…）	返回一组参数中的最大值，忽略逻辑值及文本字符
MIN	=MIN（number1, number2…）	返回一组参数中的最小值，忽略逻辑值及文本字符
SUMIF	=SUMIF（range,criteria, sum_range）	根据指定条件对若干单元格求和
PMT	=PMT（rate, nper,fv,type）	返回在固定利率下，投资或贷款的等额分期偿还额
STDEV	=STDEV（number1, number2…）	估算基于给定样本的标准方差

8.3.2 创建函数

在 Excel 中，用户可通过下列 4 种方法来使用函数计算各类复杂的数据。

1. 直接输入函数

当用户对一些函数非常熟悉时，便可以直接输入函数，达到快速计算数据的目的。首先，选择需要输入函数的单元格或单元格区域。然后，直接在单元格中或在【编辑】栏中输入函数公式即可。

> **提示**
>
> 在单元格、单元格区域或【编辑】栏中输入函数后，按 Enter 键或单击【编辑】栏左侧的【输入】按钮完成输入。

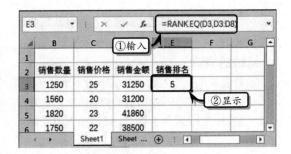

2. 使用【函数库】选项组输入

选择单元格，执行【公式】|【函数库】|【数学和三角函数】命令，在展开的级联菜单中选择 SUM 函数。

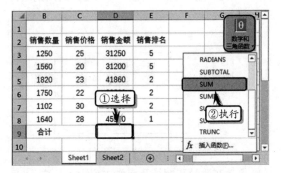

然后，在弹出的【函数参数】对话框中，设置函数参数，单击【确定】按钮，在单元格中即可显示计算结果值。

> **提示**
>
> 在设置函数参数时，可以单击参数后面的 ⛶ 按钮，选择工作表中的单元格。

3. 插入函数

选择单元格，执行【公式】|【函数库】|【插入函数】命令，在弹出的【插入函数】对话框中选

择函数选项,并单击【确定】按钮。

> **提示**
>
> 在【插入函数】对话框中,用户可以在【搜索函数】文本框中输入函数名称,单击【转到】按钮,即可搜索指定的函数。

然后,在弹出的【函数参数】对话框中依次输入各个参数,并单击【确定】按钮。

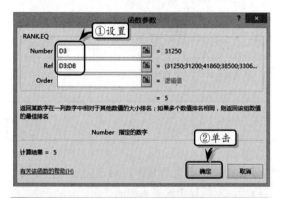

> **提示**
>
> 用户也可以直接单击【编辑】栏中的【插入函数】按钮,在弹出的【插入函数】对话框中,选择函数类型。

4. 使用函数列表

选择需要插入函数的单元格或单元格区域,在【编辑】栏中输入=号,然后单击【编辑】栏左侧

的下拉按钮 ⏷ ,在该列表中选择相应的函数,并输入函数参数即可。

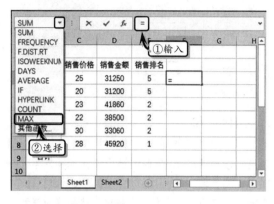

8.3.3 求和计算

一般情况下,求和计算是计算相邻单元格中数值的和,是 Excel 函数中最常用的一种计算方法。除此之外,Excel 还为用户提供了计算规定数值范围内的条件求和,以及可以同时计算多组数据的数组求和。

1. 自动求和

自动求和功能对活动单元格上方或左侧的数据进行求和计算。

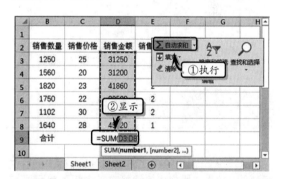

> **注意**
>
> 在自动求和时,Excel 将自动显示出求和的数据区域,将鼠标移到数据区域边框处,当鼠标变成双向箭头时,拖动鼠标即可改变数据区域。

另外,还可以执行【公式】|【函数库】|【自动求和】|【求和】命令,对数据进行求和计算。

2．条件求和

条件求和是根据一个或多个条件对单元格区域进行求和计算。选择需要进行条件求和的单元格或单元格区域，执行【公式】|【插入函数】命令。在弹出的【插入函数】对话框中，选择【数学和三角函数】类别中的 SUMIF 函数，并单击【确定】按钮。

然后，在弹出的【函数参数】对话框中设置函数参数，单击【确定】按钮即可。

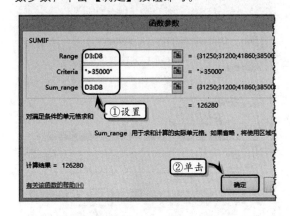

另外，用户也可以使用 SUMIFS 函数，对单元格区域内的数据进行求和计算。选择单元格，在【编辑栏】中输入计算公式，按 Enter 键，即可返回按指定条件进行计算的求和值。

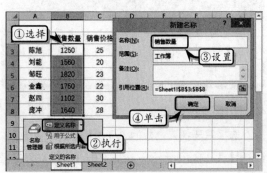

Office 8.4 使用名称

在 Excel 中，除允许使用单元格列号+行号的标记外，还允许用户为单元格或某个矩形单元区域定义特殊的标记，这种标记就是名称。

8.4.1 创建名称

Excel 允许名称参与计算，从而解决用户选择多重区域的困扰。一般情况下，用户可通过以下 3 种方法来创建名称。

1．直接创建

选择需要创建名称的单元格或单元格区域，执

行【公式】|【定义的名称】|【定义名称】命令，在弹出的对话框中设置相应的选项。

另外，也可以执行【公式】|【定义的名称】|【名称管理器】命令。在弹出的【名称管理器】对话框中，单击【新建】按钮，设置相应的选项。

2．使用行列标志创建

选择单元格，执行【公式】|【定义的名称】|【定义名称】命令，输入列标标志作为名称。

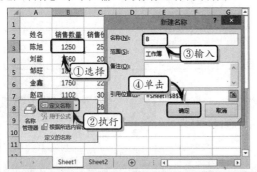

注意

在创建名称时，用户也可以使用行号作为所创建的名称。例如，选择第 2 行中的一个，使用"_2"作为定义的名称。

3．根据所选内容创建

选择需要创建名称的单元格区域，执行【定义的名称】|【根据所选内容创建】命令，设置相应的选项即可。

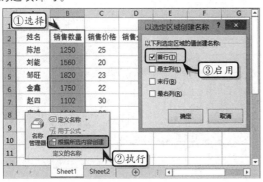

注意

在创建名称时，名称的第 1 个字符必须是字母或下划线（_）。

8.4.2 使用和管理名称

创建名称之后，便可以将名称应用到计算中。另外，对于包含多个名称的工作表，可以使用【管理名称】功能删除或编辑名称。

1．使用名称

首先选择单元格或单元格区域，通过【新建名称】对话框创建定义名称。然后在输入公式时，直接执行【公式】|【定义的名称】|【用于公式】命令，并在该下拉列表中选择定义名称，即可在公式中应用名称。

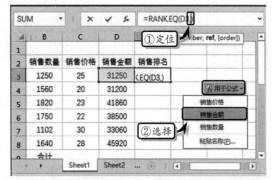

提示

在公式中如果含有多个定义名称，用户在输入公式时，依次单击【用于公式】列表中的定义名称即可。

2．管理名称

执行【定义的名称】|【名称管理器】命令，在弹出的【名称管理器】对话框中，选择需要编辑的名称。单击【编辑】选项，即可重新设置各项选项。

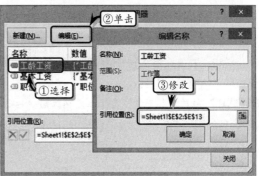

另外，在【名称管理器】对话框中，选择具体的名称，单击【删除】命令。在弹出的提示框中，单击【是】按钮，即可删除该名称。

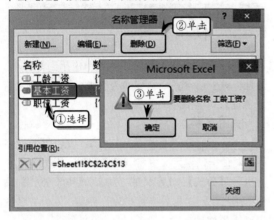

在【名称管理器】对话框中，各选项的具体功能如下表所述。

选 项	功 能
新建	单击该按钮，可以在【新建名称】对话框中新建单元格或单元格区域的名称
编辑	单击该按钮，可以在【编辑名称】对话框中修改选中的名称
删除	单击该按钮，可以删除列边框中选中的名称
列表框	主要用于显示所有定义了的单元格或单元格区域的名称、数值、引用位置、范围及备注内容
筛选	该选项主要用于显示符合条件的名称
引 用 位 置	主要用于显示选择定义名称的引用表与单元格

8.5 练习：制作薪酬表

薪酬表主要是用于记录员工基本工资、应扣应缴及应付工资等数据的表格，是财务人员发放员工工资的依据。在本练习中，将运用 Excel 强大的数据计算和处理功能，构建一份员工薪酬表。

练习要点

- 设置对齐格式
- 设置边框格式
- 套用表格格式
- 设置数据格式
- 使用函数
- 引用数据

薪酬表

工龄号	姓名	所属部门	职务	工资总额	考勤应扣	业绩奖金	应扣应缴	应付工资	扣个税	实付工资
001	杨光	财务部	经理	¥ 9,200.00	¥ 419.00	¥ -	¥ 1,748.00	¥ 7,033.00	¥ 248.30	¥ 6,784.70
002	刘晓	办公室	主管	¥ 8,500.00	¥ 50.00	¥ -	¥ 1,615.00	¥ 6,835.00	¥ 228.50	¥ 6,606.50
003	贺龙	销售部	经理	¥ 7,600.00	¥ 20.00	¥ 1,500.00	¥ 1,444.00	¥ 7,636.00	¥ 308.60	¥ 7,327.40
004	冉然	研发部	职员	¥ 8,400.00	¥ 1,000.00	¥ 500.00	¥ 1,596.00	¥ 6,304.00	¥ 175.40	¥ 6,128.60
005	刘娟	人事部	经理	¥ 9,400.00	¥ -	¥ -	¥ 1,786.00	¥ 7,614.00	¥ 306.40	¥ 7,307.60
006	金鑫	办公室	经理	¥ 9,300.00	¥ -	¥ -	¥ 1,767.00	¥ 7,533.00	¥ 298.30	¥ 7,234.70
007	李娜	销售部	主管	¥ 6,500.00	¥ 220.00	¥ 8,000.00	¥ 1,235.00	¥ 13,045.00	¥ 1,381.25	¥ 11,663.75
008	李娜	研发部	职员	¥ 7,200.00	¥ -	¥ -	¥ 1,368.00	¥ 5,832.00	¥ 128.20	¥ 5,703.80
009	张冉	人事部	职员	¥ 6,600.00	¥ 900.00	¥ -	¥ 1,254.00	¥ 4,446.00	¥ 28.38	¥ 4,417.62
010	赵军	财务部	主管	¥ 8,700.00	¥ 600.00	¥ -	¥ 1,653.00	¥ 6,447.00	¥ 189.70	¥ 6,257.30
		办公室	职员	¥ 7,100.00	¥ -	¥ -	¥ 1,349.00	¥ 5,751.00	¥ 120.10	¥ 5,630.90
		销售部	职员	¥ 6,000.00	¥ -	¥ 6,000.00	¥ 1,140.00	¥ 10,860.00	¥ 917.00	¥ 9,943.00
		研发部	经理	¥ 9,700.00	¥ 300.00	¥ -	¥ 1,843.00	¥ 7,557.00	¥ 300.70	¥ 7,256.30
		人事部	职员	¥ 8,100.00	¥ -	¥ -	¥ 1,539.00	¥ 6,561.00	¥ 201.10	¥ 6,359.90
		办公室	职员	¥ 7,700.00	¥ -	¥ -	¥ 1,463.00	¥ 6,237.00	¥ 168.70	¥ 6,068.30
		销售部	总监	¥ 9,100.00	¥ 500.00	¥ 10,000.00	¥ 1,729.00	¥ 16,871.00	¥ 2,337.75	¥ 14,533.25

操作步骤 ▶▶▶▶

STEP|01 重命名工作表。新建工作簿，单击【全选】按钮，右击行标签执行【行高】命令，输入行高值并单击【确定】按钮。

STEP|02 制作表格标题。选择单元格区域 A1:K1，执行【开始】|【对齐方式】|【合并后居中】命令，合并单元格区域。然后，输入标题文本，并设置文本的字体格式。

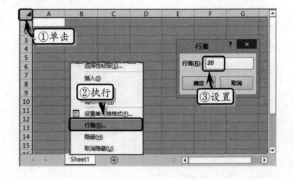

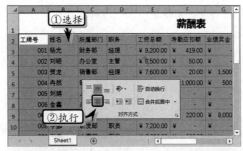

边框样式。

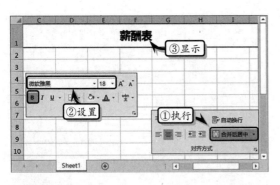

STEP|03 制作数据格式。输入列标题，选择单元格区域 A3:A25，右击执行【设置单元格格式】命令，在【类型】文本框中输入自定义代码。

STEP|04 选择单元格区域 E3:K25，执行【开始】|【数字】|【数字格式】|【会计专用】命令，设置其数字格式。

STEP|05 设置对齐格式。在表格中输入基础数据，选择单元格区域 A2:K25，执行【开始】|【对齐方式】|【居中】命令，设置其对齐格式。

STEP|06 设置边框格式。执行【开始】|【字体】|【边框】|【所有框线】命令，设置单元格区域的

STEP|07 计算数据。选择单元格 I3，在编辑栏中输入计算公式，按 Enter 键返回应付工资额。

STEP|08 在表格右侧制作"个税标准"辅助列表，然后选择单元格 J3，在编辑栏中输入计算公式，按 Enter 键返回扣个税额。

STEP|09 选择单元格 K3，在编辑栏中输入计算公式，按 Enter 键返回实付工资额。

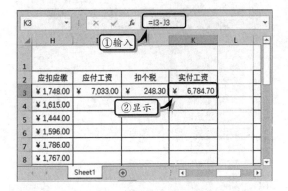

STEP|10 选择单元格区域 I3:K25，执行【开始】|【编辑】|【填充】|【向下】命令，向下填充公式。

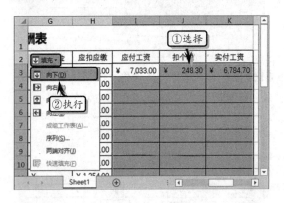

STEP|11 套用表格格式。选择单元格区域 A2:K25，执行【开始】|【样式】|【套用表格格式】|【表样式中等深浅 7】命令。

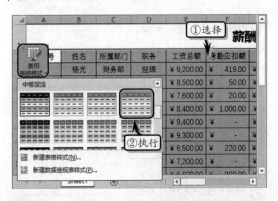

STEP|12 然后，在弹出的【套用表格格式】对话框中，启用【表包含标题】复选框，单击【确定】按钮。

STEP|13 制作工资条。新建工作表，重命名工作表，设置工作表行高并在工作表中构建工资条的基础框架。

STEP|14 选择单元格 A3，右击执行【设置单元格格式】命令，选择【自定义】选项，并在【类型】文本框中输入自定义代码。

STEP|15 在单元格 A3 中输入工牌号，选择单元格 B3，在编辑栏中输入计算公式，按 Enter 键返回

员工姓名。

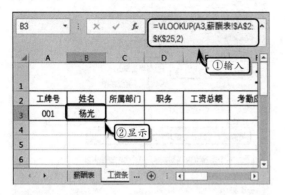

STEP|16 选择单元格 C3，在编辑栏中输入计算公式，按 Enter 键返回所属部门。

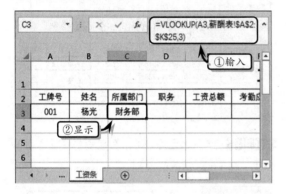

STEP|17 选择单元格 D3，在编辑栏中输入计算公

式，按 Enter 键返回职务，用同样的方法计算其他数据。

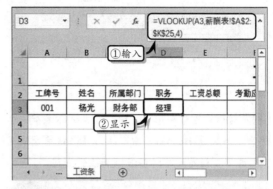

STEP|18 选择单元格区域 A1:K3，将光标移动到单元格右下角，当鼠标变成"十"形状时，向下拖动鼠标按照员工工牌号填充工资条。

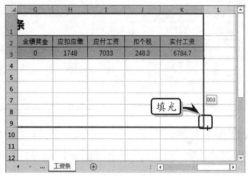

Office

8.6 练习：分析员工信息

对于职员比较多的企业，统计不同学历与不同年龄段内职员的具体人数，是人力资源部比较费劲的一项工作。在本练习中，将运用函数等功能，对人事数据进行单条件汇总、多条件汇总。

练习要点

- 设置数字格式
- 使用数据验证
- 套用表格格式
- 使用函数
- 填充公式
- 使用数组公式

员工信息统计表

条件汇总人事数据			
本科学历人数：	11	介于25~30岁之间的人数	12
年龄大于等于30的人数：	12	年龄大于30岁的男性人数	9
女性员工人数：	6	年龄大于30岁的本科学历人数：	6

基础数据										
工号	姓名	所属部门	职务	学历	入职日期	身份证号码	联系电话	出生日	性别	年龄	生肖
01	欣欣	财务部	总监	研究生	2005/1/1	110983197806124576	11122232311	1978/6/12	男	37	马
02	刘能	办公室	经理	本科	2004/12/1	120374197912281234	11122232312	1979/12/28	女	36	羊
03	赵四	销售部	主管	本科	2006/2/1	371487198601025917	11122232313	1986/1/2	男		
04	冉然	研发部	主管	大专	2005/3/1	377837198312128735	11122232314	1983/12/12	男		
05	刘洋	人事部	经理	本科	2005/4/1	234987198110113223	11122232315	1981/10/11	女		
06	陈鑫	办公室	职员	大专	2004/3/9	254879198812048769	11122232316	1988/12/4	女		
07	金山	生产部	组长	大专	2008/4/2	110123198603031234	11122232317	1986/3/3	男		

操作步骤 ▶▶▶▶

STEP|01 制作标题。设置工作表的行高，合并单

元格区域 B1:M1，输入标题文本并设置文本的字体格式。

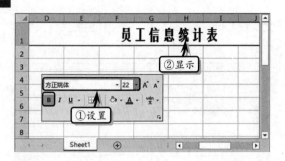

STEP|02 设置数字格式。输入列表标题文本，选择单元格区域 B8:B31，右击执行【设置单元格格式】命令，自定义单元格区域的数字格式。

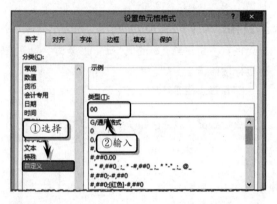

STEP|03 同时选择单元格区域 G8:G31 和 J8:J31，执行【开始】|【数字】|【数字格式】|【日期】命令，设置单元格区域的日期格式。

STEP|04 使用数据验证。选择单元格区域 D8:D31，执行【数据】|【数据工具】|【数据验证】命令，在设置验证条件并单击【确定】按钮。使用同样的方法，设置其他数据验证。

STEP|05 计算数据。输入基础数据，选择单元格 J8，在编辑栏中输入计算公式，按 Enter 键返回出生日。

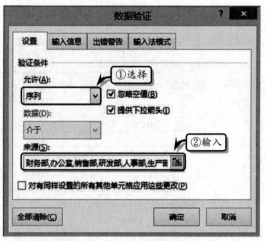

STEP|06 选择单元格 K8，在编辑栏中输入计算公式，按 Enter 键返回性别。

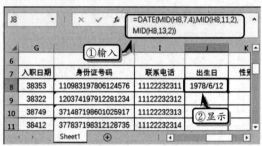

STEP|07 选择单元格 L8，在编辑栏中输入计算公式，按 Enter 键返回年龄。

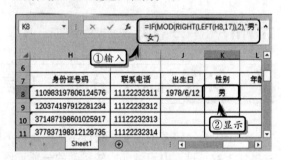

STEP|08 选择单元格 M8，在编辑栏中输入计算

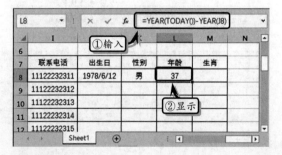

公式，按 Enter 键返回生肖。

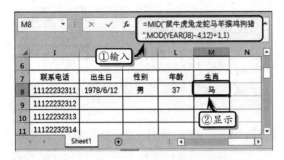

STEP|09 选择单元格区域 J8:M31，执行【开始】|【编辑】|【填充】|【向下】命令，向下填充公式。

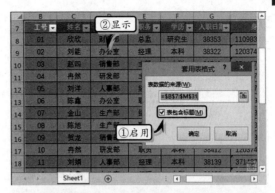

STEP|10 美化表格。选择单元格区域 B7:M321，执行【开始】|【样式】|【套用表格格式】|【表样式中等深浅 14】命令。

STEP|11 在弹出的【套用表格式】对话框中，启用【表包含标题】复选框，单击【确定】按钮。

STEP|12 选择套用的表格中的任意一个单元格，右击执行【表格】|【转换为区域】命令，将表格转换为普通区域。

STEP|13 汇总数据。在单元格区域 B2:M5 中制作"条件汇总人事数据"列表，并设置表格的对齐、字体和边框格式。

STEP|14 选择单元格 E3，在编辑栏中输入计算公式，按 Enter 键返回本科学历人数。

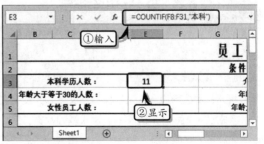

STEP|15 选择单元格 E4，在编辑栏中输入计算公式，按 Enter 键返回年龄大于等于 30 的人数。

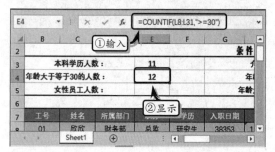

STEP|16 选择单元格 E5，在编辑栏中输入计算公式，按 Enter 键返回女性员工人数。

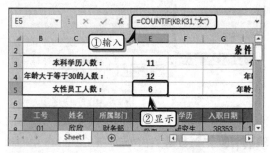

STEP|17 选择单元格 J3，在编辑栏中输入计算公式，按 Enter 键返回 25～30 岁的人数。

STEP|18 选择单元格 J4，在编辑栏中输入计算公式，按 Enter 键返回年龄大于 30 的男性人数。

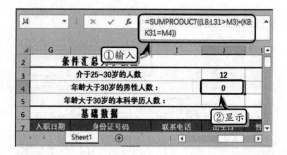

STEP|19 选择单元格 J5，在编辑栏中输入计算公式，按 Enter 键返回年龄大于 30 岁的本科学历人数。

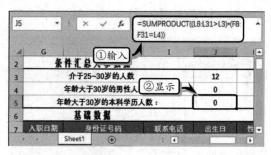

STEP|20 选择单元格区域 L3:M4，执行【开始】|【字体】|【字体颜色】|【白色，背景 1】命令，隐藏数据。

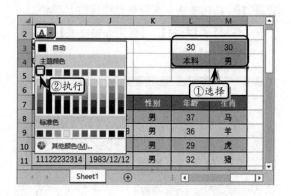

Office 8.7 新手训练营

练习 1：制作比赛评分表

downloads\8\新手训练营\比赛评分表

提示：本练习中，首先制作标题文本，并设置文本的字体格式。同时，在表格中输入基础数据，并设置基础数据区域的对齐、数字和边框格式。然后，在单元格 J6 中输入计算最高分的公式，在单元格 K6 中输入计算最低分的公式，在单元格 L6 中输入计算总得分的工作，在单元格 M6 中输入计算排名的公式。最后，选择单元格区域 J6:M13，执行【开始】|【编辑】|【填充】|【向下】命令，向下填充公式。

练习 2：制作加班统计表

downloads\8\新手训练营\加班统计表

提示：本练习中，首先制作基础表格，并设置表格的对齐、数字和边框格式。然后，在单元格 I3 中输入计算加班时间的公式，在单元格 J3 中输入计算加班费的公式。随后，选择单元格区域 I3:J25，执行【开始】|【编辑】|【填充】|【向下】命令，向下填充公式。最后，选择表格区域，执行【开始】|【样式】|【套用表格格式】|【表样式中等深浅 11】命令。

练习 3：制作医疗费用统计表

downloads\8\新手训练营\医疗费用统计表

提示：本练习中，首先制作表格标题，输入表格基础数据，并设置表格对齐、字体和数字格式。然后，在单元格 F4 中输入计算养老保险的公式，在单元格 G4 中输入计算总工资的公式，在单元格 I4 中输入计算企业报销金额的公式。最后，向下填充公式，并自定义表格区域的边框格式。

练习 4：制作考核成绩统计表

downloads\8\新手训练营\考核成绩统计表

提示：本练习中，首先制作表格标题，输入考核基础数据，并设置数据区域的对齐和边框格式。然后，在单元格 I4 中输入计算大于 90 分的人数的公式，在单元格 J4 中输入计算大于 80 分的人数的公式，在单元格 K4 中输入计算大于 70 分的人数的公式，在单元格 L4 中输入计算不及格的人数的公式。

练习 5：制作生产成本月汇总表

downloads\8\新手训练营\生产成本月汇总表

提示：本练习中，首先制作表格标题，输入基础数据并设置数据的单元格格式。然后，在单元格 C2 中输入返回当前月份值的公式，在单元格 G4 中输入计算成本总额的公式，在单元格 J4 中输入计算单位成本的计算公式，在单元格 K4 中输入计算期末数的计算公式。最后，在单元格 L4 中输入计算直接材料比重的公式。使用同样的方法，分别计算其他数据。

练习 6：预测投资数据

downloads\8\新手训练营\预测投资数据

提示：本练习中，首先制作表格标题，输入基础数据并设置数据区域的对齐、边框和填充格式。然后，在单元格 C10 中输入投资额为 2000 万情况下的净现值的公式，在单元格 C11 中输入计算期值的公式。最后，在单元格 G10 输入投资额为 0 情况下的净现值公式，在单元格 G11 中输入计算期值的公式。

提示：本练习中，首先制作表格标题，输入基础数据并设置数据的对齐、字体、边框和单元格格式。然后，在单元格 C2 中输入显示当前日期的公式，在单元格 J4 中输入计算已使用年限的公式。最后，制作汇总数据列表，并设置列表的单元格格式。随后，使用 SUMIF 函数按形态类别汇总资产原值。

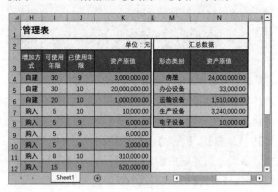

练习 7：制作固定资产管理表

downloads\8\新手训练营\固定资产管理表

第 9 章

管 理 数 据

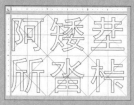 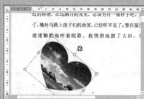  

在 Excel 2016 中，运用其内置的数据管理功能，可以对数据进行一系列的归纳、限定、分析和汇总管理。例如，可以运用排序、筛选和分类汇总功能，方便、快捷地获取与整理相关数据，以便帮助用户发现关键问题以及识别数据模式和发展趋势。除此之外，还可以运用内置的条件格式，以指定的颜色或图标显示数据所在单元格，以便更加直观地查看和分析不同区间段内的数据。在本章中，将详细介绍使用 Excel 管理各类数据的基础知识和操作方法，以帮助用户以多角度的视角来观察和分析工作表中的数据。

9.1 排序数据

对数据进行排序有助于快速直观地显示、理解数据，查找所需数据等，有助于做出有效的决策。在 Excel 中，用户可以对文本、数字、时间等对象进行排序操作。

9.1.1 简单排序

简单排序是运用 Excel 内置的排序命令，对数据按照一定规律进行排列。在排序数据之前，用户还需要先了解 Excel 默认的排序次序。

1. 默认排序次序

在按升序排序时，Excel 使用如下表所示的排序次序；当 Excel 按降序排序时，则使用相反的次序。

值	次 序
数字	数字按从最小的负数到最大的正数进行排序
日期	日期按最早的日期到最晚的日期进行排序
文本	字母按从左到右的顺序逐字符进行排序。 文本以及包含存储为文本的数字的文本按以下次序排序：0 1 2 3 4 5 6 7 8 9（空格）! " # $ % & ( ) * , . / : ; ? @ [\ ] ^ _ ` {	} ~ + < = > A B C D E F G H I J K L M N O P Q R S T U V W X Y Z (')撇号和(-)连字符会被忽略，但例外情况是：如果两个文本字符串除了连字符不同外其余都相同，则带连字符的文本排在后面
逻辑	在逻辑值中，FALSE 排在 TRUE 之前
错误	所有错误值（如#NUM!和#REF!）的优先级相同
空白单元格	无论是按升序还是按降序排序，空白单元格总是放在最后

2. 对文本进行排序

在工作表中，选择需要排序的单元格区域或单元格区域中的任意一个单元格，执行【数据】|【排

序和筛选】|【升序】或【降序】命令。

> **注意**
>
> 在对汉字进行排序时，首先按汉字拼音的首字母进行排列。如果第 1 个汉字相同，按相同汉字的第 2 个汉字拼音的首字母排列。

如果对字母列进行排序，则按照英文字母的顺序排列，如从 A 到 Z 升序排列或者从 Z 到 A 降序排列。

3. 对数字进行排序

选择单元格区域中的一列数值数据，或者列中任意一个包含数值数据的单元格。然后，执行【数据】|【排序和筛选】|【升序】或【降序】命令。

> **注意**
>
> 在对数字列排序时，检查所有数字是否都存储为【数字】格式。如果排序结果不正确，可能是因为该列中包含【文本】格式（而不是数字）的数字。

4．对日期或时间进行排序

选择单元格区域中的一列日期或时间，或者列中任意一个包含日期或时间的单元格。然后，执行【数据】|【排序和筛选】|【升序】或【降序】命令，对单元格区域中的日期按升序进行排列。

注意

如果对日期或时间的排序结果不正确，可能因为该列中包含【文本】格式（而不是日期或时间）的日期或时间格式。

9.1.2　自定义排序

当 Excel 提供的内置的排序命令无法满足用户需求时，可以使用自定义排序功能创建独特单一排序或多条件排序等排序规则。

1．单一排序

首先，选择单元格区域中的一列数据，或者确保活动单元格在表列中。然后，执行【数据】|【排序和筛选】|【排序】命令，打开【排序】对话框。

注意

用户也可以通过执行【开始】|【编辑】|【排序和筛选】|【自定义排序】命令，打开【排序】对话框。

在弹出的【排序】对话框中，分别设置【主要关键字】为"所属部门"字段、【排序依据】为【数值】、【次序】为【升序】。

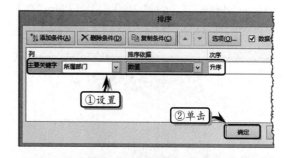

提示

在【排序】对话框中，如果禁用【数据包含标题】复选框，【主要关键字】中的列表框中将显示列标识（如列 A、列 B 等），并且字段名有时也参与排序。

2．多条件排序

除了单一排序之外，用户还可以在【排序】对话框中单击【添加条件】按钮，添加【次要关键字】条件，并通过设置相关排序内容的方法，进行多条件排序。

注意

可以通过单击【删除条件】按钮，删除当前的条件关键字；另外，还可以单击【复制条件】按钮，复制当前的条件关键字。

3．设置排序选项

在【排序】对话框中，单击【选项】按钮，在弹出的【排序选项】对话框中，设置排序的方向和方法。

> **注意**
>
> 如果在【排序选项】对话框中启用【区分大小写】复选框,则字母字符的排序次序为aA bBcCdDeEfFgGhHiIjJkKlLmM nNoOpPqQrRsStTuUvVwWxXy YzZ。

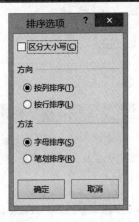

4.设置排序序列类型

在【排序】对话框中,单击【次序】下拉按钮,在其下拉列表中选择【自定义】选项。在弹出的【自定义序列】对话框中,选择【新序列】选项,在【输入序列】文本框中输入新序列文本,单击【添加】按钮即可自定义序列的新类别。

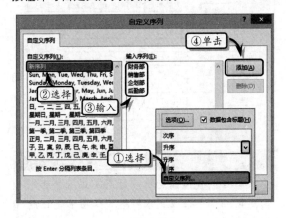

9.2 筛选数据

Excel 具有较强的数据筛选功能,可以从庞杂的数据中挑选并删除无用的数据,保留符合条件的数据。

9.2.1 自动筛选

使用自动筛选可以创建 3 种筛选类型:按列表值、按格式和按条件。对于每个单元格区域或者列表来说,这 3 种筛选类型是互斥的。

1.筛选文本

选择包含文本数据的单元格区域,执行【数据】|【排序与筛选】|【筛选】命令,单击【所属部门】筛选下拉按钮,在弹出的文本列表中可以取消作为筛选依据的文本值。例如,只勾选【财务部】复选框,以筛选财务部部门员工的工资额。

单击【所属部门】下拉按钮,选择【文本筛选】级联菜单中的选项,如选择【不等于】选项,在弹出的对话框中进行相应设置,即可对文本数据进行相应的筛选操作。

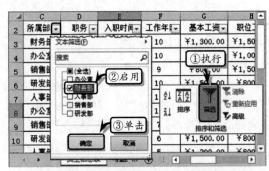

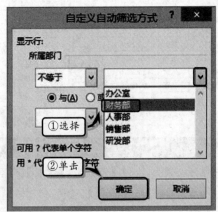

在筛选数据时，如果需要同时满足两个条件，需选择【与】单选按钮；若只需满足两个条件之一，可选择【或】单选按钮。

> **提示**
>
> 文本值列表最多可以达到 10 000。如果列表很大，要清除顶部的【(全选)】，然后选择要作为筛选依据的特定文本值。

2．筛选数字

选择包含文本数据的单元格区域，执行【数据】|【排序与筛选】|【筛选】命令，单击【基本工资】下拉按钮，在【数字筛选】级联菜单中选择所需选项，如选择【大于】选项。

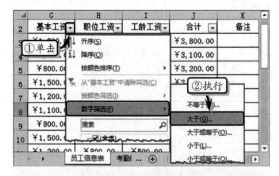

> **提示**
>
> 创建筛选之后，执行【数据】|【排序和筛选】|【清除】命令，即可清除筛选结果。

然后，在弹出的【自定义自动筛选方式】对话框中设置筛选条件，单击【确定】按钮之后，系统将自动显示筛选后的数值。

在【自定义自动筛选方式】对话框中最多可以设置两个筛选条件，筛选条件可以是数据列中的数据项，也可以为自定义筛选条件。对每个筛选条件，共有 12 种筛选方式供用户选择，具体情况如下表所述。

方　　式	含　　义
等于	当数据项与筛选条件完全相同时显示
不等于	当数据项与筛选条件完全不同时显示
大于	当数据项大于筛选条件时显示
大于或等于	当数据项大于或等于筛选条件时显示
小于	当数据项小于筛选条件时显示
小于或等于	当数据项小于或等于筛选条件时显示
开头是	当数据项以筛选条件开始时显示
开头不是	当数据项不以筛选条件开始时显示
结尾是	当数据项以筛选条件结尾时显示
结尾不是	当数据项不以筛选条件结尾时显示
包含	当数据项内含筛选条件时显示
不包含	当数据项内不含筛选条件时显示

> **提示**
>
> 以下通配符可以用作筛选的比较条件。
> (1)？（问号）：任何单个字符；
> (2)＊（星号）：任何多个字符。

9.2.2　高级筛选

当用户需要按照指定的多个条件筛选数据时，可以使用 Excel 中的高级筛选功能。在进行高级筛选之前，还需要按照系统对数据筛选的规律制作筛选条件区域。

1．制作筛选条件

一般情况下，为了清晰地查看工作表中的筛选条件，需要在表格的上方或下方制作筛选条件和筛选结果区域。

续表

提示

在制作筛选条件区域时，其列标题必须与需要筛选的表格数据的列标题一致。

选 项	说 明
将筛选结果复制到其他位置	筛选后的结果将显示在其他单元格区域，与原表单并存，但需要指定单元格区域
列表区域	要进行筛选的单元格区域
条件区域	包含指定筛选数据条件的单元格区域
复制到	放置筛选结果的单元格区域
选择不重复的记录	启用该选项，将取消筛选结果中的重复值

2．设置筛选参数

执行【排序和筛选】|【高级】命令，在弹出的【高级筛选】对话框中，选中【将筛选结果复制到其他位置】选项，并设置【列表区域】、【条件区域】和【复制到】选项。

在【高级筛选】对话框中，主要包括下列表格中的一些选项。

选 项	说 明
在原有区域显示筛选结果	筛选结果显示在原数据清单位置，且原有数据区域被覆盖

3．显示筛选结果

在【高级筛选】对话框中，单击【确定】按钮之后，系统将自动在指定的筛选结果区域，显示筛选结果值。

	D	E	F	G	H	
30				筛选结果		
31	职务	入职时间	工作年限	基本工资	职位工资	工
32	经理	2005/1/1	10	￥1,300.00	￥1,500.00	￥1,
33	主管	2004/12/1	10	￥1,100.00	￥1,000.00	￥1,
34	经理	2006/2/1	9	￥800.00	￥1,500.00	￥
35	职员	2005/3/1	10	￥1,500.00	￥800.00	￥1,
36	经理	2004/6/1	11	￥1,200.00	￥1,500.00	￥1,
37	经理	2004/3/9	11	￥1,100.00	￥1,500.00	￥1,
38	主管	2008/4/2	7	￥800.00	￥1,000.00	￥

提示

在同一行输入两个条件进行筛选时，筛选的结果必须同时满足这两个条件；如果在不同行输入两个条件进行筛选，则筛选结果只需满足其中任意一个条件。

Office 9.3 分类汇总数据

分类汇总是数据处理的另一种重要工具，它可以在数据清单中轻松快速地汇总数据，用户可以通过分类汇总功能对数据进行统计汇总操作。

9.3.1 创建分类汇总

在 Excel 中，用户可以根据分析需求为数据创建分类汇总，并根据阅读需求展开或折叠汇总数据，以及复制汇总结果。

1．创建分类汇总

选择列中的任意单元格，执行【数据】|【排序和筛选】|【升序】或【降序】命令，排序数据。然后，执行【数据】|【分级显示】|【分类汇总】

命令。

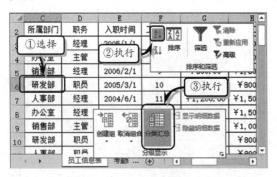

在弹出的【分类汇总】对话框中，将【分类字段】设置为"所属部门"。然后启用【选定汇总项】列表框中的【基本工资】选项。

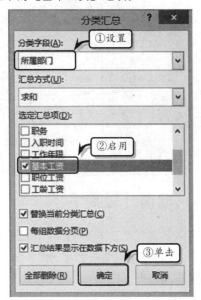

单击【确定】按钮之后，工作表中的数据将以部门为基准进行汇总计算。

2. 展开或折叠数据细节

在显示分类汇总结果的同时，分类汇总表的左侧自动显示一些分级显示按钮。

图标	名 称	功　　能
+	展开细节	单击此按钮可以显示分级显示信息
-	折叠细节	单击此按钮可以隐藏分级显示信息
1	级别	单击此按钮只显示总的汇总结果，即总计数据
2	级别	单击此按钮则显示部分数据及其汇总结果
3	级别	单击此按钮显示全部数据
|	级别条	单击此按钮可以隐藏分级显示信息

3. 复制汇总数据

首先，选择单元格区域，执行【开始】|【编辑】|【查找和选择】|【定位条件】命令。在弹出的【定位条件】对话框中，启用【可见单元格】选项，并单击【确定】按钮。

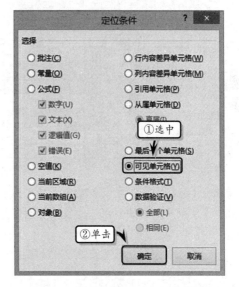

然后，右击执行【复制】命令，复制数据。

最后，选择需要复制的位置，右击执行【粘贴】|【粘贴】命令，粘贴汇总结果值。

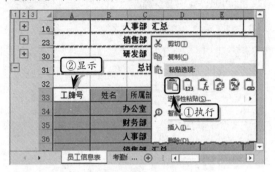

9.3.2 创建分级显示

在 Excel 中，用户还可以通过【创建组】功能分别创建行分级显示和列分级显示。

1．创建行分级显示

选择需要分级显示的单元格区域，执行【数据】|【分级显示】|【创建组】|【创建组】命令，在弹出的【创建组】对话框中选中【行】选项。

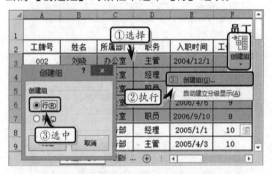

单击【确定】按钮后，系统会显示所创建的行分级。使用同样的方法，可以为其他行创建分级功能。

2．创建列分级显示

列分级显示与行分级显示的操作方法相同。选择需要创建的列，执行【分级显示】|【创建组】|【创建组】命令，在弹出的【创建组】对话框中，选中【列】选项。

此时，系统会自动显示所创建的行分级。使用同样的方法，可以为其他列创建分级功能。

9.3.3 取消分级显示

当用户不需要在工作表中显示分级显示时，可以通过以下两种方法清除所创建的分级显示，将工作表恢复到常态中。

1．命令法

执行【数据】|【分级显示】|【取消组合】|【清除分级显示】命令，来取消已设置的分类汇总效果。

2．对话框法

执行【数据】|【分类显示】|【分类汇总】命

令。在弹出的【分类汇总】对话框中单击【全部删除】按钮，即可取消已设置的分类汇总效果。

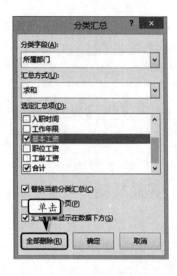

Office **9.4　使用条件格式**

条件格式可以凸显单元格中的一些规则，除此之外，条件格式中的数据条、色阶和图标集还可以区别显示数据的不同范围。

9.4.1　突出显示单元格规则

突出显示单元格规则是运用Excel中的条件格式，突出显示单元格中指定范围段的数据规则。

1．突出显示大于值

选择单元格区域，执行【开始】|【样式】|【条件格式】|【突出显示单元格规则】|【大于】命令。

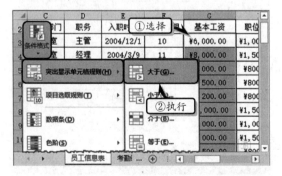

在弹出的【大于】对话框中，可以直接修改数值，或者单击文本框后面的【折叠】按钮选择单元格。同时，单击【设置为】下拉按钮，在其下拉列表中选择【绿填充色深绿色文本】选项。

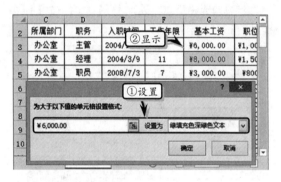

2．突出显示重复值

选择单元格区域，执行【开始】|【样式】|【条件格式】|【突出显示单元格规则】|【重复值】命令。

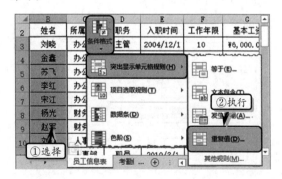

在弹出的【重复值】对话框中，单击【值】下拉按钮，选择【重复】选项。并单击【设置为】下

拉按钮，选择【黄填充色深黄色文本】选项。

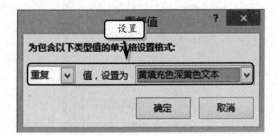

9.4.2 其他规则

在 Excel 中，除了突出显示单元格规则之外，还提供了项目选取规则来分析数据区域中的最大值、最小值与平均值。除此之外，系统还提供了数据条、图标集和色阶规则，便于用户以图形的方式显示数据集。

1．项目选取规则

选择单元格区域，执行【开始】|【样式】|【条件格式】|【项目选取规则】|【前 10 项】命令。

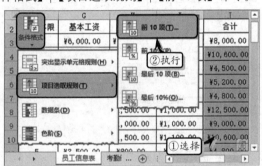

在弹出的【前 10 项】对话框中，设置最大项数以及单元格显示的格式。单击【确定】按钮，即可查看突出显示的单元格。

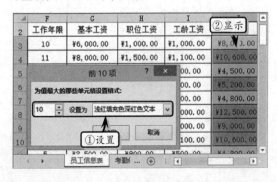

2．数据条

条件格式中的数据条是以不同的渐变颜色或填充颜色的条形形状，形象地显示数值的大小。

选择单元格区域，执行【开始】|【样式】|【条件格式】|【数据条】命令，并在级联菜单中选择相应的数据条样式。

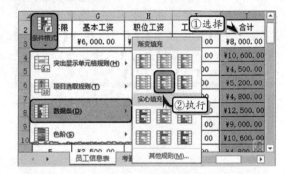

> **提示**
>
> 数据条可以方便用户查看单元格中数据的大小。因为带颜色的数据条的长度表示单元格中值的大小，数据条越长，则所表示的数值越大。

3．色阶

条件格式中的色阶，是以不同的颜色条显示不同区域段内的数据。

选择单元格区域，执行【样式】|【条件格式】|【色阶】命令，在级联菜单中选择相应的色阶样式。

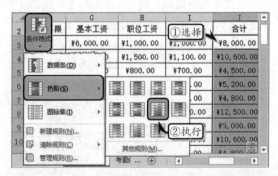

> **提示**
>
> 颜色刻度作为一种直观的指示，可以帮助用户了解数据分布和数据变化。双色刻度通过两种颜色的深浅程度来比较某个区域的单元格。颜色的深浅表示值的高低。

4．图标集

使用图标集可以对数据进行注释，并可以按阈值将数据分为 3～5 个类别，每个图标代表一个值的范围。

选择单元格区域，执行【开始】|【样式】|【条件格式】|【图标集】命令，并在级联菜单中选择相应的图标样式即可。

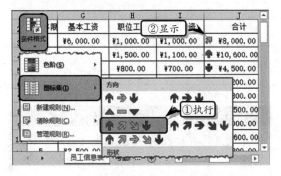

9.4.3 新建规则

规则是用户在条件格式查看数据、分析数据时的准则，主要用于筛选并突出显示所选单元格区域中的数据。

选择单元格区域，执行【开始】|【样式】|【条件格式】|【新建规则】命令。在弹出的【新建格式规则】对话框中，选择【选择规则类型】列表中的【基于各自值设置所有单元格的格式】选项，并在【编辑规则说明】栏中设置各项选项。

单击【确定】按钮，即可在工作表中使用红色和绿色，突出显示符合规则的单元格。

> **提示**
>
> 在【选择规则类型】列表框中，可以选择不同类型创建其规则。而创建的规则的样式与默认条件格式（如【突出显示单元格规则】、【项目选取规则】、【数据条】等）样式大同小异。

9.4.4 管理规则

当用户为单元格区域或表格应用条件规则之后，可以通过【管理规则】命令来编辑规则。或者，使用【清除规则】命令，单独删除某一个规则或整个工作表的规则。

1．编辑规则

执行【开始】|【样式】|【条件格式】|【管理规则】命令，在弹出的【条件格式规则管理器】对话框中，选择某个规则，单击【编辑规则】，即可对规则进行编辑操作。

> **提示**
>
> 在【条件格式规则管理器】对话框中，还可以新建规则和删除规则。

2．清除规则

选择包含条件规则的单元格区域，执行【开始】|【样式】|【条件格式】|【清除规则】|【清除所选单元格的规则】命令，即可清除单元格区域的条件格式。

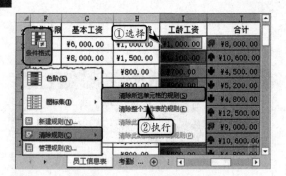
Office 9.5 使用数据验证

数据验证是指定向单元格中输入数据的权限范围，该功能可以避免数据输入中的重复、类型错误、小数位数过多等错误情况。

> **提示**
>
> 设置数据的有效性权限是($1 \leqslant A1 \leqslant 9$)的整数，当在 A1 单元格中输入权限范围以外的数据时，系统自动显示提示对话框。

9.5.1 设置数据验证

在 Excel 中，不仅可以使用【数据验证】功能设置序列列表，而且还可以设置整数、小数、日期和长数据样式，便于限制多种数据类型的输入。

2．设置序列类型

选择单元格或单元格区域，在【数据验证】对话框的【允许】列表中选择【序列】选项，并在【来源】文本框中设置数据来源。

1．设置整数或小数类型

选择单元格或单元格区域，执行【数据】|【数据工具】|【数据验证】|【数据验证】命令。在弹出的【数据验证】对话框中，选择【允许】列表中的【整数】或【小数】选项，并设置其相应的选项。

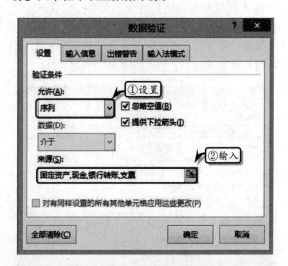

> **提示**
>
> 用户也可以在【允许】列表中选择【自定义】选项，通过在【来源】文本框中输入公式的方法，来达到高级限制数据的功效。

3．设置日期或时间类型

在【数据验证】对话框的【允许】列表中，选择【日期】或【时间】选项，并设置其相应的选项。

注意

如果指定设置数据验证的单元格中有空白单元格，启用【数据验证】对话框中的【忽略空值】复选框即可。

4．设置长数据样式

选择单元格或单元格区域，在【数据验证】对话框中，将【允许】设置为【文本长度】，【数据】设置为【等于】、【长度】设置为 13，即只能设置在单元格中输入长度为 13 位的数据。

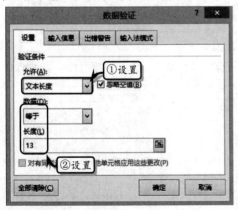

9.5.2　设置提示信息

在单元格区域中设置数据验证功能之后，当用户输入限制之外的数据时，系统会自动弹出提示信息，提示用户所需输入的数据类型。Excel 为用户提供了出错警告和输入信息两种提示方式。

1．设置出错警告

在【数据验证】对话框的【出错警告】选项卡中，设置在输入无效数据时系统所显示的警告样式与错误信息。

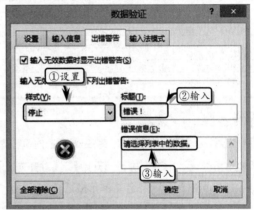

2．设置文本信息

在【数据验证】对话框的【输入信息】选项卡中，在【输入信息】文本框中输入需要显示的文本信息即可。

9.6 练习：制作销售明细表

电器批发商在每天的销售过程中，接触到大量的销售信息，并且要对这些数据进行统计和分析。在数据的统计分析中，分类汇总是经常使用的。在下面的销售明细账工作表中，按照产品编号完成分类汇总，计算每种产品的销量和金额。

<table>
<tr><td colspan="7" align="center">销售明细账工作表</td></tr>
<tr><td>日期</td><td>销售员</td><td>产品编号</td><td>产品类别</td><td>单价</td><td>数量</td><td>金额</td></tr>
<tr><td>2015/1/12</td><td>杨昆</td><td>C330</td><td>冰箱</td><td>5300</td><td>17</td><td>90100</td></tr>
<tr><td>2015/1/12 汇总</td><td></td><td></td><td></td><td></td><td></td><td>90100</td></tr>
<tr><td>2015/1/15</td><td>张建军</td><td>C330</td><td>冰箱</td><td>5300</td><td>12</td><td>63600</td></tr>
<tr><td>2015/1/15 汇总</td><td></td><td></td><td></td><td></td><td></td><td>63600</td></tr>
<tr><td>2015/1/18</td><td>魏骊</td><td>C330</td><td>冰箱</td><td>5300</td><td>17</td><td>90100</td></tr>
<tr><td>2015/1/18</td><td>杨昆</td><td>C330</td><td>冰箱</td><td>5300</td><td>18</td><td>95400</td></tr>
<tr><td>2015/1/18 汇总</td><td></td><td></td><td></td><td></td><td></td><td>185500</td></tr>
<tr><td></td><td></td><td>C330 汇总</td><td></td><td></td><td>64</td><td>339200</td></tr>
<tr><td>2015/1/14</td><td>仝明</td><td>C340</td><td>冰箱</td><td>5259</td><td>20</td><td>105180</td></tr>
<tr><td>2015/1/14 汇总</td><td></td><td></td><td></td><td></td><td></td><td></td></tr>
<tr><td>2015/1/15</td><td>闫辉</td><td>C340</td><td>冰箱</td><td>5259</td><td>4</td><td></td></tr>
<tr><td>2015/1/15 汇总</td><td></td><td></td><td></td><td></td><td></td><td></td></tr>
<tr><td>2015/1/18</td><td>杜云鹏</td><td>C340</td><td>冰箱</td><td>5259</td><td>12</td><td></td></tr>
<tr><td>2015/1/18 汇总</td><td></td><td></td><td></td><td></td><td></td><td></td></tr>
<tr><td></td><td></td><td>C340 汇总</td><td></td><td></td><td>76</td><td></td></tr>
</table>

练习要点
- 使用公式
- 排序数据
- 分类汇总
- 嵌套分类汇总

操作步骤 ▶▶▶▶

STEP|01 制作基础数据。新建 Excel 工作簿，选择单元格区域 A1:G1，执行【开始】|【对齐方式】|【合并后居中】命令，合并单元格区域。

STEP|02 在合并后的单元格中输入标题文本，并在【开始】选项卡【字体】选项组中，设置文本的字体格式。

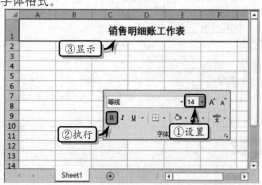

STEP|03 在工作表中输入基础数据，选择数据区域，执行【开始】|【对齐方式】|【居中】命令，设置数据区域的对齐方式。

STEP|04 同时，执行【开始】|【字体】|【边框】|【所有框线】命令，设置数据区域的边框格式。

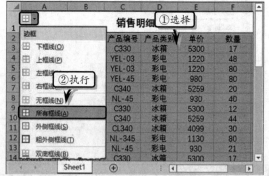

STEP|05 计算金额。选择单元格 G3，在【编辑】栏中输入计算公式，按 Enter 键显示计算结果。

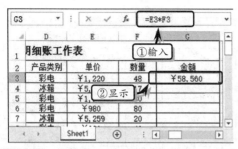

STEP|06 选择单元格区域 G3:G18，执行【开始】|【编辑】|【填充】|【向下】命令，向下填充公式。

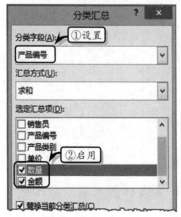

STEP|07 排序数据。选择单元格 C3，执行【开始】|【编辑】|【排序和筛选】|【升序】命令，排序数据。

STEP|08 分类汇总数据。执行【数据】|【分级显示】|【分类汇总】命令，将【分类字段】设置为【产品编号】，同时启用【数量】和【金额】复选框。

STEP|09 在【分类汇总】对话框中，单击【确定】按钮之后，系统将自动在工作表中显示汇总结果。

STEP|10 嵌套分类汇总。执行【分级显示】|【分类汇总】命令，将【分类字段】设置为【日期】，禁用【数量】复选框，同时禁用【替换当前分类汇总】复选框。

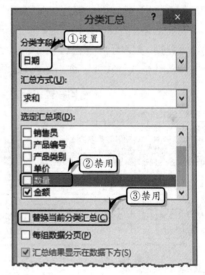

STEP|11 在【分类汇总】对话框中，单击【确定】按钮之后，系统将自动显示嵌套分类汇总结果。

STEP|12 取消分类汇总。最后，执行【数据】|【分级显示】|【取消组合】|【清除分级显示】命令，取消分类汇总。

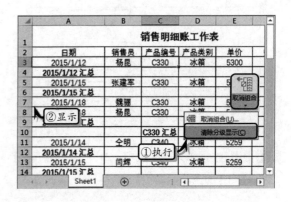

Office 9.7 练习：制作合同续签统计表

某企业的行政部门负责管理公司内除劳动合同之外的所有合同，在合同到期前一个月提醒相关部门续签合同。为了便于及时提醒相关部门续签合同，行政部门管理人员需要比较当前日期与合同终止日期，如两者之差小于 30 天就提醒相关部门准备续签合同；如果大于合同终止日期，则表示合同已过期。此时，用户可以通过使用 Excel 中的函数和条件格式等功能，突出显示过期和即将到期的合同。

练习要点

● 设置单元格格式
● 使用数据验证
● 使用条件格式
● 使用公式
● 嵌套函数

合同续签统计表

当前日期	2015/9/20		即将到期		2	已过期	2
序号	合同号	合同种类	签约单位	开始日期	终止日期	是否续签	
1	A211010	建筑工程	单位A	2014/12/1	2015/8/30		
2	A211011	建筑工程	单位B	2014/9/10	2015/9/9		
3	B211012	运输	单位A	2014/11/1	2015/10/31		
4	B211013	运输	单位C	2013/10/10	2015/9/30		
	B211014	运输	单位D	2014/4/1	2015/11/11		
	A211015	建筑工程	单位A	2014/1/1	2015/12/31		
	C211016	技术	单位B	2014/10/12	2015/9/26		

操作步骤 ▶▶▶▶

STEP|01 制作基础数据表。新建工作表，设置行高。然后合并单元格区域 B1:H1，输入标题文本并设置文本的字体格式。

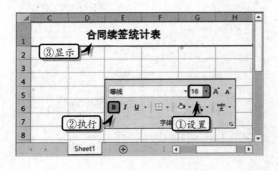

STEP|02 在表格中输入基础数据，并分别设置其字体格式、对齐和边框格式。

STEP|03 设置数据验证。选择单元格区域

D4:D10, 执行【数据】|【数据工具】|【数据验证】
|【数据验证】命令。

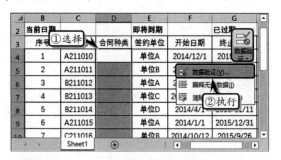

STEP|04 在弹出的【数据验证】对话框中, 将【允许】设置为【序列】, 在【来源】文本框中输入序列内容。

STEP|05 选择单元格区域 H4:H10, 执行【数据】
|【数据工具】|【数据验证】|【数据验证】命令。

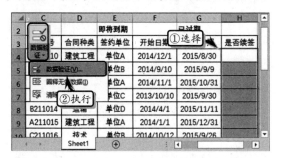

STEP|06 在弹出的【数据验证】对话框中, 将【允许】设置为【序列】, 在【来源】文本框中输入序列内容, 并单击【确定】按钮。

STEP|07 显示当前日期。选择单元格 C2, 在编辑栏中输入计算公式, 按 Enter 键返回当前日期。

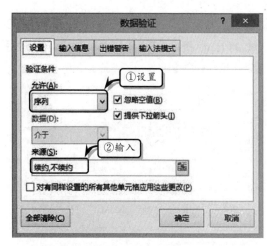

STEP|08 计算统计数据。选择单元格 F2, 在编辑栏中输入计算公式, 按 Ctrl+Shift+Enter 组合键, 返回即将到期的合同数目。

STEP|09 选择单元格 H2, 在编辑栏中输入计算公式, 按 Ctrl+Shift+Enter 组合键, 返回已过期的合同数目。

STEP|10 设置即将过期的条件格式。选择单元格区域 B4:H10，执行【开始】|【样式】|【条件格式】|【新建规则】命令。

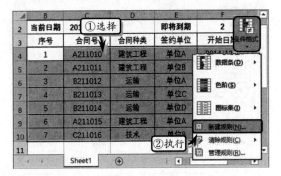

STEP|11 选择【使用公式确定要设置格式的单元格】选项，在【为符合此公式的值设置格式】文本框中输入格式公式，并单击【格式】按钮。

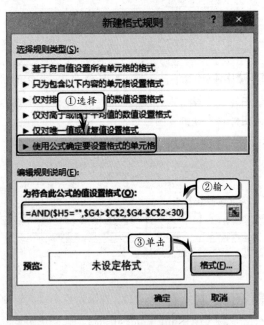

STEP|12 然后，在弹出的【设置单元格格式】对话框的【填充】选项卡中，选择【黄色】选项，并单击【确定】按钮。

STEP|13 设置已过期条件格式。再次执行【条件格式】|【新建规则】命令，选择【使用公式确定要设置格式的单元格】选项，在【为符合此公式的值设置格式】文本框中，输入格式公式并单击【格式】按钮。

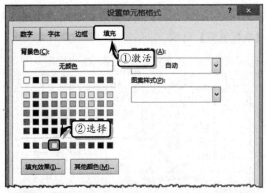

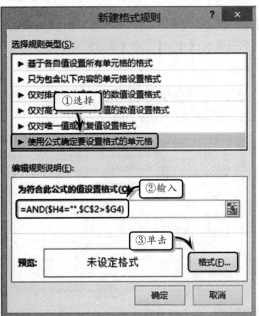

STEP|14 然后，在弹出的【设置单元格格式】对话框的【填充】选项卡中，选择【红色】选项，并单击【确定】按钮。

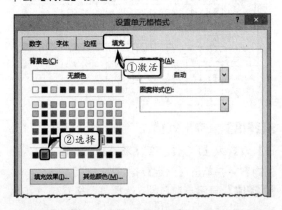

STEP|15 此时，单元格区域中将以黄色背景色显

示即将过期的合同数据，以红色背景色显示已过期的合同数据。

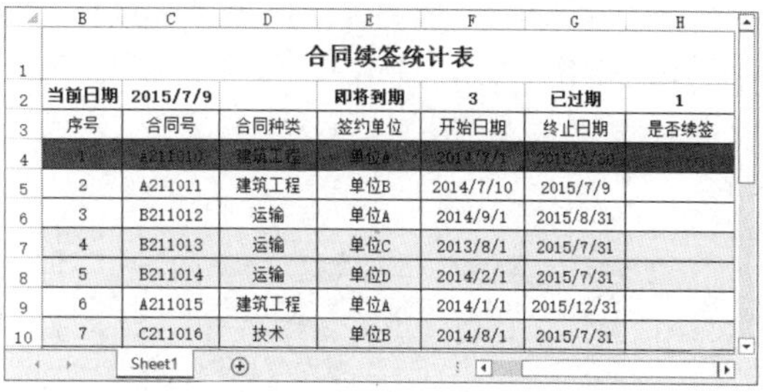

合同续签统计表						
当前日期	2015/7/9		即将到期	3	已过期	1
序号	合同号	合同种类	签约单位	开始日期	终止日期	是否续签
1	A211010	建筑工程	单位A	2014/7/1	2015/6/30	
2	A211011	建筑工程	单位B	2014/7/10	2015/7/9	
3	B211012	运输	单位A	2014/9/1	2015/8/31	
4	B211013	运输	单位C	2013/8/1	2015/7/31	
5	B211014	运输	单位D	2014/2/1	2015/7/31	
6	A211015	建筑工程	单位A	2014/1/1	2015/12/31	
7	C211016	技术	单位B	2014/8/1	2015/7/31	

9.8 新手训练营

练习 1：办公用品采购申请表

downloads\9\新手训练营\办公用品采购申请表

提示：本练习中，首先设置字体格式、段落与边框格式，然后，使用函数和求和公式计算总价和估计总价，最后设置单元格背景色。

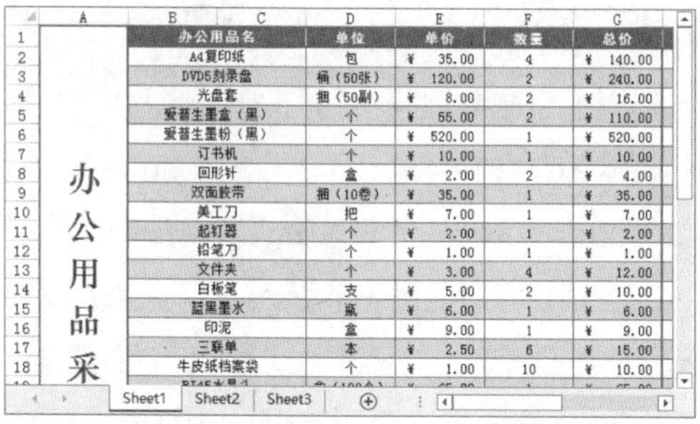

办公用品名	单位	单价	数量	总价
A4复印纸	包	¥ 35.00	4	¥ 140.00
DVD5刻录盘	桶（50张）	¥ 120.00	2	¥ 240.00
光盘套	捆（50副）	¥ 8.00	2	¥ 16.00
爱普生墨盒（黑）	个	¥ 55.00	2	¥ 110.00
爱普生墨粉（黑）	个	¥ 520.00	1	¥ 520.00
订书机	个	¥ 10.00	1	¥ 10.00
回形针	盒	¥ 2.00	2	¥ 4.00
双面胶带	捆（10卷）	¥ 35.00	1	¥ 35.00
美工刀	把	¥ 7.00	1	¥ 7.00
起钉器	个	¥ 2.00	1	¥ 2.00
铅笔刀	个	¥ 1.00	1	¥ 1.00
文件夹	个	¥ 3.00	4	¥ 12.00
白板笔	支	¥ 5.00	2	¥ 10.00
蓝黑墨水	瓶	¥ 6.00	1	¥ 6.00
印泥	盒	¥ 9.00	1	¥ 9.00
三联单	本	¥ 2.50	6	¥ 15.00
牛皮纸档案袋	个	¥ 1.00	10	¥ 10.00

练习 2：比赛评分表

downloads\9\新手训练营\比赛评分表

提示：本练习中，首先设置字体格式、段落与边框格式，然后使用函数计算最终得分和名次以及运用条件格式功能，最后设置单元格背景色。

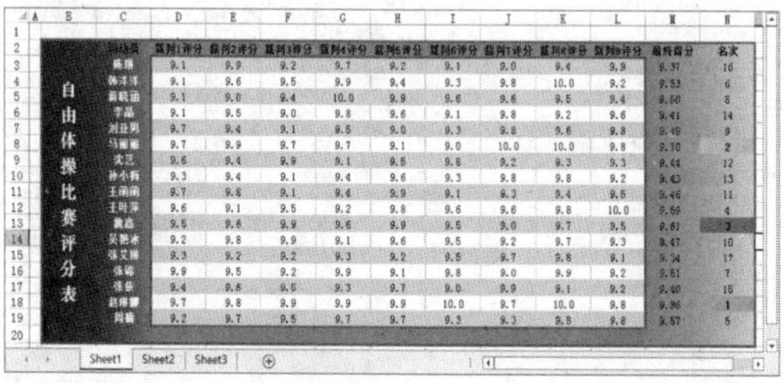

练习 3：访客登记表

downloads\9\新手训练营\访客登记表

提示：本练习中，首先设置字体格式、段落格式与填充背景色等，制作访客登记表。然后运用条件格式功能，显示不同时间段内的访客信息。

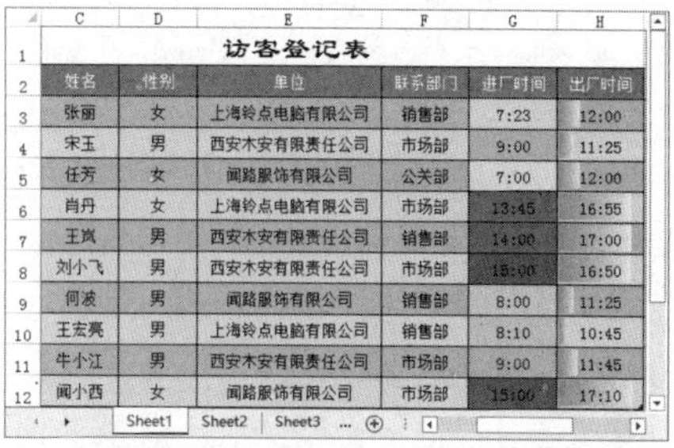

姓名	性别	单位	联系部门	进厂时间	出厂时间
张丽	女	上海铃点电脑有限公司	销售部	7:23	12:00
宋玉	男	西安木安有限责任公司	市场部	9:00	11:25
任芳	女	闻路服饰有限公司	公关部	7:00	12:00
肖丹	女	上海铃点电脑有限公司	市场部	13:45	16:55
王岚	男	西安木安有限责任公司	销售部	14:00	17:00
刘小飞	男	西安木安有限责任公司	市场部	15:00	16:50
何波	男	闻路服饰有限公司	销售部	8:00	11:25
王宏亮	男	上海铃点电脑有限公司	销售部	8:10	10:45
牛小江	男	西安木安有限责任公司	市场部	9:00	11:45
闻小西	女	闻路服饰有限公司	市场部	15:00	17:10

练习 4：业绩考核表

downloads\9\新手训练营\业绩考核表

提示：本练习中，首先设置字体格式、段落与边框格式。然后运用高级筛选数据的功能。最后设置表格样式。

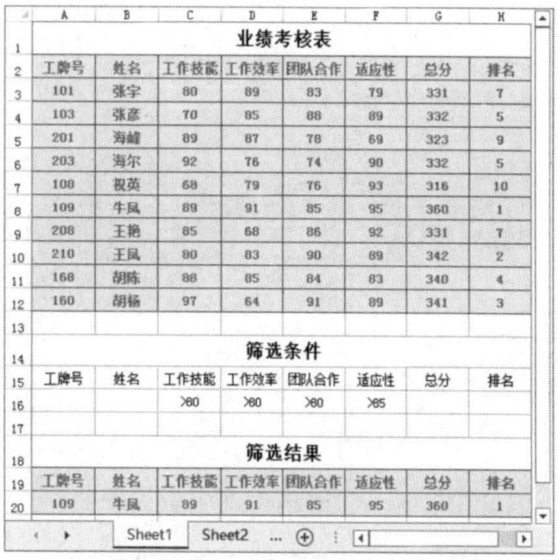

工牌号	姓名	工作技能	工作效率	团队合作	适应性	总分	排名
101	张宇	80	89	83	79	331	7
103	张彦	70	85	88	89	332	5
201	海峰	89	87	78	69	323	9
203	海尔	92	76	74	90	332	5
108	祝英	68	79	76	93	316	10
109	牛凤	89	91	85	95	360	1
208	王艳	85	68	86	92	331	7
210	王凤	80	83	90	89	342	2
168	胡陈	88	85	84	83	340	4
160	胡杨	97	64	91	89	341	3

筛选条件

工牌号	姓名	工作技能	工作效率	团队合作	适应性	总分	排名
		>80	>80	>80	>85		

筛选结果

工牌号	姓名	工作技能	工作效率	团队合作	适应性	总分	排名
109	牛凤	89	91	85	95	360	1

练习 5：股票价格指数表

downloads\9\新手训练营\股票价格指数表

提示：本练习中，首先运用 Excel 中的设置字体格式与段落等基础操作，制作基本表格。然后运用套用表格样式，美化表格。最后运用条件格式突出显示数据。

国家	1月份	2月份	3月份	4月份	5月份	6月份
意大利亚	180.2	182	187.1	192.4	197	195.8
奥地利	354.9	371	358.1	380.5	377	303.5
比利时	169.5	172.1	167.9	176.4	166.3	177.4
加拿大	135.7	135.8	137	139.6	146.3	144.7
美国	134.2	137.3	134	140.4	144.3	145.4
丹麦	176.9	185	177.7	186.5	192.6	193
芬兰	65.1	68.9	67.9	73	74.2	76.6
法国	99.9	101.9	98.8	104.8	108.2	107.5
德国	92.5	91.7	95.1	100.6	105.1	106.3
希腊	110.7	105.8	109.1	111.4	116.8	113.8
匈牙利	275.4	274.5	284.6	283.6	296.4	311

Sheet1　Sheet2　Sheet3

练习 6：库存管理表

downloads\9\新手训练营\库存管理表

提示：本练习中，首先运用设置字体格式、段落格式与边框格式，制作基础表格。然后运用数字格式功能设置数字的货币格式，并运用简单公式计算本期结存金额。最后运用条件格式中的图标集显示数据。

库存统计表

商品编码	商品名称	上期结存		本期收入		本期发出		本期结存	
		数量	金额	数量	金额	数量	金额	数量	金额
1111	五粮液	15	￥28,500.00	16	￥32,000.00	20	￥40,000.00	11	￥20,500.00
1112	茅台	15	￥27,300.00	15	￥27,000.00	24	￥43,200.00	6	￥11,100.00
1121	长城	15	￥16,500.00	10	￥12,000.00	9	￥9,600.00	17	￥18,900.00
1123	王朝	20	￥20,000.00	9	￥9,900.00	9	￥9,900.00	20	￥20,000.00
2211	百事可乐(听)	25	￥14,500.00	8	￥4,608.00	8	￥4,608.00	25	￥14,500.00
2212	百事可乐(瓶)	5	￥2,800.00	12	￥10,368.00	14	￥12,096.00	3	￥1,072.00
1117	小糊涂仙	10	￥8,100.00	13	￥10,400.00	13	￥10,400.00	7	￥5,700.00
1116	迎驾贡酒	8	￥8,000.00	10	￥10,000.00	9	￥9,000.00	9	￥9,000.00
1122	徐福	20	￥30,000.00	10	￥15,000.00	8	￥12,000.00	22	￥33,000.00
1113	金六福(五星)	5	￥9,000.00	10	￥18,000.00	12	￥21,600.00	3	￥5,400.00

库存统计表

练习 7：学生成绩表

downloads\9\新手训练营\学生成绩表

提示：本练习中，首先设置字体格式、段落与边框格式、单元格背景色，然后插入图片，最后设置工作表背景图片。

大学计算机系10412班下半学期期末成绩表

计算机应用	C++语言	大学英语	数据
72.00	90.00	80.00	84.00
75.00	72.00	64.00	71.00
65.00	90.00	85.00	81.00
78.00	75.00	58.00	87.00
90.00	78.00	65.00	71.00
70.00	77.00	71.00	57.00
85.00	79.00	64.00	75.00
61.00	64.00	64.00	73.00
62.00	58.00	74.00	76.00
68.00	85.00	62.00	79.00
76.00	83.00	83.00	63.00
80.00	58.00	58.00	69.00
79.00	79.00	77.00	56.00
68.00	67.00	71.00	67.00
74.00	67.00	65.00	65.00
59.00	66.00	81.00	71.00
85.00	75.00	79.00	72.00
67.00	55.00	60.00	56.00

Sheet1　Sheet2　Sheet...

练习 8：多范围的下拉列表

downloads\9\新手训练营\多范围的下拉列表

提示：本练习中，首先运用 Excel 中的设置字体格式、段落与边框格式，制作基础表格。然后运用数据有效性中的自定义序列与 "=OFFSET(汉字,,\$C\$2-1)" 公式，制作多范围的下拉列表。

	序列样式		
表示数字	1	2	3
序列类别	汉字	日期	数字
序列值	甲	A	1
	乙	B	2
	丙	C	3
	丁	D	4
	戊	E	5
	己	F	6
	庚	G	7
	辛	H	8
	壬	I	9

Sheet1　Sheet2

练习 9：漂亮的背景色

downloads\9\新手训练营\漂亮的背景色

提示：本练习中，首先在工作表中输入基础数据，并设置数据的对齐格式。然后选择单元格区域 B2:K31，再执行【条件格式】|【新建规则】命令。选择【使用公式确定要设置格式的单元格】选项，并在【为符合此公式的值设置格式】文本框中输入公式，随后设置条件规则的格式。最后，使用同样的方法，新建另外一种条件规则。

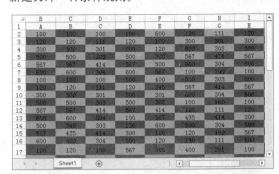

第 **10** 章

使 用 图 表

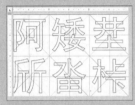   

　　Excel 具有强大的数据整理和分析功能，而图表则是众多分析工具中最为常用的工具之一，它可以图形化数据，清楚地体现数据之间的各种关系。除此之外，运用 Excel 中内置的一些图表辅助功能，还可以帮助用户轻松地创建具有专业水准的图表，更加直观地将工作表中的数据表现出来，使数据层次分明、条理清楚、易于理解。本章将详细介绍使用图表的基础知识，并通过制作一些简单的图表练习，使用户掌握对图表数据的编辑和图表格式的设置。

10.1 创建图表

图表是一种生动地描述数据的方式，可以将表中的数据转换为各种图形信息，方便用户对数据进行观察。

10.1.1 图表概述

在 Excel 中，可以使用单元格区域中的数据，创建自己所需的图表。工作表中的每一个单元格数据在图表中都有与其相对应的数据点。

1. 图表布局概述

图表主要由图表区域及区域中的图表对象（例如标题、图例、垂直（值）轴、水平（分类）轴）组成。下面，以柱形图为例介绍图表的各个组成部分。

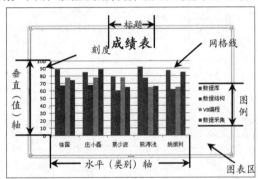

2. Excel 图表类型

Excel 为用户提供了多种图表类型，每种图表类型又包含若干个子图表类型。用户在创建图表时，只需选择系统提供的图表即可方便、快捷地创建图表。Excel 中的具体图表类型如下表所述。

柱形图	柱形图是 Excel 默认的图表类型，用长条显示数据点的值，柱形图用于显示一段时间内的数据变化或者显示各项之间的比较情况
条形图	条形图类似于柱形图，适用于显示在相等时间间隔下数据的趋势
折线图	折线图是将同一系列的数据在图中表示成点并用直线连接起来，适用于显示某段时间内数据的变化及其变化趋势
饼图	饼图是把一个圆面划分为若干个扇形面，每个扇面代表一项数据值

续表

面积图	面积图是将每一系列数据用直线段连接起来并将每条线以下的区域用不同颜色填充。面积图强调幅度随时间的变化，通过显示所绘数据的总和，说明部分和整体的关系
XY 散点图	XY 散点图用于比较几个数据系列中的数值，或者将两组数值显示为 XY 坐标系中的一个系列
股价图	以特定顺序排列在工作表的列或行中的数据可以绘制到股价图中。股价图经常用来显示股价的波动。这种图表也可用于科学数据。例如，可以使用股价图来显示每天或每年温度的波动。必须按正确的顺序组织数据才能创建股价图
曲面图	曲面图在寻找两组数据之间的最佳组合时很有用。类似于拓扑图形，曲面图中的颜色和图案用来指示出同一取值范围内的区域
雷达图	雷达图由中心向四周辐射出多条数值坐标轴，每个分类都拥有自己的数值坐标轴，并由折线将同一系列中的值连接起来
树状图	使用树状图可以比较层级结构不同级别的值，以及可以以矩形显示层次结构级别中的比例，一般适用于按层次结构组织并具有较少类别的数据
旭日图	使用旭日图可以比较层级结构不同级别的值，以及可以以环形显示层次结构级别中的比例，一般适用于按层次结构组织并具有较多类别的数据
直方图	直方图用于显示按储料箱显示划分的数据的分布形态；而排列图则用于显示每个因素占总计值的相对比例，用于显示数据中最重要的因素
箱形图	箱形图用于显示一组数据中的变体，适用于多个以某种关系互相关联的数据集
瀑布图	瀑布图显示一系列正值和负值的累积影响，一般适用于具有流入和流出数据类型的财务数据
组合	组合类图表是在同一个图表中显示两种以上的图表类型，便于用户进行多样式数据分析

10.1.2 创建常用图表

常用图表包括日常工作中经常使用的单一图表和组合图表。其中，单一图表即一个图表中只显示一种图表类型，而组合图表则表示一个图表中显示两个以上的图表类型。

1．创建单一图表

选择数据区域，执行【插入】|【图表】|【插入柱形图或条形图】|【簇状柱形图】命令，即可在工作表中插入一个簇状柱形图。

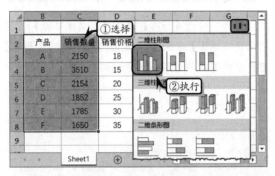

> **提示**
>
> 用户可以通过执行【插入】|【图表】|【插入柱形图】|【更多柱形图】命令，打开【插入图表】对话框，选择更多的图表类型。

另外，选择数据区域，执行【插入】|【图表】|【推荐的图表】命令，在弹出的【插入图表】对话框的【推荐的图表】选项卡中，选择图表类型，单击【确定】按钮即可。

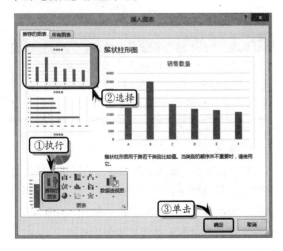

2．创建组合图表

Excel 提供了创建组合图表的功能，以帮助用户创建簇状柱形图-折线图、堆积面积图-簇状柱形图等组合图表。

选择数据区域，执行【插入】|【图表】|【推荐的图表】命令，激活【所有图表】选项卡，选择【组合】选项，并选择相应的图表类型。

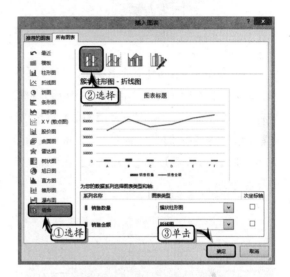

> **提示**
>
> 在【插入图表】对话框中，可通过选择【自定义组合】选项，自定义组合图表的图表类型和次坐标轴类型。

10.1.3 创建三维地图

Excel 2016 新增了具有颜色功能的三维地图功能，可以帮助用户在随时间可视化的三维地图上查看地理数据，并且可以以动画方式呈现随时间变化的地理数据。除此之外，用户还可以将三维地图创建为视频并加以保存。

1．启动三维地图

对于第一次使用三维地图的用户，需要执行【插入】|【演示】|【三维地图】|【打开三维地图】命令。此时，系统会自动打开三维地图工作簿，并显示相应的命令和内容。

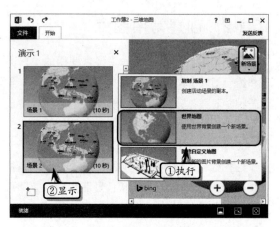

三维地图有点类似于数据透视图，启动之后用户会发现在界面的左侧将显示【演示编辑器】窗格，中间部分为主窗格，而右侧显示【图层】窗格。

用户可在【视图】选项组中，通过执行【演示编辑器】、【图层窗格】和【字段列表】命令，显示或隐藏上述部件。

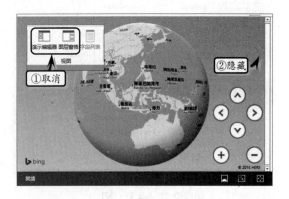

另外，执行【开始】|【场景】|【新场景】|【新建自定义地图】命令，在弹出的【自定义地图选项】窗格中设置相应选项，单击【应用】按钮即可。

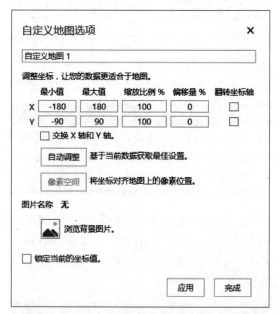

2．设置新场景

Excel 为用户提供了活动场景的副本、世界地图或自定义背景 3 种类型的地图场景。用户只需根据设计需求，执行【开始】|【场景】|【新场景】|【世界地图】命令，即可创建一个世界地图场景。

技巧

创建新场景之后，可在【演示编辑器】窗格中，单击场景右下角中的【删除所选场景】按钮，删除当前场景。

提示

创建场景之后，可以在主界面中，通过单击【向左旋转】、【向右旋转】、【向上倾斜】和【向下倾斜】按钮来调整场景方向。

3．设置主题

Excel 内置了场景主题功能，通过该功能可以使演示更具个性化和更专业的外观。每个场景可以具有不同的主题，而每个主题又有不同的颜色，而部分主题甚至具有地球卫星图像。

执行【开始】|【场景】|【主题】命令，在其级联菜单中选择相应的主体即可。

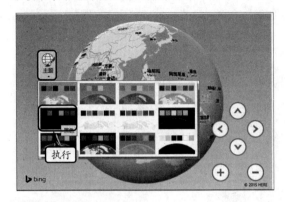

4．设置场景选项

对于新创建的场景，为了使其更具有演示效果，还需要设置场景中的一些选项。

执行【开始】|【场景】|【场景选项】命令，在弹出的【场景选项】窗格中，设置各选项即可。

其中，【场景选项】窗格主要包括下列一些选项。

（1）场景持续时间（秒）：用于设置场景在演示过程中所持续的时间。

（2）场景名称：用于设置场景的名称。

（3）切换持续时间：用于设置场景演示过程中所呈现出来的切换效果的持续时间，其单位为"秒"。

（4）效果：用于设置场景演示过程中的具体切换效果，包括圆形、滑动、飞过等6种效果。

（5）更改：单击该按钮，可在弹出的【更改地图类型】窗格中，选择所需更改的地图类型。

5．设置地图

Excel不仅为用户内置了平面地图和三维地图功能，而且还提供了查找具体位置和自定义区域等功能，以帮助用户更好地使用三维地图这一新功能。

执行【开始】|【地图】|【平面地图】命令，即可将地图转换为平面样式。而再次执行【平面地图】命令，则可以取消平面样式，返回到三维状态。

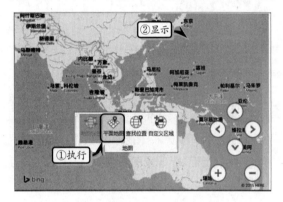

执行【开始】|【地图】|【查找位置】命令，在弹出的【查找位置】窗格中，输入所需查找的位置，单击【查找】按钮，便可在地图中显示所查找的内容。

> **提示**
>
> 用户还可以通过执行【开始】|【地图】|【自定义区域】命令，在弹出的【管理自定义区域集】窗格中，导入或替换区域集。

6. 添加图层

对于三维地图场景，用户可通过【添加图层】功能，向所选场景中添加另一数据层，以便在地图中承载更多数据。

执行【开始】|【视图】|【图层窗格】命令，打开【图层】窗格。在该窗格中，单击【添加图层】按钮，即可添加一新图层。

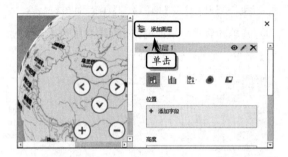

此时，系统会自动折叠原来的"图层 1"图层，展开新增加的"图层 2"图层。在该图层中，用户可以根据设计需求，设置图层数据、筛选器和图层选项等选项。

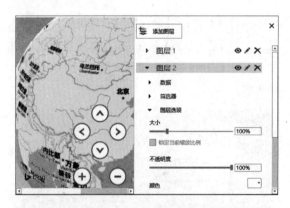

提示

创建三维地图之后，在工作表中将显示一个图形形状，提示用户该工作表中包含三维地图演示。

10.1.4 创建迷你图表

迷你图图表是放在单个单元格中的小型图，每个迷你图代表所选内容中的一行或一列数据。

1. 生成迷你图

选择数据区域，执行【插入】|【迷你图】|【折线图】命令，在弹出的【创建迷你图】对话框中，设置数据范围和放置位置。

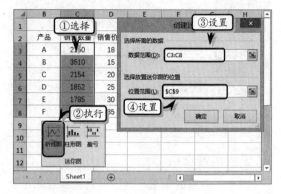

2. 更改迷你图的类型

选择迷你图所在的单元格，执行【迷你图工具】|【设计】|【类型】|【柱形图】命令，即可将当前的迷你图类型更改为柱形图。

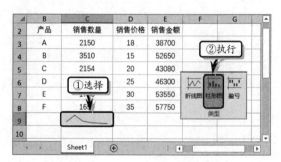

3. 设置迷你图的样式

选择迷你图所在的单元格，执行【迷你图工具】|【样式】|【其他】命令，在展开的级联菜单中，选择一种样式。

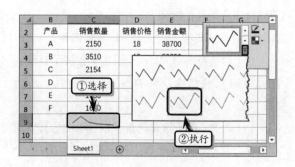

另外，选择迷你图所在的单元格，执行【迷你图工具】|【样式】|【迷你图颜色】命令，在其级联菜单中选择一种颜色，即可更改迷你图的线条颜色。

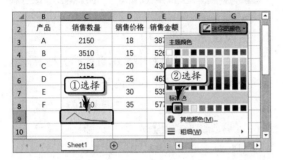

除此之外，用户还可以设置迷你图中各个标记的颜色。选择迷你图所在的单元格，执行【迷你图工具】|【样式】|【标记颜色】命令，在其级联菜单中选择标记类型，并设置其显示颜色。

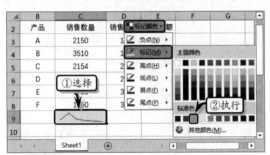

> **提示**
>
> 用户可通过启用【设计】选项卡【显示】选项组中的各项复选框，为迷你图添加相应的标记点。

4．组合迷你图

选择包含迷你图的单元格区域，执行【迷你图工具】|【分组】|【组合】命令，即可组合迷你图。

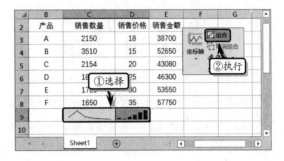

Office

10.2　编辑图表

在工作表中创建图表之后，为了达到详细分析图表数据的目的，还需要对图表进行一系列的编辑操作。

10.2.1　调整图表

调整图表是通过调整图表的位置、大小与类型等编辑图表的操作，来使图表符合工作表的布局与数据要求。

1．移动图表

选择图表，移动鼠标至图表边框或空白处，当鼠标变为"四向箭头"时，拖动鼠标即可。

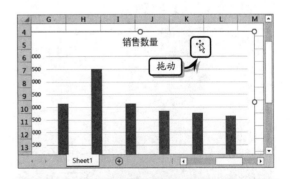

> **注意**
>
> 将鼠标放置在坐标轴、图例或绘图区等区域拖动时，只拖动所选区域，而不是整个图表。

2．调整图表的大小

选择图表，将鼠标移至图表四周边框的控制点上，当鼠标变为"双向箭头"↖↘时，拖动鼠标调整大小。

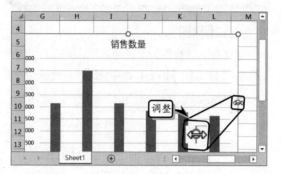

选择图表，在【格式】选项卡【大小】选项组中，输入图表的【高度】与【宽度】值，即可调整图表的大小。

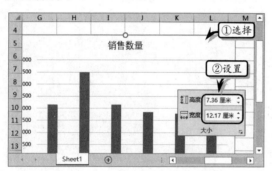

除此之外，用户还可以单击【格式】选项卡【大小】选项组中的【对话框启动器】按钮，在弹出的【设置图表区格式】窗格中的【大小】选项组中，设置图片的【高度】与【宽度】值。

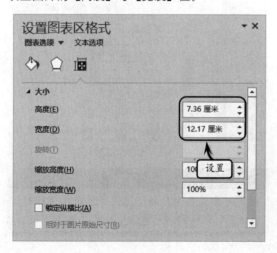

3．更改图表类型

更改图表类型是将图表由当前的类型更改为另外的类型，通常用于多方位分析数据。

选择图表，执行【图表工具】|【设计】|【类型】|【更改图表类型】命令，在弹出的【更改图表类型】对话框中选择一种图表类型。

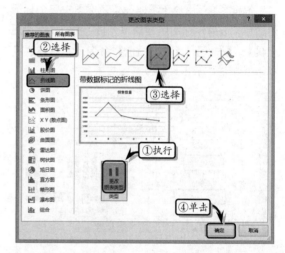

4．调整图表的位置

默认情况下，在 Excel 中创建的图表均以嵌入图表方式置于工作表中。如果用户希望将图表放在单独的工作表中，则可以更改其位置。

选择图表，执行【图表工具】|【设计】|【位置】|【移动图表】命令，弹出【移动图表】对话框，选择图表的位置即可。

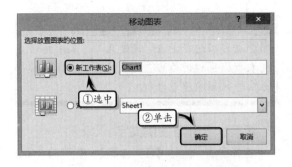

用户还可以将插入的图表移动至其他的工作表中。在【移动图表】对话框中，选中【对象位于】选项，并单击其后的下拉按钮，在其下拉列表中选择所需选项，即可移动至所选的工作表中。

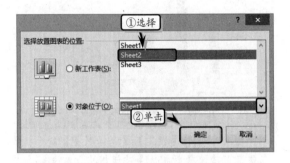

10.2.2 编辑图表数据

创建图表之后，为了达到详细分析图表数据的目的，用户还需要对图表中的数据进行选择、添加与删除操作，以满足分析各类数据的要求。

1. 编辑现有数据

选择图表，此时系统会自动选定图表的数据区域。将鼠标置于数据区域边框的右下角，当光标变成"双向"箭头时，拖动数据区域即可编辑现有的图表数据。

选择图表，执行【图表工具】|【设计】|【数据】|【选择数据】命令，在弹出的【选择数据源】对话框中，单击【图表数据区域】右侧的折叠按钮，

并在 Excel 工作表中重新选择数据区域。

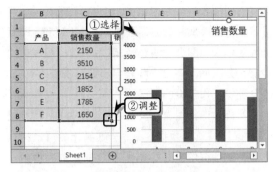

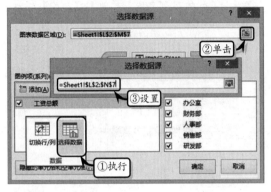

2. 添加数据区域

选择图表，执行【图表工具】|【设计】|【数据】|【选择数据】命令，单击【添加】按钮。在【编辑数据系列】对话框中，分别设置【系列名称】和【系列值】选项。

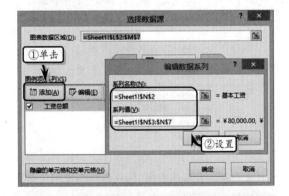

3．删除数据区域

对于图表中多余的数据，也可以进行删除。选择表格中需要删除的数据区域，按 Delete 键，即可删除工作表和图表中的数据。若用户选择图表中的数据，按 Delete 键，此时，只会删除图表中的数据，不会删除工作表中的数据。

另外，选择图表，执行【图表工具】|【设计】|【数据】|【选择数据】命令，在弹出的【选择数据源】对话框中的【图例项（系列）】列表框中，选择需要删除的系列名称，并单击【删除】按钮。

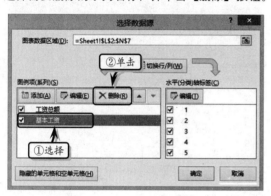

> **技巧**
>
> 用户也可以选择图表，通过在工作表中拖动图表数据区域的边框，更改图表数据区域的方法，来删除图表数据。

4．切换水平轴与图例文字

选择图表，执行【图表工具】|【设计】|【数据】|【切换行/列】命令，即可切换图表中的类别轴和图例项。

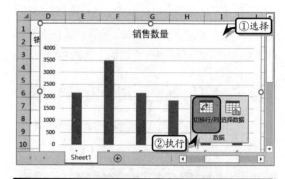

> **技巧**
>
> 用户也可以执行【数据】|【选择数据】命令，在弹出的【选择数据源】对话框中，单击【切换行/列】按钮。

10.3 设置布局和样式

创建图表之后，为达到美化图表的目的以及增加图表的整体表现力，也为了使图表更符合数据类型，还需要设置图表的布局和样式。

10.3.1 设置图表布局

在 Excel 中，用户不仅可以使用内置的图表布局样式来更改图表的布局，而且还可以使用自定义布局功能，自定义图标的布局样式。

1．使用预定义图表布局

用户可以使用 Excel 提供的内置图表布局样式来设置图表布局。

选择图表，执行【图表工具】|【设计】|【图表布局】|【快速布局】命令，在其级联菜单中选择相应的布局。

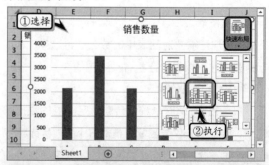

> **注意**
>
> 在【快速布局】级联菜单中，其具体布局样式并不是一成不变的，它会根据图表类型的更改而自动更改。

2．自定义图表标题

自定义图标标题是设置图表标题的显示位置，以及显示或隐藏图表标题。

选择图表，执行【图表工具】|【设计】|【图表布局】|【添加图表元素】|【图表标题】命令，在其级联菜单中选择相应的选项即可。

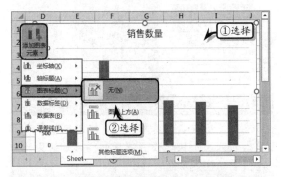

3．自定义数据表

自定义数据表是在图表中显示包含图例和项表示，以及无图例和标示的数据表。

选择图表，执行【图表工具】|【设计】|【图表布局】|【添加图表元素】|【数据表】命令，在其级联菜单中选择相应的选项即可。

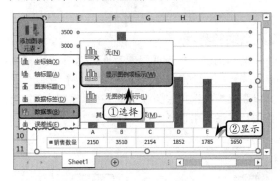

4．自定义数据标签

自定义数据标签是在图表中显示或隐藏数据系列标签，以及设置数据标签的显示位置。

选择图表，执行【图表工具】|【设计】|【图表布局】|【添加图表元素】|【数据标签】命令，

在其级联菜单中选择相应的选项即可。

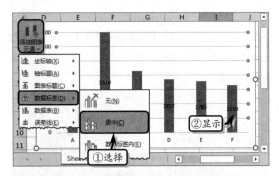

5．自定义坐标轴

默认情况下，系统在图标中显示了坐标轴，此时用户可以通过自定义坐标轴功能，来隐藏图表中的坐标轴。

选择图表，执行【图表工具】|【设计】|【图表布局】|【添加图表元素】|【坐标轴】命令，在其级联菜单中选择相应的选项即可。

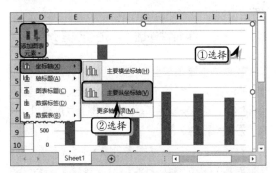

10.3.2 设置图表样式

图表样式主要包括图表中对象区域的颜色属性。Excel 也内置了一些图表样式，允许用户快速

对其进行应用。

1. 应用快速样式

选择图表，执行【图表工具】|【设计】|【图表样式】|【快速样式】命令，在下拉列表中选择相应的样式即可。

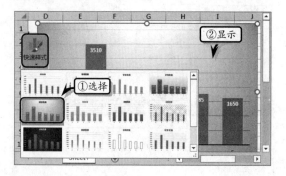

2. 更改图表颜色

执行【图表工具】|【设计】|【图表样式】|【更

改颜色】命令，在其级联菜单中选择一种颜色类型，即可更改图表的主题颜色。

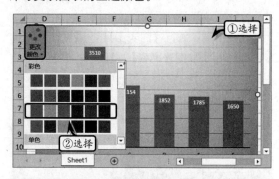

技巧

用户也可以单击图表右侧的 ✐ 按钮，即可在弹出的列表中快速设置图表的样式，以及更改图表的主题颜色。

10.4　添加分析线

分析线是在图表中显示数据趋势的一种辅助工具，它只适用于部分图表，包括误差线、趋势线、线条和涨/跌柱线。

10.4.1　添加趋势线和误差线

误差线主要用来显示图表中每个数据点或数据标记的潜在误差值，每个数据点可以显示一个误差线。而趋势线主要用来显示各系列中数据的发展趋势。

1. 添加误差线

选择图表，执行【图表工具】|【设计】|【图表布局】|【添加图表元素】|【误差线】命令，在其级联菜单中选择误差线类型即可。

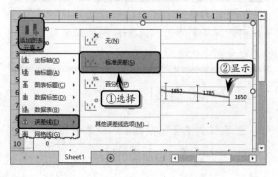

其各类型的误差线含义如下：

类　型	含　义
标准误差	显示使用标准误差的图表系列误差线
百分比	显示包含5%值的图表系列的误差线
标准偏差	显示包含1个标准偏差的图表系列的误差线

2. 添加趋势线

选择图表，执行【图表工具】|【设计】|【图表布局】|【添加图表元素】|【趋势线】命令，在其级联菜单中选择趋势线类型，在弹出的【添加趋势线】对话框中选择数据系列即可。

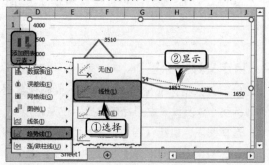

其他类型的趋势线的含义如下：

类 型	含 义
线性	为选择的图表数据系列添加线性趋势线
指数	为选择的图表数据系列添加指数趋势线
线性预测	为选择的图表数据系列添加两个周期预测的线性趋势线
移动平均	为选择的图表数据系列添加双周期移动平均趋势线

提示

在 Excel 中，不能在三维图表、堆积型图表、雷达图、饼图与圆环图中添加趋势线

10.4.2 添加线条和涨/跌柱线

线条主要包括垂直线和高低点线，而涨/跌柱线是具有两个以上数据系列的折线图中的条形柱，可以清晰地指明初始数据系列和终止数据系列中数据点之间的差别。

1．添加线条

选择图表，执行【图表工具】|【设计】|【图表布局】|【添加图表元素】|【线调】命令，在其级联菜单中选择线条类型。

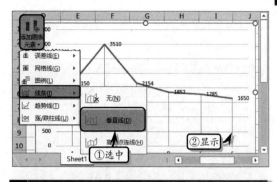

注意

用户为图表添加线条之后，可执行【添加图表元素】|【线条】|【无】命令，取消已添加的线条。

2．添加涨/跌柱线

选择图表，执行【图表工具】|【设计】|【图表布局】|【添加图表元素】|【涨/跌柱线】|【涨/跌柱线】命令，即可为图表添加涨/跌柱线。

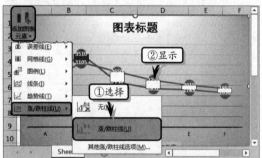

技巧

用户也可以单击图表右侧的 + 按钮，即可在弹出的列表中快速添加图表元素。

Office 10.5 设置图表格式

在 Excel 中，除了通过添加分析线和自定义图表布局等方法来美化和分析图表数据之外，还可以通过设置图表的边框颜色、填充颜色、三维格式与旋转格式等编辑操作，达到美化图表的目的。

10.5.1 设置图表区格式

设置图表区格式是通过设置图表区的边框颜色、边框样式、三维格式与旋转等操作，来美化图表区。

1．设置填充效果

选择图表，执行【图表工具】|【格式】|【当前所选内容】|【图表元素】命令，在其下拉列表中选择【图表区】选项。然后，执行【设置所选项内容格式】命令，在弹出的【设置图表区格式】窗

格的【填充】选项组中，选择一种填充效果，并设置相应的选项。

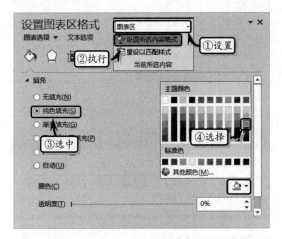

【填充】选项组中主要包括 6 种填充方式，其具体情况如下表所示。

选项	子选项	说明
无填充		不设置填充效果
纯色填充	颜色	设置一种填充颜色
	透明度	设置填充颜色透明状态
渐变填充	预设渐变	用来设置渐变颜色，共包含 30 种渐变颜色
	类型	颜色渐变的类型，包括线性、射线、矩形与路径
	方向	颜色渐变的方向，包括线性对角、线性向下、线性向左等 8 种方向
	角度	渐变颜色的角度，其值介于 $1 \sim 360°$ 之间
	渐变光圈	可以设置渐变光圈的结束位置、颜色与透明度
图片或纹理填充	纹理	用来设置纹理类型，一共包括 25 种纹理样式
	插入图片来自	可以插入来自文件、剪贴板与剪贴画中的图片
	将图片平铺为纹理	纹理的显示类型，选择该选项则显示【平铺选项】，禁用该选项则显示【伸展选项】
	伸展选项	主要用来设置纹理的偏移量
	平铺选项	主要用来设置纹理的偏移量、对齐方式与镜像类型
	透明度	用来设置纹理填充的透明状态

续表

选项	子选项	说明
图案填充	图案	用来设置图案的类型，一共包括 48 种类型
	前景	主要用来设置图案填充的前景颜色
	背景	主要用来设置图案填充的背景颜色
自动		选择该选项，表示图表的图表区填充颜色将随机进行显示，一般默认为白色

2. 设置边框颜色

在【设置图表区格式】窗格中的【边框】选项组中，设置边框的样式和颜色即可。在该选项组中，包括【无线条】、【实线】、【渐变线】与【自动】4种选项。例如，选中【实线】选项，在列表中设置【颜色】与【透明度】选项，然后设置【宽度】、【复合类型】和【短划线类型】选项。

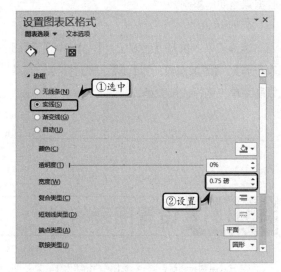

3. 设置阴影格式

在【设置图表区格式】窗格中的【效果】选项卡中，在【阴影】选项组中设置图表区的阴影效果。

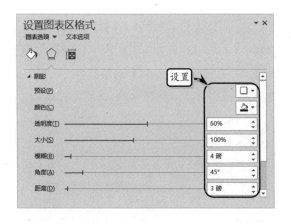

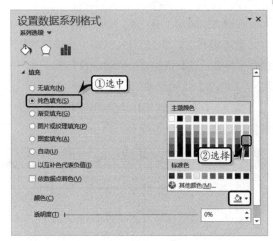

4．设置三维格式

在【设置图表区格式】窗格中的【三维格式】选项组中，设置图表区的顶部棱台、底部棱台和材料选项。

2．更改形状

选择图表中的数据系列，右击执行【设置数据系列格式】命令，在弹出的【设置数据系列格式】窗格的【系列选项】选项卡中，选中一种形状。然后，调整【系列间距】和【分类间距】值。

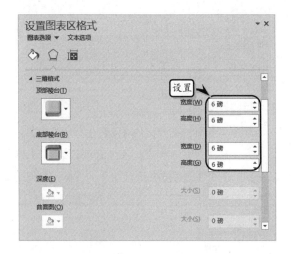

10.5.2　设置数据系列格式

数据系列是图表中的重要元素之一，用户可以通过设置数据系列的形状、填充、边框颜色和样式、阴影以及三维格式等效果，达到美化数据系列的目的。

1．设置线条颜色

打开【填充与线条】选项卡，在该选项卡中可以设置数据系列的填充颜色，包括纯色填充、渐变填充、图片或纹理填充、图案填充等。

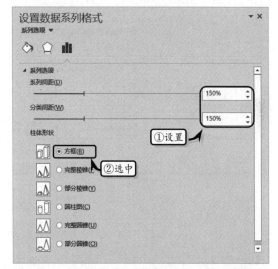

注意

在【系列选项】选项卡中，其形状的样式会随着图表类型的改变而改变。

10.5.3　设置坐标轴格式

坐标轴是标识图表数据类别的坐标线，用户可以在【设置坐标轴格式】窗格中，设置坐标轴的数字类别与对齐方式。

1. 调整坐标轴选项

双击水平坐标轴，打开【设置坐标轴格式】窗格【坐标轴选项】下的【坐标轴选项】选项卡。在【坐标轴选项】选项组中，设置各项选项。

其中，【坐标轴选项】选项组主要包括下表中的各项选项。

选项	子选项	说明
坐标轴类型	根据数据自动选择	选中该单选按钮将根据数据类型设置坐标轴类型
	文本坐标轴	选中该单选按钮表示使用文本类型的坐标轴
	日期坐标轴	选中该单选按钮表示使用日期类型的坐标轴
纵坐标轴交叉	自动	设置图表中数据系列与纵坐标轴之间的距离为默认值
	分类编号	自定义数据系列与纵坐标轴之间的距离
	最大分类	设置数据系列与纵坐标轴之间的距离为最大显示
坐标轴位置	逆序类别	选中该复选框，坐标轴中的标签顺序将按逆序进行排列
	在刻度线上	表示其位置位于刻度线上
	在刻度线之间	表示其位置位于刻度线之间

另外，双击垂直坐标轴，在【设置坐标轴格式】窗格中，打开【坐标轴选项】下的【坐标轴选项】选项卡。在【坐标轴选项】选项组中，设置各项选项。

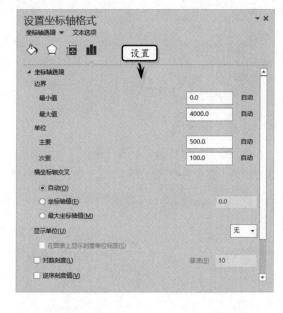

2. 调整数字类别

双击坐标轴，在弹出的【设置坐标轴格式】窗格中，打开【坐标轴选项】下的【坐标轴选项】选项卡。然后，在【数字】选项组中的【类别】列表框中选择相应的选项，并设置其小数位数与样式。

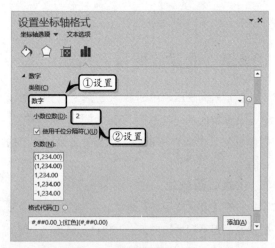

10.6 练习：制作费用趋势预算图

费用是指企业在日常生产中发生的导致所有者权益减少、与向所有者分配利润无关的经济利益的总流程，一般情况下费用是指企业中的营业费用。控制企业的费用支出，是提高企业生产利润的关键内容之一。用户除了依靠严格的制度来控制费用支出之外，还需要运用科学的方法，分析和预测费用的发展趋势。在本练习中，将运用 Excel 制作一份费用趋势预算表，以帮助用户分析费用趋势的发展情况。

练习要点

- 使用公式
- 套用表格格式
- 使用图表
- 使用形状
- 设置形状格式
- 使用迷你图
- 使用超链接

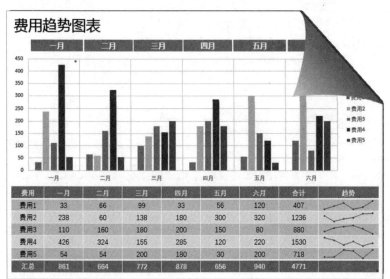

操作步骤 ▷▷▷▷

STEP|01 制作月份费用表。新建工作簿，单击【新工作表】按钮，创建多张新工作表。同时，双击工作表标签，重命名工作表。

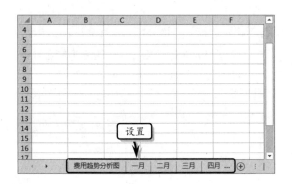

STEP|02 选择"一月"工作表，在单元格 B2 中

输入标题文本，并设置文本的字体格式。

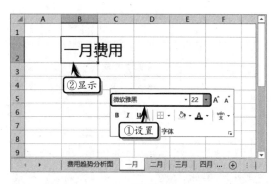

STEP|03 输入基础数据，选择单元格区域 E5:E10，执行【数据】|【数据工具】|【数据有效性】|【数据有效性】命令，将【允许】设置为【序列】，在【来源】文本框中输入序列名称。

STEP|04 选择单元格区域 D5:D10，执行【开始】
|【数字】|【数字格式】|【会计专用】命令，设置
其数字格式。

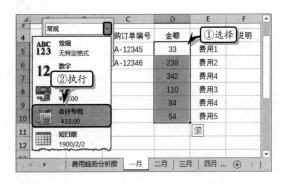

STEP|05 选择单元格 D11，在【编辑】栏中输入
计算公式，按 Enter 键返回总计额。

STEP|06 选择单元格区域 B4:F11，执行【开始】
|【样式】|【套用表格格式】|【表样式中等深浅 2】
命令，套用表格样式。使用同样的方法，分别制作
其他月份的费用表。

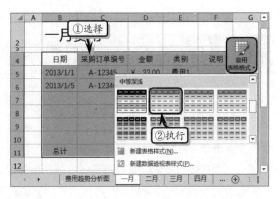

STEP|07 制作费用趋势分析表。选择【费用趋势
分析图】工作表，在工作表中输入表格基础数据，
并设置其对齐方式。

STEP|08 选择单元格 C17，在【编辑】栏中输入
计算公式，按 Enter 键返回 1 月份费用 1 的合计额。
使用同样方法，计算 1 月份其他费用额。

STEP|09 选择单元格 D17，在【编辑】栏中输入
计算公式，按 Enter 键返回 2 月份费用 1 的合计额。
使用同样方法，计算 2 月份其他费用额。

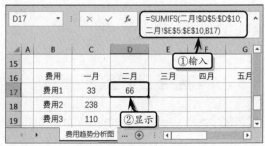

STEP|10 选择单元格 E17，在【编辑】栏中输入计算公式，按 Enter 键返回 3 月份费用 1 的合计额。使用同样方法，计算 3 月份的其他费用额。

STEP|11 选择单元格 F17，在【编辑】栏中输入计算公式，按 Enter 键返回 4 月份费用 1 的合计额。使用同样方法，计算 4 月份的其他费用额。

STEP|12 选择单元格 G17，在【编辑】栏中输入计算公式，按 Enter 键返回 5 月份费用 1 的合计额。使用同样方法，计算 5 月份的其他费用额。

STEP|13 选择单元格 H17，在【编辑】栏中输入计算公式，按 Enter 键返回 6 月份费用 1 的合计额。

使用同样方法，计算 6 月份的其他费用。

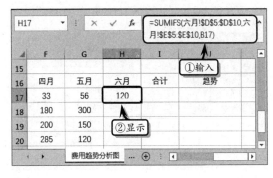

STEP|14 选择单元格 I17，在【编辑】栏中输入计算公式，按 Enter 键返回费用 1 的合计额。使用同样方法，计算其他费用的合计额。

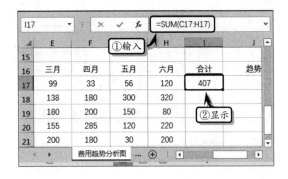

STEP|15 选择单元格区域 B16:J21，执行【开始】|【样式】|【套用表格格式】|【表样式中等深浅 14】命令，套用表格格式。

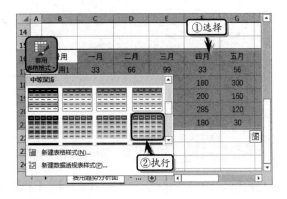

STEP|16 在弹出的【套用表格格式】对话框中，启用【表包含标题】复选框，并单击【确定】按钮，

设置表样式。

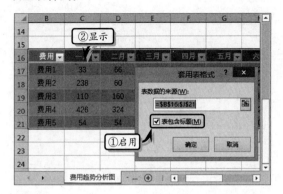

STEP|17 选择套用的表格，在【设计】选项卡【表格样式选项】选项组中，启用【汇总行】复选框，同时禁用【筛选按钮】复选框。

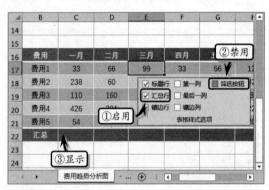

STEP|18 选择单元格 C22，单击其下拉按钮，选择【求和】选项，计算该列的汇总值。使用同样方法，计算其他月份的汇总值。

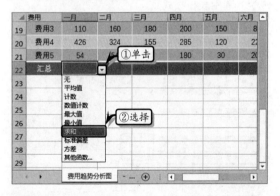

STEP|19 选择单元格 J17，执行【插入】|【迷你图】|【折线图】命令，在弹出的对话框中设置数据区域，单击【确定】按钮。使用同样的方法，为其他单元格添加折线迷你图。

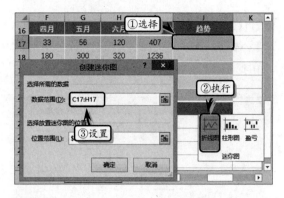

STEP|20 选择所有的迷你图，执行【迷你图工具】|【分组】|【组合】命令。同时，在【显示】选项组中，启用【标记】复选框，为迷你图添加数据点标记。

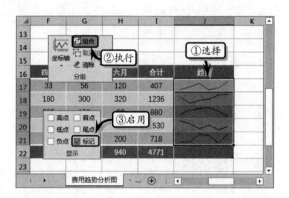

STEP|21 制作趋势分析图。选择单元格区域 B16:H21，执行【插入】|【图表】|【插入柱形图或条形图】|【簇状柱形图】命令，插入图表。

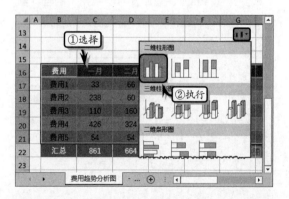

STEP|22 执行【图表工具】|【设计】|【图表布局】|【添加图表元素】|【图表标题】|【无】命令，取消图表标题。

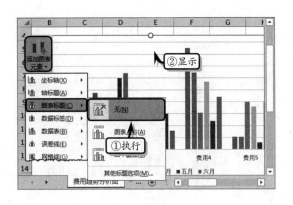

STEP|23 执行【设计】|【图表布局】|【添加图表元素】|【图例】|【右侧】命令，调整图例的显示位置。

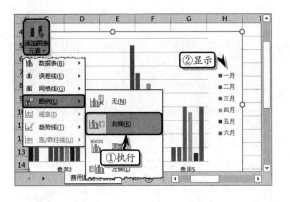

STEP|24 执行【设计】|【图表布局】|【添加图表元素】|【网格线】|【主轴主要垂直网格线】命令，添加网格线并调整图表的大小。

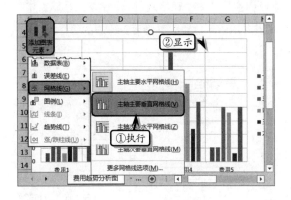

STEP|25 执行【设计】|【图表样式】|【更改颜色】|【颜色 3】命令，设置图表的颜色类型。

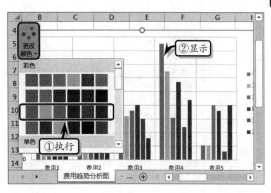

STEP|26 执行【设计】|【数据】|【切换行/列】命令，切换行列数据，并调整图表的大小。

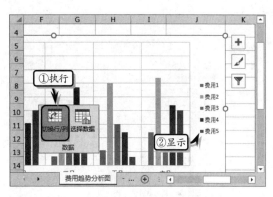

STEP|27 选择图表，执行【图表工具】|【格式】|【形状样式】|【形状轮廓】|【无轮廓】命令，取消图表的轮廓样式。

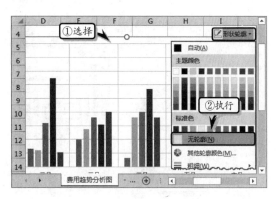

STEP|28 制作链接形状。执行【插入】|【插图】|【形状】|【矩形】命令，在工作表中绘制一个矩形形状。

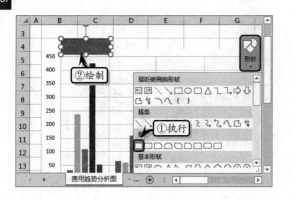

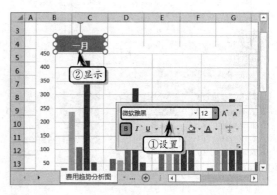

STEP|29 执行【绘图工具】|【格式】|【形状样式】|【形状填充】|【绿色，个性色 6】命令，设置其填充样式。

STEP|32 执行【插入】|【链接】|【超链接】命令，选择链接位置，单击【确定】按钮，为形状添加超链接功能。使用同样的方法，分别制作其他月份中的链接形状。

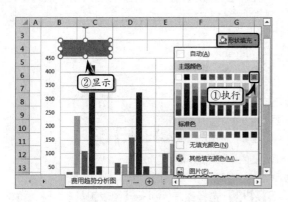

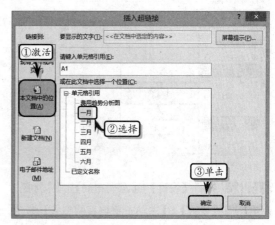

STEP|30 执行【格式】|【形状样式】|【形状轮廓】|【无轮廓】命令，取消形状的轮廓样式。

STEP|33 最后，在单元格 B2 中输入标题文本，设置文本的字体格式并隐藏工作表的网格线。

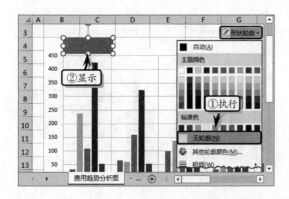

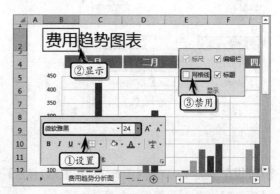

STEP|31 右击形状，执行【编辑文字】命令，在形状中输入文本，并设置文本的字体格式。

Office **10.7** 练习：制作销售数据分析表

销售数据分析是销售管理中必不可少的工作之一，不仅可以真实地记录销售数据，并合理地运算与显示销售数据，而且还可以为管理者制定下一年的销售计划提供数据依据。在本练习中，将运用 Excel 函数和图表功能，对销售数据进行趋势、增加和差异性分析，以帮助用户制作更准确的销售计划。

练习要点

- 设置字体格式
- 设置边框格式
- 设置填充颜色
- 插入图表
- 设置图表格式
- 添加分析线

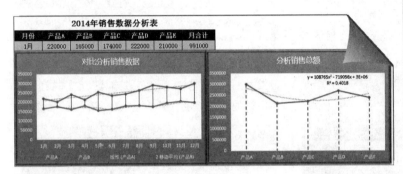

操作步骤 ▶▶▶▶

STEP|01 制作表格标题。设置工作表的行高，合并单元格区域 A1:G1，输入标题并设置文本的字体格式。

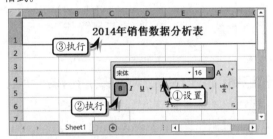

STEP|02 制作基础表格。在表格中输入基础数据，选择单元格区域 A2:G15，设置居中对齐格式，并执行【开始】|【字体】|【边框】|【所有框线】命令。

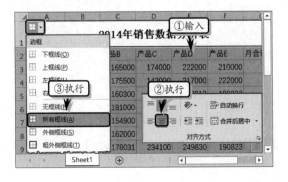

STEP|03 设置填充颜色。选择单元格区域 A2:G2，执行【开始】|【字体】|【填充颜色】|【黑色，文字 1】命令，设置其填充颜色，并设置其字体颜色和加粗格式。使用同样的方法，设置其他单元格区域的填充颜色。

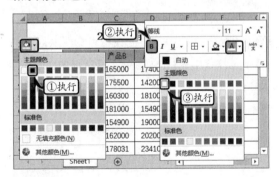

STEP|04 计算合计值。选择单元格 G3，在【编辑】栏中输入计算公式，按 Enter 键返回月合计额。使用同样的方法，计算其他月合计额。

STEP|05 选择单元格 B15，在【编辑】栏中输入计算公式，按 Enter 键返回产品合计额。使用同样的方法，计算其他产品合计额。

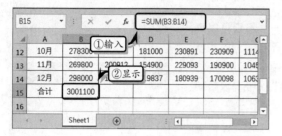

STEP|06 对比分析销售数据。选择单元格区域 A3:C14，执行【插入】|【图表】|【插入折线图和面积图】|【带数据标记的折线图】命令，插入一个折线图图表。

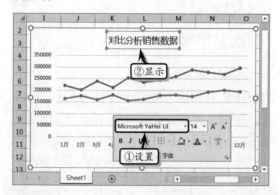

STEP|07 选择图表标题，更改标题文本，并在【开始】选项卡【字体】选项组中，设置标题文本的字体格式。

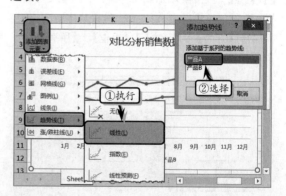

STEP|08 选择图表，执行【图表工具】|【设计】|【数据】|【选择数据】命令，在【图例项（系列）】列表框中，选择【系列 1】选项，并单击【编辑】按钮。

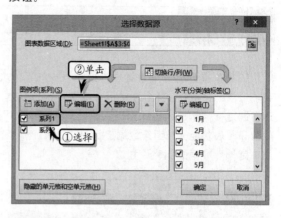

STEP|09 在弹出的【编辑数据系列】对话框中，设置【系列名称】选项，并单击【确定】按钮。使用同样的方法，设置另外一个数据系列的名称。

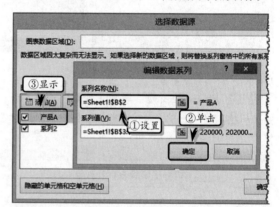

STEP|10 执行【图表工具】|【设计】|【图表布局】|【添加图表元素】|【趋势线】|【线性】命令，在弹出的【添加趋势线】对话框中选择【产品 A】选项。

STEP|11 执行【图表工具】|【设计】|【图表布局】

|【添加图表元素】|【趋势线】|【移动平均】命令，在【添加趋势线】对话框中选择【产品 B】选项。

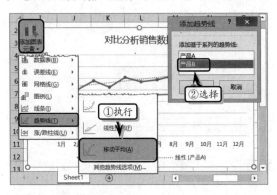

STEP|12 执行【图表工具】|【设计】|【图表布局】|【添加图表元素】|【线条】|【高低点连线】命令，为数据系列添加高低点连线。

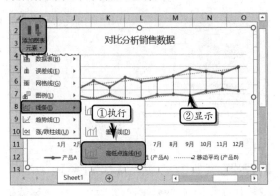

STEP|13 执行【图表工具】|【设计】|【图表布局】|【添加图表元素】|【网格线】|【主轴主要水平网格线】命令，取消图表中的水平网格线。

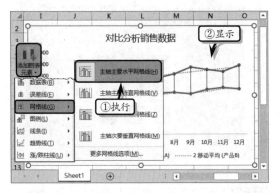

STEP|14 选择图表，执行【图表工具】|【格式】|【形状样式】|【其他】|【强烈效果-橙色，强调颜色 2】命令，设置图表的形状样式。

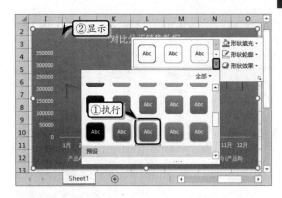

STEP|15 选择绘图区，执行【图表工具】|【格式】|【形状样式】|【形状填充】|【白色，背景 1】命令，设置绘图区的填充效果。

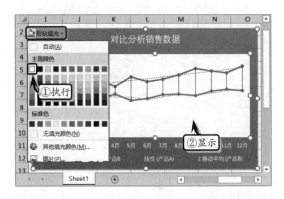

STEP|16 选择图表，执行【绘图工具】|【格式】|【形状样式】|【形状效果】|【棱台】|【松散嵌入】命令，设置图表的棱台效果。

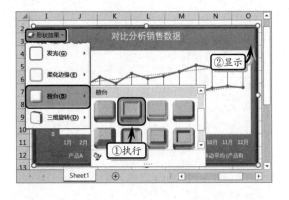

STEP|17 分析销售总额。同时选择单元格区域 B2:F2 和 B15:F15，执行【插入】|【图表】|【插入折线图和面积图】|【带数据标记的折线图】命令，插入折线图图表。

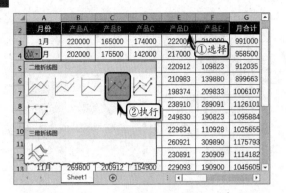

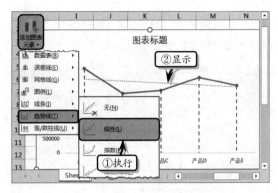

STEP|18 执行【图表工具】|【设计】|【图表布局】
|【添加图表元素】|【线条】|【垂直线】命令，为
图表添加垂直线。

STEP|21 双击趋势线，选中【多项式】选项，同
时启用【显示公式】与【显示 R 平方值】复选框。

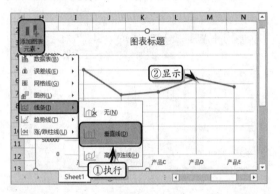

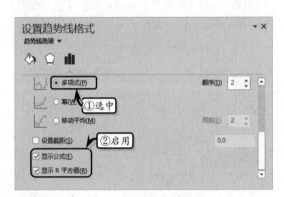

STEP|19 双击垂直线，选中【实线】选项，将【颜
色】设置为【红色】、【宽度】设置为 1.25、【短划
线类型】设置为【短划线】。

STEP|22 选择图表，执行【图表工具】|【格式】
|【形状样式】|【其他】|【强烈效果-绿色，强调颜
色 6】命令，设置图表的形状样式。

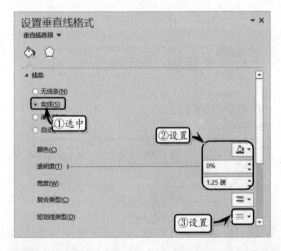

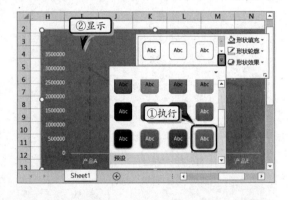

STEP|20 删除图表中的水平网格线，执行【绘图
工具】|【设计】|【图表布局】|【添加图表元素】|
【趋势线】|【线性】命令，为图表添加趋势线。

STEP|23 选择图表，执行【绘图工具】|【格式】
|【形状样式】|【形状效果】|【棱台】|【松散嵌入】
命令，设置图表的棱台效果。

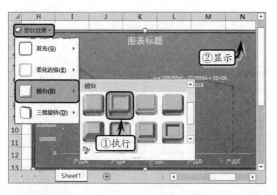

STEP|24 最后，设置绘图区的背景颜色，修改标

题文本，设置标题文本和公式文本的字体格式。

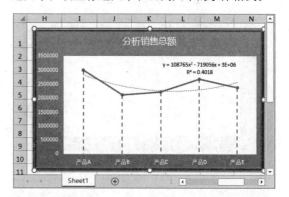

10.8 新手训练营

练习 1：制作营业额年度增长率图表

🔘 downloads\10\新手训练营\营业额年度增长率
图表

提示：本练习中，首先制作基础数据表，并设置数据表的对齐和边框格式。然后，插入一个带数据标记的折线图，修改标题文本并设置文本的字体格式。最后，更改数据标记点的样式和颜色，调整图例位置，并设置图表区域的纹理填充格式。同时，将绘图区的填充颜色设置为白色。

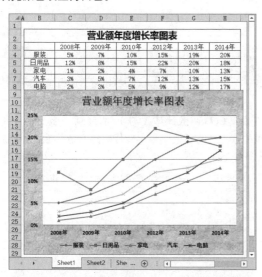

练习 2：制作比较直方图

🔘 downloads\10\新手训练营\比较直方图

提示：本练习中，首先在工作表中输入基础数据，

并插入一个簇状条形图。然后，删除条形图中的图表标题和网格线，设置图例的显示位置，并设置图表的填充样式和形状效果。最后，双击数据系列，设置数据系列的重叠和间隔数值即可。

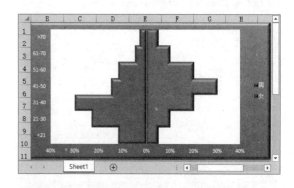

练习 3：制作产量与人员关系图

🔘 downloads\10\新手训练营\产量与人员关系图

提示：本练习中，首先在工作表中制作表格标题，输入基础数据并计算其合计值。然后，在工作表中插入一个散点图，并设置散点图的图表标题，删除主要次网格线。同时，设置图表的形状样式和形状效果。最后，设置图表水平和垂直坐标轴的格式，为图表添加趋势线，并显示趋势线的公式。随后，设置趋势线的填充颜色和轮廓样式，为图表添加数据标签并设置数据标签的字体格式和位置。

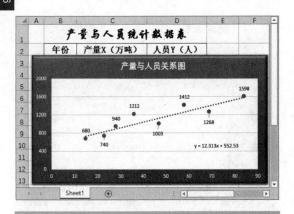

练习 4：制作直线图表

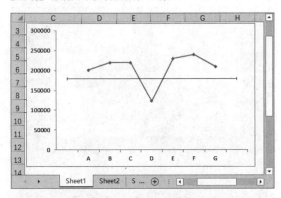

⊙downloads\10\新手训练营\直线图表

提示：本练习中，首先在工作表中输入基础数据，并插入一个带数据标记的折线图。选择图表中的【直线】数据系列，将其更改为带平滑线和数据标记的散点图类型。然后，删除图例，双击直线数据系列，设置数据系列格式。同时，无【直线】数据系列添加标准误差线。最后，设置标准误差线的指定值，并取消【直线】数据系列的数据标记线。

练习 5：制作箱式图

⊙downloads\10\新手训练营\箱式图

提示：本练习中，首先在工作表中输入计算数据，并使用函数计算每个数据的第 25 个百分点、最小值、平均值、第 50 个百分点、最大值和第 75 个百分点的值。然后，在工作表中插入一个带数据标记的折线图，并执行【切换行/列】命令，切换行列值。最后，为图表添加【涨/跌柱线】和【高低点连线】，并设置各个数据系列的格式。

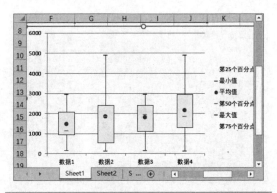

练习 6：绘制数学函数

⊙downloads\10\新手训练营\绘制数学函数

提示：本练习中，首先运用 *SIN* 函数根据 *X* 值计算 *Y* 值。然后，插入一个【带平滑线和数据标记的散点图】图表，并删除图例与图表标题。最后，设置坐标轴刻度线类型与网格线等图表元素的格式。

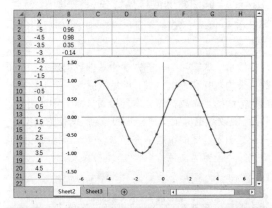

练习 7：绘制圆

⊙downloads\10\新手训练营\绘制圆

提示：本练习中，首先运用 *SIN* 函数、*RADIANS* 函数与 *COS* 函数计算 *X* 与 *Y* 值。然后，运用带平滑线的散点图与更改图表小数位数的方法，在图表中绘制一个圆形。

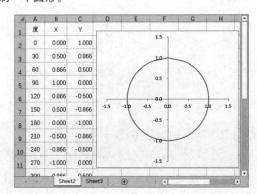

第 **11** 章

数 据 分 析

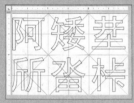   

数据分析是 Excel 三大功能中最实用、最强大的功能，主要包括单变量求解、规划求解、数据透视表、合并计算及方案管理器等分析工具。运用上述工具不仅可以完成各种常规且简单的分析工作，而且还可以方便地管理和分析各类复杂的销售、财务、统计等数据，从而为企事业单位的决策管理提供可靠依据。本章将通过循序渐进的方法，详细介绍数据表、单变量求解、规划求解的基础知识和操作方法。

Office **11.1** 使用模拟分析工具

模拟分析是 Excel 内置的分析工具包，可以使用单变量求解和模拟运算表为工作表中的公式尝试各种值。

11.1.1 单变量求解

单变量求解与普通的求解过程相反，其求解的运算过程为已知某个公式的结果，反过来求公式中的某个变量的值。

1. 制作基础数据表

使用单变量求解之前，需要制作数据表。首先，在工作表中输入基础数据。然后，选择单元格 B4，在【编辑】栏中输入计算公式，按 Enter 计算结果。

同样，选择单元格 C7，在【编辑】栏中输入计算公式，按 Enter 键计算结果。

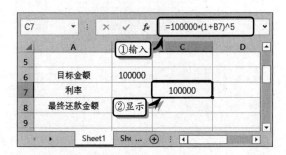

2. 使用单变量求解

执行【数据】|【预测】|【模拟分析】|【单变量求解】命令。在弹出的【单变量求解】对话框中设置【目标单元格】、【目标值】等参数。

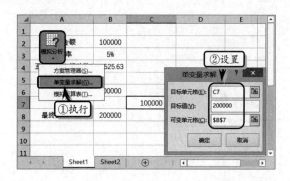

在【单变量求解】对话框中，单击【确定】按钮，系统将在【单变量求解状态】对话框中执行计算，并显示计算结果。单击【确定】按钮之后，系统将在单元格 B7 中显示求解结果。

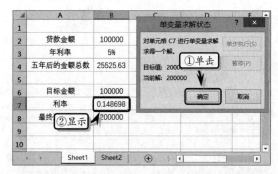

> **注意**
>
> 在进行单变量求解时，目标单元格中必须含有公式，而其他单元格中只能包含数值，不能包含公式。

11.1.2 使用模拟运算表

模拟运算表是由一组替换值代替公式中的变量得出的一组结果所组成的一个表格，数据表为某些计算中的所有更改提供了捷径。数据表有两种：单变量和双变量模拟运算表。

1. 单变量模拟运算表

单变量模拟运算表是基于一个变量预测对公式计算结果的影响，当用户已知公式的预期结果，而未知使公式返回结果的某个变量的数值时，可以使用单变量模拟运算表进行求解。

已知贷款金额、年限和利率，下面运用单变量模拟运算表求解不同年利率下的每期付款额。

首先，在工作表中输入基础文本和数值，并在单元格 B5 中输入计算还款额的公式。

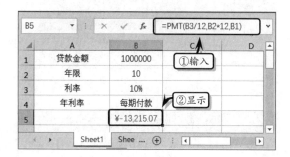

在表格中输入不同的年利率，以便于运用模拟运算表求解不同年利率下的每期付款额。然后，选择包含每期还款额与不同利率的数据区域，执行【数据】|【预测】|【模拟分析】|【模拟运算表】命令。

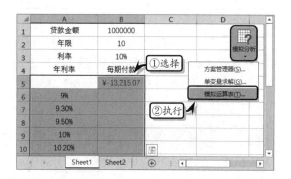

在弹出的【模拟运算表】对话框中，设置【输入引用列的单元格】选项，单击【确定】按钮，即可显示不同年利率下的每期付款额。

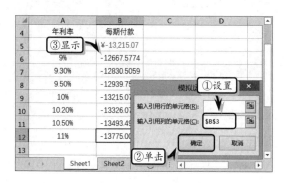

2．双变量模拟运算表

双变量模拟运算表是用来分析两个变量的几组不同的数值变化对公式结果所造成的影响。已知贷款金额、年限和利率，下面运用单变量模拟运算表求解不同年利率和不同贷款年限下的每期付款额。

使用双变量模拟运算表的第一步也是制作基础数据，在单变量模拟运算表基础表格的基础上，添加一行年限值。

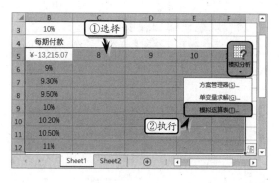

然后，选择包含年限值和年利率值的单元格区域，执行【预测】|【模拟分析】|【模拟运算表】命令。

在弹出的【模拟运算表】对话框中，分别设置【输入引用行的单元格】和【输入引用列的单元格】选项，单击【确定】按钮，即可显示每期付款额。

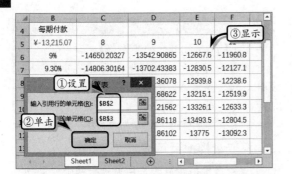

③显示

①设置

②单击

Sheet1　Sheet2

提示

在使用双变量数据表进行求解时，两个变量应该分别放在1行或1列中，而两个变量所在的行与列交叉的那个单元格中放置的是这两个变量输入公式后得到的计算结果。

3. 删除计算结果或数据表

选择工作表中所有数据表计算结果所在的单

元格区域，执行【开始】|【编辑】|【清除】|【清除内容】命令即可。

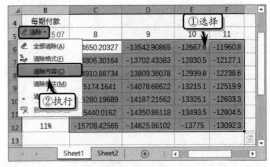

①选择

②执行

注意

数据表的计算结果存放在数组中，要将其清除就要清除所有的计算结果，而不能只清除个别的计算结果。

11.2 使用规划求解

规划求解又称为假设分析，是一组命令的组成部分，不仅可以解决单变量求解的单一值的局限性，而且还可以预测含有多个变量或某个取值范围内的最优值。

11.2.1 准备工作

默认情况下，规划求解功能并未包含在功能区中，在使用规划求解之前还需要加载该功能。

1. 加载规划求解加载项

执行【文件】|【选项】命令，在弹出的【Excel选项】对话框的【加载项】选项卡中，单击【转到】按钮。

①激活

②单击

然后，在弹出的【加载宏】对话框中，启用【规划求解加载项】复选框，单击【确定】按钮，系统将自动在【数据】选项卡中添加【分析】选项组，并显示【规划求解】功能。

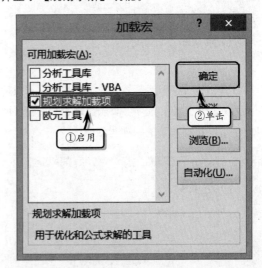

①启用

②单击

2. 制作已知条件

规划求解的过程是通过更改单元格中的值来

查看这些更改对工作表中公式结果的影响，所以在制作已知条件时，需要注意单元格中的公式设置情况。

已知某公司计划投资 A、B 与 C 三个项目，每个项目的预测投资金额分别为 160 万、88 万及 152 万，每个项目的预测利润率分别为 50%、40% 及 48%。为获得投资额与回报率的最大值，董事会要求财务部分析三个项目的最小投资额与最大利润率。并且，企业管理者还为财务部附加了以下投资条件：

(1) 总投资额必须为 400 万。

(2) A 的投资额必须为 B 投资额的三倍。

(3) B 的投资比例大于或等于 15%。

(4) A 的投资比例大于或等于 40%。

3．制作基础数据

获得已知条件之后，用户需要在工作表中输入基础数据，并选择单元格 D3，在【编辑】栏中输入计算公式，按 Enter 键完成公式的输入。使用同样的方法，计算其他产品的投资利润额。

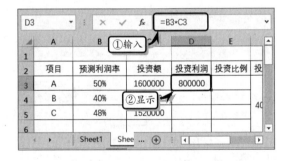

选择单元格 E3，在【编辑】栏中输入计算公式，按 Enter 键完成公式的输入。使用同样的方法，计算其他产品的投资比例。

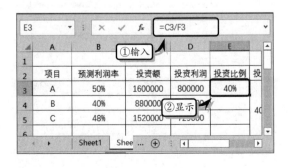

选择单元格 C6，在【编辑】栏中输入计算公式，按 Enter 键完成公式的输入。使用同样的方法，计算其他合计值。

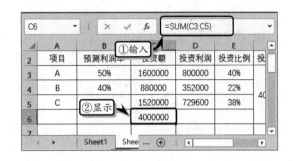

选择单元格 B7，在【编辑】栏中输入计算公式，按 Enter 键，返回总利润额。

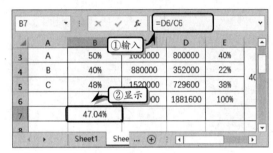

11.2.2　设置求解参数

规划求解参数包括设置目标、可变单元格和约束条件等内容，其具体操作方法如下所述。

1．设置目标和可变单元格

执行【数据】|【分析】|【规划求解】命令，将【设置目标】设置为 B7，将【通过更改可变单元格】设置为 C3: C5。

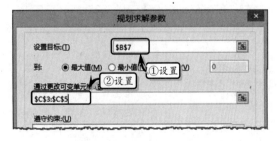

另外，在【规划求解参数】对话框中，主要包括下表中的一些选项。

选　项		说　明
设置目标		用于设置显示求解结果的单元格，在该单元格中必须包含公式
到	最大值	表示求解最大值
	最小值	表示求解最小值
	目标值	表示求解指定值
通过更改可变单元格		用来设置每个决策变量单元格区域的名称或引用，用逗号分隔不相邻的引用。另外，可变单元格必须直接或间接与目标单元格相关。用户最多可指定 200 个变量单元格
遵守约束	添加	表示添加规划求解中的约束条件
	更改	表示更改规划求解中的约束条件
	删除	表示删除已添加的约束条件
全部重置		可以设置规划求解的高级属性
装入/保存		可在弹出的【装入/保存模型】对话框中保存或加载问题模型
使无约束变量为非负数		启用该选项，可以使无约束变量为正数
选择求解方法		启用该选项，可用在下列列表中选择规划求解的求解方法。主要包括用于平滑线性问题的【非线性（GRG）】方法，用于线性问题的【单纯线性规划】方法与用于非平滑问题的【演化】方法
选项		启用该选项，可在【选项】对话框中更改求解方法的【约束精确度】、【收敛】等参数
求解		执行该选项，可对设置好的参数进行规划求解
关闭		关闭【规划求解参数】对话框，放弃规划求解
帮助		启用该选项，可弹出【Excel帮助】对话框

2．设置约束条件

单击【添加】按钮，将【单元格引用】设置为 C6、符号设置为"="、【约束】设置为 4 000 000，并单击【添加】按钮。使用同样的方法，添加其他约束条件。

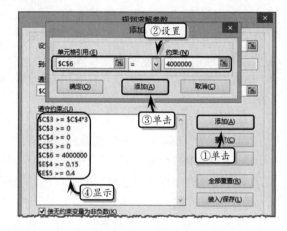

11.2.3　生成求解报告

在【规划求解参数】对话框中，单击【求解】按钮，然后在弹出的【规划求解结果】对话框中设置规划求解保存位置与报告类型即可。

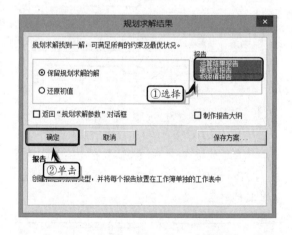

另外，在【规划求解结果】对话框中，主要包括下表中的一些选项。

选　项	说　明
保留规划求解的解	用规划求解结果值替代可变单元格中的原始值
还原初值	将可变单元格中的值恢复成原始值

续表

选 项	说 明
报告	选择用来描述规划求解执行的结果报告，包括运算结果报告、敏感性报告、极限值报告三种报告
返回"规划求解参数"对话框	启用该复选框，单击【确定】按钮之后，将返回到【规划求解参数】对话框中
制作报告大纲	启用该复选框，可在生成的报告中显示大纲结构

续表

选 项	说 明
保存方案	将规划求解设置作为模型进行保存，便于下次规划求解时使用
确定	完成规划求解操作，生成规划求解报告
取消	取消本次规划求解操作

Office 11.3 使用数据透视表

使用数据透视表可以汇总、分析、浏览和提供摘要数据，通过直观方式显示数据汇总结果，为 Excel 用户查询和分类数据提供了便利。

11.3.1 创建数据透视表

Excel 为用户提供了两种创建数据透视表的方法，分别为直接创建和推荐创建。

1. 推荐创建

选择单元格区域中的一个单元格，并确保单元格区域具有列标题。然后，执行【插入】|【表格】|【推荐的数据透视表】命令。在弹出的【推荐的数据透视表】对话框中选择数据表样式，单击【确定】按钮。

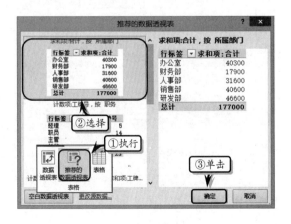

提示

在【推荐的数据透视表】对话框中，单击【空白数据透视表】按钮，即可创建一个空白数据透视表。

2. 直接创建

选择单元格区域或表格中的任意一个单元格，执行【插入】|【表格】|【数据透视表】命令。在弹出的【创建数据透视表】对话框中，选择数据表的区域范围和放置位置，并单击【确定】按钮。

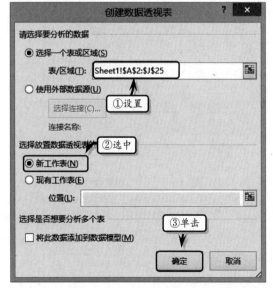

在【创建数据透视表】对话框中，主要包括下表中的一些选项。

选 项	说 明
选择一个表或区域	表示要在当前工作簿中选择创建数据透视表的数据
使用外部数据源	选择该选项，并单击【选择连接】按钮，则可以在打开的【现有链接】对话框中，选择链接到的其他文件中的数据
新工作表	表示将创建的数据透视表在新的工作表显示
现有工作表	表示将创建的数据透视表，插入到现有工作表的指定位置
将此数据添加到数据模型	选中该复选框，可以将当前数据表中的数据添加到数据模型中

11.3.2 编辑数据透视表

创建数据透视表之后，用户还需要根据分析目的，将数据字段添加到不同的位置。另外，还可以通过动态筛选过滤等，对数据进行更详细的分析。

1．添加数据字段

在工作表中插入空白数据透视表后，用户便可以在窗口右侧的【数据透视表字段】任务窗格中，启用【选择要添加到报表的字段】列表框中的数据字段，被启用的字段列表将自动显示在数据透视表中。

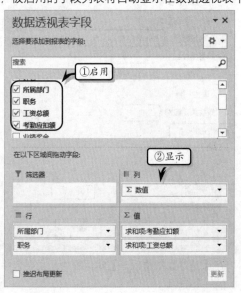

2．动态数据过滤

选择数据透视表，在【数据透视表字段】窗格中，将数据字段拖到【报表筛选列】列表框中即可，在数据透视表上方将显示筛选列表。此时，用户只需单击【筛选】按钮，便可对数据进行筛选分析。

另外，用户还可以在【行标签】、【列标签】或【数值】列表框中，单击字段名称后面的下拉按钮，在其下拉列表中选择【移动到报表筛选】选项即可。

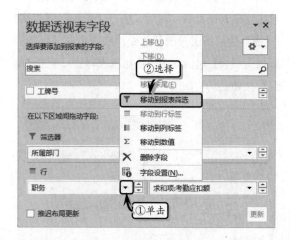

3．显示多种计算结果

在【数据透视表字段】窗格中的【数值】列表框中，单击字段名称后面的下拉按钮，在其列表中选择【值字段设置】选项。

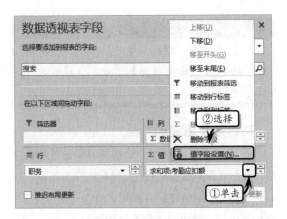

示】命令，设置数据透视表的布局样式。

然后，在弹出的【值字段设置】对话框中，选择【值汇总方式】选项卡，并在【计算类型】列表框中选择相应的计算类型。

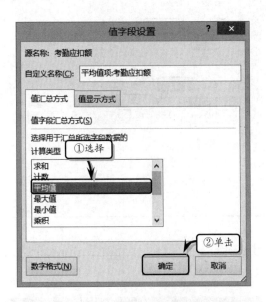

2．设置报表样式

Excel 提供了浅色、中等深浅与深色三大类 85 种内置的报表样式，用户只需执行【数据透视表工具】|【设计】|【数据透视表样式】|【其他】命令，在展开的级联菜单中选择相应的样式即可。

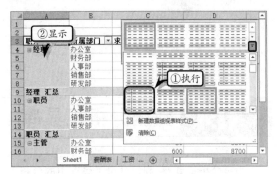

11.3.3　美化数据透视表

创建数据透视表之后，用户还需要通过设置数据透视表的布局、样式与选项，来美化数据透视表。

1．设置报表布局

选择任意一个单元格，执行【数据透视表工具】|【设计】|【布局】|【报表布局】|【以表格形式显

另外，在【设计】选项卡【数据透视表样式选项】选项组中，启用【镶边行】与【镶边列】选项，自定义数据透视表样式。

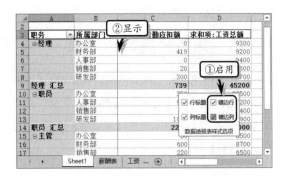

11.3.4 使用数据透视图

用户也可以在数据透视表中,通过创建透视表透视图的方法,来可视化地显示分析数据。

1．创建数据透视图

选中数据透视表中的任意一个单元格,执行【数据透视表工具】|【分析】|【工具】|【数据透视图】命令,在弹出的【插入图表】对话框中选择需要插入的图表类型即可。

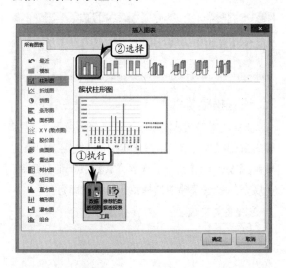

提示

用户也可以执行【插入】|【图表】|【数据透视图】|【数据透视图】命令,来对数据进行可视化分析。

2．筛选数据透视图

在数据透视图中,一般都具有筛选数据的功能。用户只需单击筛选按钮,选择需要筛选的内容即可。例如,单击【职务】筛选按钮,只启用【职员】复选框,单击【确定】按钮即可。

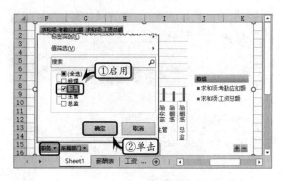

Office 11.4 数据分析工具库

数据分析工具,是利用分析工具库中的分析工具,对数据进行分析或统计。通过使用数据分析工具,不仅可以解决用户在使用 Excel 中所遇到的实际应用问题,而且还可以快速分析数据,以节省分析与统计数据的工作时间。

11.4.1 指数平滑分析工具

在使用数据分析工具库分析数据之前,还需要加载该组件。执行【文件】|【选项】命令,在弹出的【Excel 选项】对话框的【加载项】选项卡中,单击【转到】按钮。

在弹出的【加载宏】对话框中,启用【分析工具库】复选框,单击【确定】按钮即可。

在数据分析工具中,一共包含15种分析工具。而指数平滑工具是基于前期预测值对新值的一种预测方法, 它可以修正前期预测值的误差。

执行【数据】|【分析】|【数据分析】命令,在弹出的【数据分析】对话框中选择【指数平滑】选项, 并单击【确定】按钮。

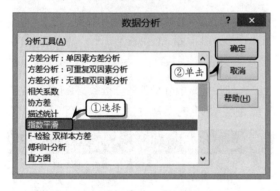

然后, 在弹出的【指数平滑】对话框中, 设置各项参数即可。

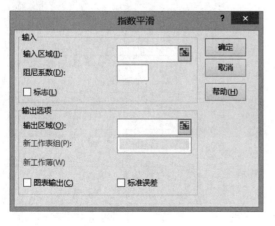

在使用指数平滑分析工具分析数据之前,还需要了解【指数平滑】对话框中各选项的含义。

选项	子选项	含义
输入	输入区域	用于输入需要统计的数据区域
	阻尼系数	表示平滑常数 a, 其大小决定了预测误差的修正程度, 取值范围介于0和1之间
	标志	表示数据范围是否包含标志
输出选项	输出区域	表示统计结果存放在当前工作表中的位置
	图表输出	表示统计结果以图表的方式进行显示
	标准误差	表示统计结果中将包含标准误差值

11.4.2 描述统计分析工具

描述统计工具是生成数据趋中性与易变性的一种单变量分析报表。

执行【数据】|【分析】|【数据分析】命令,在弹出的【数据分析】对话框中选择【描述统计】选项, 并单击【确定】按钮。

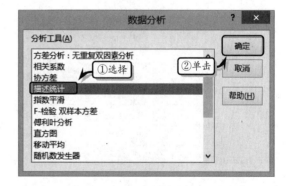

然后, 在弹出的【描述统计】对话框中, 设置各项参数即可。

在使用描述统计分析工具分析数据之前,还需要了解【描述统计】对话框中各选项的含义。

选项	子选项	含义
输入	输入区域	用于输入需要统计的数据区域
	分组方式	表示统计数据的分析方式,包括"逐行"或"逐列"两种方式
	标志位于第一行	表示数据范围是否包含标志,并将标志指定为第一行
输出选项	输出区域	表示统计结果存放在当前工作表中的位置
	新工作表组	表示统计结果存储在新工作表中
	新工作簿	表示统计结果存储在新工作簿中
	汇总统计	可在统计结果中添加汇总分析
	平均数置信度	可增加平均数量的可信度
	第 K 大值	可在统计结果中显示第 K 最大值
	第 K 小值	可在统计结果中显示第 K 最小值

11.4.3 直方图分析工具

直方图工具是计算给定单元格区域与接收区域中数据的单个与累计频率的分析工具。运用直方图工具,不仅可以统计区域中单个数值的出现频率,而且还可以创建数据分布与直方图表。

执行【数据】|【分析】|【数据分析】命令,在弹出的【数据分析】对话框中选择【描述分析】选项,在弹出的对话框中设置各项参数即可。

在使用直方图分析工具分析数据之前,还需要了解【直方图】对话框中各选项的含义。

选项	子选项	含义
输入	输入区域	表示包含任意数目的行与列的数据区域
	接收区域	表示直方图每列的值域
	标志	表示数据范围是否包含标志
输出选项	输出区域	表示统计结果存放在当前工作表中的位置
	新工作表组	表示统计结果存储在新工作表中
	新工作簿	表示统计结果存储在新工作簿中
	柏拉图	表示在统计结果中显示柏拉图
	累积百分率	表示在统计结果中显示累积百分率

11.4.4 回归分析工具

回归分析工具是对一组观察值使用"最小二乘法"直线拟合进行的线形回归分析。运用回归分析工具，不仅可以分析单因变量受自变量影响的程度，而且还可以执行简单和多重线性回归。

在使用回归分析工具分析数据之前，还需要了解【回归】对话框中各选项的含义。

选项	子 选 项	含 义
输入	X 值输入区域	表示独立变量的数据区域
	Y 值输入区域	表示一个或多个独立变量的数据区域
	标志	表示所指定的区域是否包含标签
	置信度	表示分析工具的置信水平
	常数为零	表示所选择的常量中是否包含零值
输出选项	输出区域	表示统计结果存放在当前工作表中的位置
	新工作表组	表示统计结果存储在新工作表中
	新工作簿	标记统计结果存放在新工作簿中
残差	残差	启用该复选框，可以在统计结果中显示预测值与观察值的差值
	残差图	启用该复选框，可以在统计结果中显示残差图
	标准残差	启用该复选框，可以在统计结果中显示标准残差值
	线性拟合图	启用该复选框，可以在统计结果中显示线性拟合图
正态分布		启用该复选框，可以在统计结果中显示正态概率图

11.5 使用方案管理器

方案是 Excel 保存在工作表中并可进行自动替换的一组值，用户可以使用方案来预测工作表模型的输出结果，同时还可以在工作表中创建并保存不同的数组值，然后切换任意新方案以查看不同的效果。

11.5.1 创建方案

方案与其他分析工具一样，也是基于包含公式的基础数据表而创建的。

1. 制作基础数据表

在创建之前，首先输入基础数据，并在单元格 B7 中输入计算最佳方案的公式。

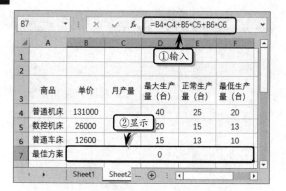

2．添加方案管理

执行【数据】|【预测】|【模拟分析】|【方案管理器】命令。在弹出的【方案管理器】对话框，单击【添加】按钮。

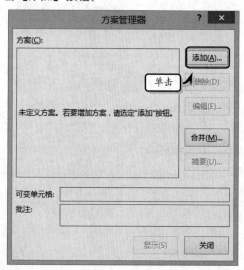

在弹出的【编辑方案】对话框中，设置【方案名】和【可变单元格】，并单击【确定】按钮。

此时，系统会自动弹出【方案变量值】对话框，分别设置每个可变单元格的期望值，单击【确定】按钮返回【方案管理器】对话框中，在该对话框中单击【显示】按钮，即可计算出结果。

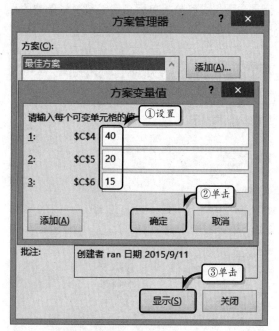

3．创建方案摘要报告

在工作中经常需要按照统一的格式列出工作表中各个方案的信息。此时，执行【数据】|【模拟运算】|【方案管理器】命令，在【方案管理器】对话框中，单击【摘要】按钮。

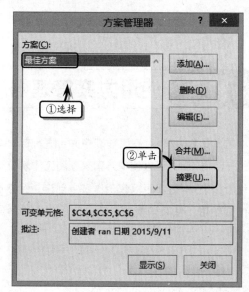

在弹出的【方案摘要】对话框中，选择报表类型，单击【确定】按钮之后，系统将自动在新的工作表中显示摘要报表。

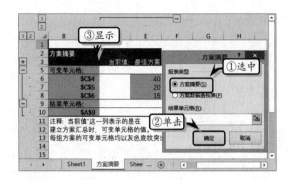

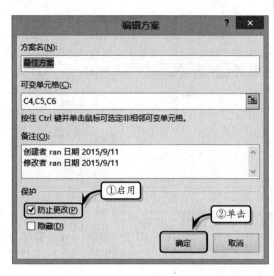

11.5.2 管理方案

建立好方案后，使用【方案管理器】对话框，可以随时对各种方案进行分析、总结。

1．保护方案

执行【数据】|【数据工具】|【预测】|【方案管理器】命令，在弹出的【方案管理器】对话框中选择方案，单击【编辑】按钮。

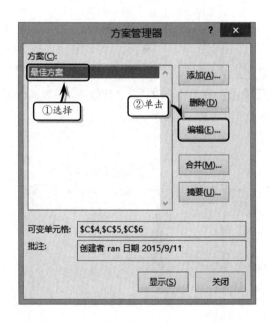

然后，在【编辑方案】对话框中，启用【保护】栏中的【防止更改】复选框即可。

如果用户启用【保护】栏中的【隐藏】复选框，即可隐藏添加的方案。另外，用户如果需要更改方案内容，可以在【编辑方案】对话框中，直接对【方案名】和【可变单元格】栏进行编辑。

2．合并方案

在实际工作中，如果需要将两个存在的方案进行合并，可以直接单击【方案管理器】对话框中的【合并】按钮。然后，在弹出的【合并方案】对话框中，选择需要合并的工作表名称，单击【确定】按钮即可。

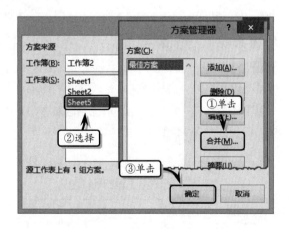

3．删除方案

在【方案管理器】对话框中，选择【方案】列表中的方案名称，单击右侧的【删除】按钮，即可删除。

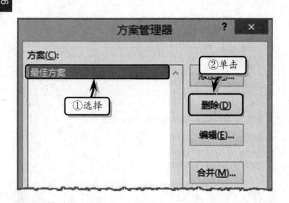

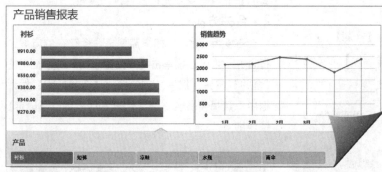

Office **11.6** 练习：制作产品销售报表

产品销售报表是企业分析产品销量的电子表格之一，通过产品销量报表不仅可以全方位地分析销售数据，而且还可以以图表的形式，形象地显示每种产品不同时期的销售情况。在本练习中，将运用 Excel 强大的分析功能，来制作一份产品销售报表。

练习要点

- 设置边框格式
- 设置字体格式
- 自定义数字格式
- 使用数据透视表
- 使用数据透视图
- 使用切片器美化数据透视图
- 使用形状
- 设置形状格式

操作步骤 ≫≫≫

STEP|01 制作产品销售统计表。新建多张工作表，并重命名工作表。选择"产品销售统计表"工作表，设置工作表的行高。然后，合并单元格区域 B1:J1，输入标题文本，并设置文本的字体格式。

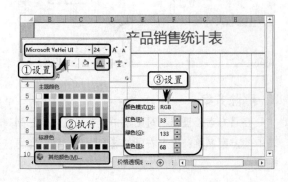

STEP|02 在工作表中输入基础数据，设置其数据格式，并设置居中对齐格式。

	D	E	F	G	H
1			产品销售统计表		
2	价格日期	单位零售价	单位批发价	售出件数（零售）	售出件数（批发）
3	2013/1/1	¥ 200.00	¥ 200.00	629	1254
4	2013/1/1	¥ 880.00	¥ 540.00	734	1427
5	2013/1/1	¥ 700.00	¥ 440.00	744	1043
6	2013/1/1	¥ 630.00	¥ 440.00	681	1523
7	2013/1/1	¥ 350.00	¥ 270.00	602	1822
8	2013/2/1	¥ 550.00	¥ 440.00	678	1515
9	2013/2/1	¥ 830.00	¥ 540.00	753	1005
10	2013/2/1	¥ 340.00	¥ 340.00	986	1069

产品销售统计表　价格透视 …　⊕

STEP|03 执行【开始】|【字体】|【边框】|【所有框线】命令，设置单元格区域的边框格式。

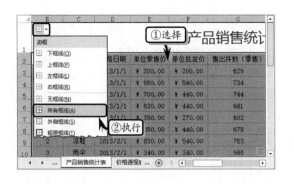

STEP|04 选择单元格 I3，在【编辑】栏中输入计算公式，按 Enter 键返回总销售数量。

STEP|05 选择单元格 J3，在【编辑】栏中输入计算公式，按 Enter 键返回总销售金额。使用同样的方法，分别计算其他产品的总销售数量和金额。

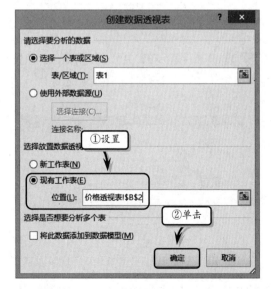

STEP|06 选择单元格区域 B2:J32，执行【开始】|【样式】|【套用单元格格式】|【表样式中等深浅14】命令。

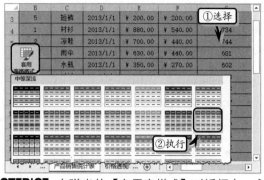

STEP|07 在弹出的【套用表样式】对话框中，启用【表包含标题】复选框，并单击【确定】按钮。

STEP|08 制作价格透视表。选择表格中的任意一个单元格，执行【插入】|【表格】|【数据透视表】命令，在对话框中设置相应选项，单击【确定】按钮。

STEP|09 在【数据透视表字段】任务窗格中，分

别启用【产品名称】、【单位零售价】和【总销量（数量）】字段，并调整字段的显示区域。

STEP|10 执行【数据透视表工具】|【设计】|【数据透视表样式】|【数据透视表样式中等深浅 14】命令，设置数据透视表的样式。

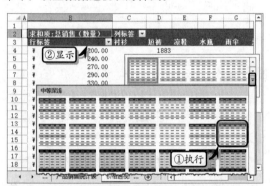

STEP|11 单击【列标签】中的下拉按钮，启用【衬衫】复选框，单击【确定】按钮，筛选数据。

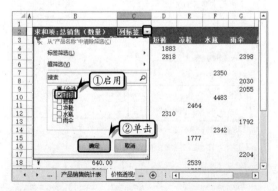

STEP|12 执行【数据透视表工具】|【分析】|【工具】|【数据透视图】命令，在【插入图表】对话

框中选择图表类型，并单击【确定】按钮。

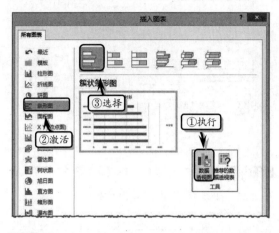

STEP|13 执行【分析】|【显示/隐藏】|【字段按钮】命令，隐藏数据透视图中的按钮。

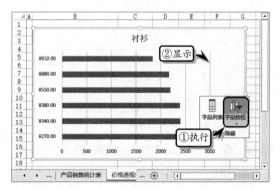

STEP|14 执行【数据透视图工具】|【位置】|【移动图表】命令，在【移动图表】对话框中，选择放置位置，并单击【确定】按钮。使用同样的方法，制作销售趋势透视表和透视图。

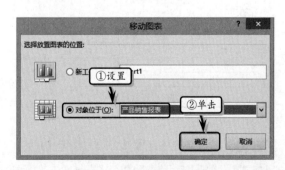

STEP|15 设置数据透视图表。选择数据透视图，执行【数据透视图工具】|【图表样式】|【更改颜色】|【颜色 4】命令，设置图表颜色。

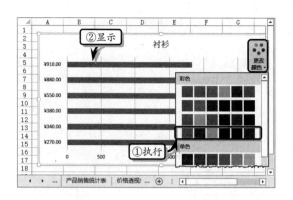

STEP|16 然后，更改图表标题并设置标题文本的字体格式。

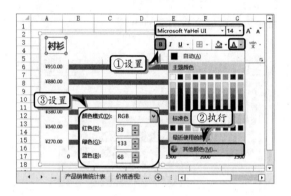

STEP|17 选择条形图数据透视图表中的数据系列，右击执行【设置数据系列】命令，设置系列的【系列重叠】和【分类间距】选项。

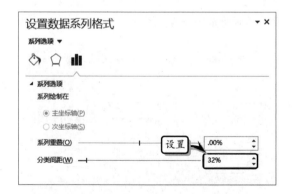

STEP|18 选择销售趋势数据透视图表，执行【设计】|【图表布局】|【添加图表元素】|【线条】|【垂直线】命令，为其添加垂直分析线。

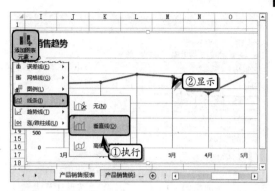

STEP|19 选择数据透视图表，执行【格式】|【形状样式】|【形状轮廓】|【绿色】命令，设置图表的边框样式。

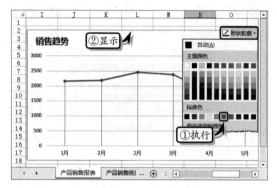

STEP|20 使用切片器。执行【分析】|【筛选】|【插入切片器】命令，启用【产品名称】复选框，单击【确定】按钮插入一个切片器。

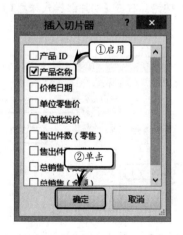

STEP|21 选择切片器，执行【切片器工具】|【选项】|【切片器】|【切片器设置】命令，禁用【显示页眉】复选框，并单击【确定】按钮。

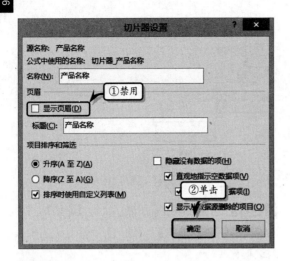

STEP|22 然后，在【按钮】选项组中，将【列】设置为 5，并调整切片器的大小。

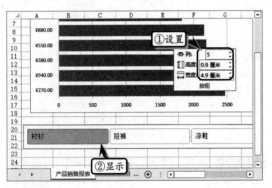

STEP|25 设置填充颜色。选择第 1~18 行，执行【开始】|【字体】|【填充颜色】|【白色，背景 1】命令，设置指定行的填充颜色。

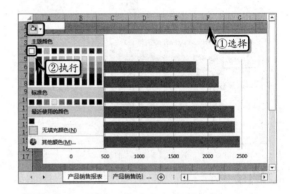

STEP|23 在【切片器样式】选项组中，单击【快速样式】按钮，右击【切片器样式深色 6】样式，执行【复制】命令。

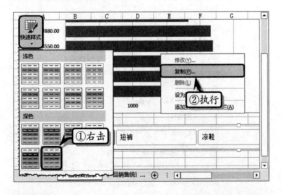

STEP|26 选择第 19~36 行，执行【开始】|【字体】|【填充颜色】|【白色，背景 1，深色 5%】命令，设置指定行的填充颜色。

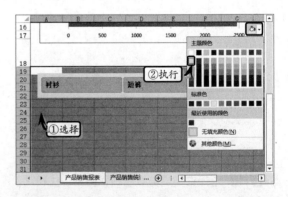

STEP|24 然后，在弹出的【修改切片器样式】对话框中选择【整个切片器】选项，单击【格式】按钮，设置相应的格式。使用同样的方法，分别设置其他切片器元素的格式，并将其应用到切片器中。

STEP|27 制作指示形状。执行【插入】|【插图】|【形状】|【矩形】命令，插入一个矩形形状。

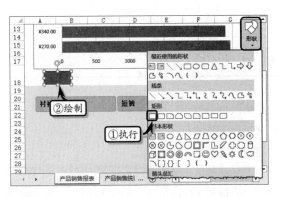

STEP|28 执行【绘图工具】|【格式】|【形状样式】
|【形状填充】|【白色，背景 1，深色 5%】命令，
同时执行【形状轮廓】|【无轮廓】命令，设置形
状样式。

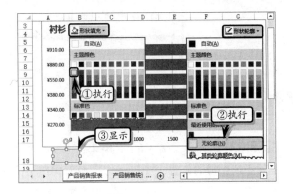

STEP|29 执行【插入】|【插图】|【形状】|【菱
形】命令，插入一个菱形形状。

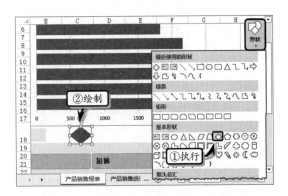

STEP|30 执行【绘图工具】|【格式】|【形状样式】
|【形状填充】|【白色，背景 1，深色 5%】命令，
同时执行【形状轮廓】|【白色，背景 1，深色 15%】
命令，设置形状样式。

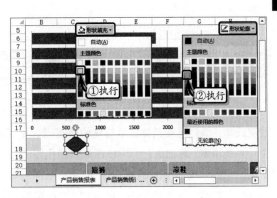

STEP|31 右击菱形形状，执行【设置形状格式】
命令，展开【线条】选项组，将【宽度】设置为
【1.75 磅】。

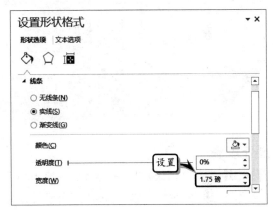

STEP|32 调整两个形状的大小和位置，同时选择
两个形状，右击执行【组合】|【组合】命令，组
合形状。

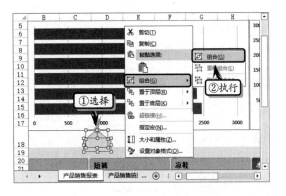

STEP|33 最后，制作报表标题和报表中相应的列
标题，设置其字体格式，并保存工作簿。

Office **11.7** 练习：预测单因素盈亏平衡销量

单因素盈亏平衡销量属于本量利分析中的一种，在此以预测的固定成本、单位可变成本、单位售价等基础数据，来预测单因素下的盈亏平衡销量。除此之外，用户还可以运用图表控件构建随动态数据变化的单因素盈亏平衡销量，以帮助用户更详细地分析售价和销量之间的变化趋势。在本练习中，将运用 Excel 中的查找和引用函数与控件功能，来制作不同单位售价下的动态预测图表。

练习要点

● 应用函数
● 插入控件
● 设置控件格式
● 应用图表
● 设置图表格式
● 应用模拟运算表

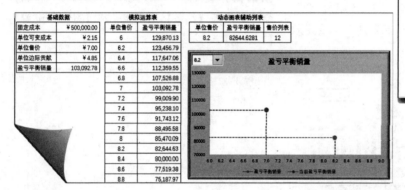

操作步骤 ▶▶▶▶

STEP|01 制作基础数据表。在单元格区域 B3:C7 中制作基础数据表框架，输入基础数据并设置边框格式。

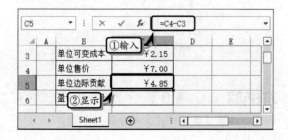

STEP|02 选择单元格 C5，在编辑栏中输入计算单位边际贡献的公式，按 Enter 键返回计算结果。

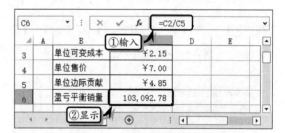

STEP|03 选择单元格 C6，在编辑栏中输入计算盈亏平衡销量的公式，按 Enter 键返回计算结果。

STEP|04 制作模拟运算表。在单元格区域 E2:F18 中制作模拟运算表框架，输入基础数据并设置边框与对齐格式。

STEP|05 选择单元格 F3，在编辑栏中输入计算盈

亏平衡销量的公式，按 Enter 键返回计算结果。

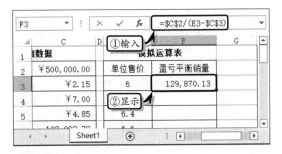

STEP|06 选择单元格区域 E3:F18，执行【数据】|【预测】|【模拟分析】|【模拟运算表】命令，将【输入引用列的单元格】选项设置为E3。

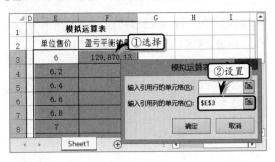

STEP|07 制作辅助列表。制作辅助列表基础表格，选择单元格 H3，在编辑栏中输入引用公式，按 Enter 键返回计算结果。

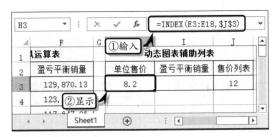

STEP|08 选择单元格 I3，在编辑栏中输入引用盈亏平衡销量的公式，按 Enter 键返回计算结果。

STEP|09 选择单元格 J3，执行【数据】|【数据工具】|【数据有效性】|【数据有效性】命令，设置【允许】与【来源】选项。

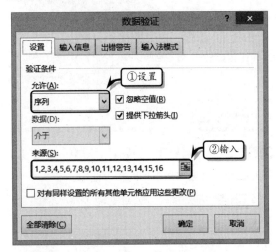

STEP|10 插入图表。同时选择单元格区域 E3:E18 与 F3:F18，执行【插入】|【散点图】|【带平滑线和数据标记的散点图】命令。

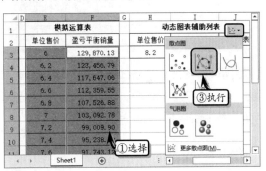

STEP|11 执行【设计】|【图表布局】|【快速布局】|【布局 8】命令，修改图表标题，并修改标题文本。

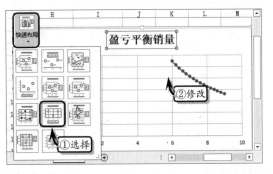

STEP|12 编辑图表数据。选择图表，执行【设计】|【数据】|【选择数据】命令，单击【编辑】按钮，设置【系列名称】选项。

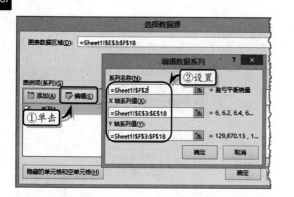

STEP|13 在【选择数据源】对话框中，单击【添加】按钮，设置数据系列的相应选项。

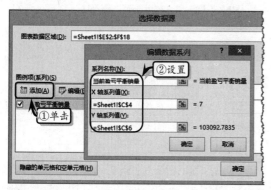

STEP|14 设置坐标轴格式。右击图表中的垂直（值）轴，执行【设置坐标轴格式】命令，设置最大值、最小值与主要刻度单位值。

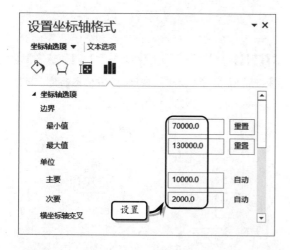

STEP|15 右击图表中的水平（值）轴，执行【设置坐标轴格式】命令，设置最大值、最小值与主要刻度单位值。

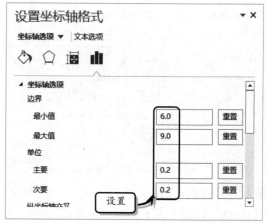

STEP|16 设置数据系列格式。双击"盈亏平衡销量"数据系列，打开【数据标记选项】选项卡，选中【内置】选项，并设置数据系列的类型。

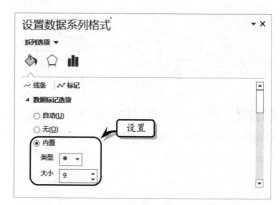

STEP|17 双击"当前盈亏平衡销量"数据系列，打开【填充】选项卡，设置数据标记的填充颜色。

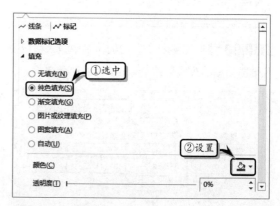

STEP|18 美化图表。选择图表，执行【格式】|【形

状样式】|【细微效果-绿色，强调颜色 6】命令，设置图表的样式。

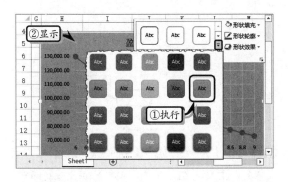

STEP|19 选择绘图区，执行【格式】|【形状样式】|【形状填充】|【白色】命令，设置绘图区的填充颜色。

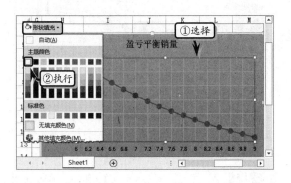

STEP|20 选择图表，执行【格式】|【形状样式】|【形状效果】|【棱台】|【松散嵌入】命令，设置图表的形状效果。

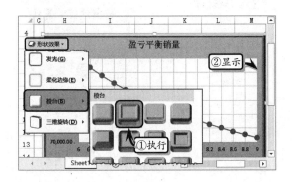

STEP|21 执行【设计】|【图表布局】|【添加图表元素】|【网格线】|【主轴主要水平网格线】命令，

隐藏横网格线。使用同样的方法，隐藏主要纵网格线。

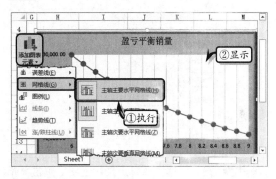

STEP|22 设置图表数据。执行【设计】|【数据】|【选择数据】命令，选择【盈亏平衡销量】选项，单击【编辑】按钮，修改 X 轴与 Y 轴系列值。

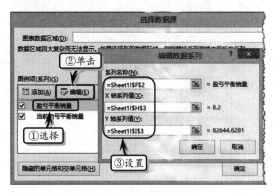

STEP|23 添加分析线。选择图表中的"盈亏平衡销量"数据系列，执行【设计】|【图表布局】|【添加图表元素】|【误差线】|【标准误差】命令。

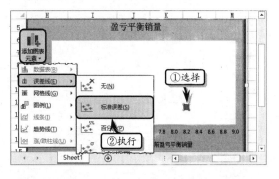

STEP|24 执行【格式】|【当前所选内容】|【图表元素】|【系列"盈亏平衡销量"X 误差线】命令，同时执行【设置所选内容格式】命令，并选中【负偏差】选项。

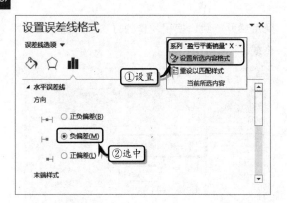

STEP|25 然后，选中【自定义】选项，单击【指定值】按钮，在弹出的对话框中设置【负错误值】选项。

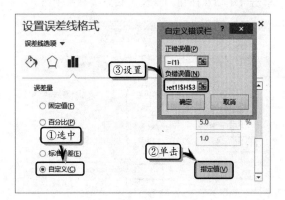

STEP|26 打开【线条】选项卡，在【线条】选项卡中，选中【实线】选项，并设置线条的颜色。

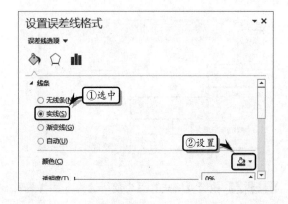

STEP|27 然后，将【宽度】设置为【1.25磅】、【短划线类型】设置为【方点】。

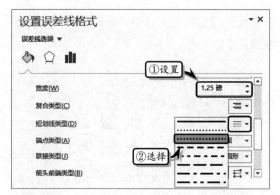

STEP|28 执行【布局】|【当前所选内容】|【图表元素】|【系列"盈亏平衡销量"Y误差线】命令，同时执行【设置所选内容格式】命令，并选中【负偏差】选项。

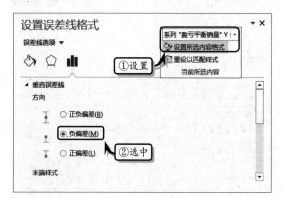

STEP|29 然后，选中【自定义】选项，单击【指定值】按钮，在弹出的对话框中设置【负错误值】选项。

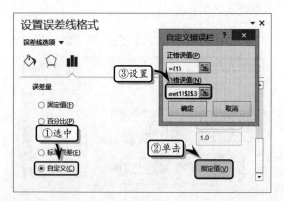

STEP|30 打开【线条】选项卡，选中【实线】选项，并设置线条的颜色。

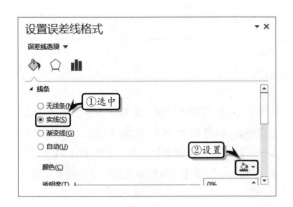

STEP|31 打开【线型】选项卡，分别设置线条的【宽度】与【短划线类型】选项。

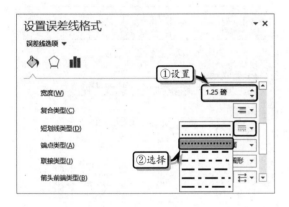

STEP|32 选择"盈亏平衡销量"数据系列，执行【设计】|【图表布局】|【添加图表元素】|【误差线】|【标准误差】命令。

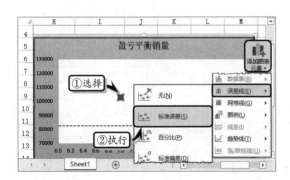

STEP|33 重复步骤（9）～步骤（14）中的方法，为"当前盈亏平衡销量"数据系列添加数据交叉线。

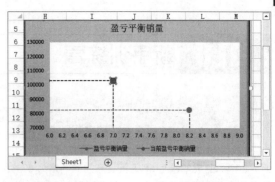

STEP|34 插入控件。执行【开发工具】|【控件】|【插入】|【组合框（窗体控件）】命令，绘制控件。

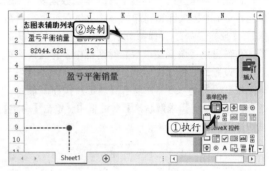

STEP|35 右击控件执行【设置控件格式】命令，打开【控件】选项卡，并设置相应的选项。

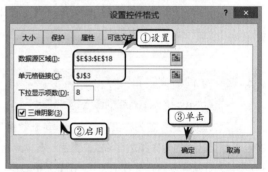

STEP|36 将控件移至图表左上角，设置标题文本格式，调整控件中的数值，同时查看图表中数据的变化情况。

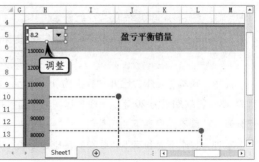

练习 1：单变量求解利率

downloads\11\新手训练营\单变量求解利率

提示：在本练习中，已知某产品的销售额为 100 万元，产品的成本额为 58 万元，产品的利率为 42%。下面运用单变量求解功能，求解目标利润为 60 万时的利润率。

首先，制作进行单变量求解的基础数据表，并在单元格 C4 中输入计算利润的公式。然后，执行【数据】|【数据工具】|【模拟分析】|【单变量求解】命令，在弹出的【单变量求解】对话框中，将【目标单元格】设置为 C4、【目标值】设置为 600 000、【可变单元格】设置为 C5，并单击【确定】按钮。最后，在弹出的【单变量求解状态】对话框中，单击【确定】按钮即可。

	A	B	C	D
1				
2		销售额	1000000	
3		成本额	580000	
4		利润	600000	
5		利率	60%	

Sheet1　Sheet2 …

练习 2：求解最大利润

downloads\11\新手训练营\求解最大利润

提示：本练习中，首先在工作表中制作基础数据，并设置数据区域的对齐和边框格式。然后，在单元格 D6 中输入计算实际生产成本的公式，在单元格 D7 中输入计算生产时间的公式，在单元格 E7 中输入计算最大利润的公式。最后，执行【数据】|【分析】|【规划求解】命令，设置规划求解各项参数即可。

练习 3：分析不同利率下的贷款还款额

downloads\11\新手训练营\不同利率下的贷款还款额

提示：在本练习中，已知贷款额为 10 万元、利率为 5%、贷款期限为 20 年，下面将运用单变量模拟运算表，计算不同利率下的还款额。

首先，制作不同利率下还款额的基础数据表，并

在单元格 E3 中输入计算还款额的函数。然后，选择单元格区域 D3:E10，执行【数据】|【数据工具】|【模拟分析】|【模拟运算表】命令，设置【输入引用列的单元格】选项。最后，设置单元格区域内的数据格式。

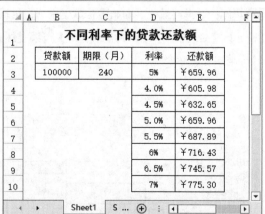

	不同利率下的贷款还款额			
	贷款额	期限（月）	利率	还款额
	100000	240	5%	￥659.96
			4.0%	￥605.98
			4.5%	￥632.65
			5.0%	￥659.96
			5.5%	￥687.89
			6%	￥716.43
			6.5%	￥745.57
			7%	￥775.30

Sheet1　S …

练习 4：分析不同利率和期限下的还款额

downloads\11\新手训练营\不同利率和期限下的还款额

提示：在本练习中，已知某人贷款 10 万元，利率为 5%，贷款期限为 20 年，下面将运用双变量模拟

运算表，计算不同利率与不同期限下的还款额。

首先，制作不同利率不同期限下还款额的基础数据表，并在单元格 D3 中输入计算还款额的函数。然后，选择单元格区域 D3:E10，执行【数据】|【数据工具】|【模拟分析】|【模拟运算表】命令，设置【输入引用行的单元格】和【输入引用列的单元格】选项。最后，设置单元格区域内的数据格式。

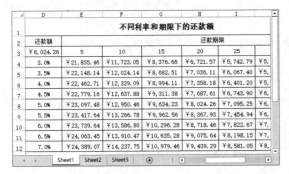

练习 5：预测最佳生产方案

downloads\11\新手训练营\预测最佳生产方案

提示：在本练习中，首先制作基础数据表，并在单元格 B6 中输入计算最佳方案的公式。然后，执行【数据】|【数据工具】|【模拟分析】|【方案管理器】命令。在弹出的对话框中，单击【添加】按钮，在弹出的【编辑方案】对话框中设置方案选项，并单击【确定】按钮。最后，在弹出的【方案变量值】对话框中，将各数值分别设置为 400、200 和 150，单击【确定】按钮即可。

		预测最佳生产方案			
	单价	月产量	最大生产量	正常生产量	最低生产量
A	131	400	400	260	200
B	260	200	200	150	130
C	126	150	150	130	100
最佳方案	123300				

Sheet1

第 **12** 章

制作演示文稿

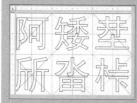 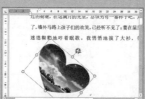  

　　PowerPoint 是微软公司开发的一款著名的多媒体演示设计与播放软件，它允许用户以可视化的操作，将文本、图像、动画、音频和视频集成到一个可重复编辑和播放的文档中，从而将用户所表达的信息以图文并茂的形式展现出来，并达到最佳的演示效果。本章将从 PowerPoint 工作界面开始，详细地介绍制作演示文稿的一系列基础知识和操作方法，为用户今后制作专业水准的演示文稿奠定基础。

Office

12.1 初识 PowerPoint 2016

相对于旧版本的 PowerPoint 来讲，PowerPoint 2016 中具有新颖而优美的工作界面。其方便、快捷且优化的界面布局，可以为用户节省许多操作时间。在运用 PowerPoint 2016 制作演示文稿之前，用户应该先认识 PowerPoint 2016 的工作界面，以及多种视图的切换方法。

12.1.1 PowerPoint 2016 窗口简介

PowerPoint 2016 采用了全新的操作界面，与 Office 2013 系列软件的界面风格保持一致。相比之前版本，PowerPoint 2016 的界面更加整齐而简洁，也更便于操作。PowerPoint 2016 软件的基本界面如下。

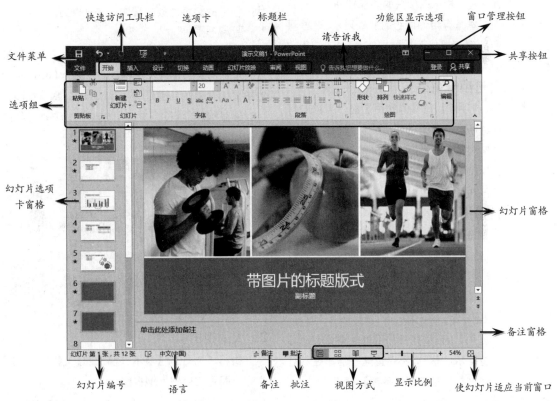

1．标题栏

标题栏位于窗口的最上方，由快速访问工具栏、当前文档名称、窗口控制按钮、功能显示选项组成。通过标题栏，不仅可以调整窗口大小，查看当前所编辑的文档名称，还可以进行新建、打开、保存等文档操作。

2．快速访问工具栏

快速访问工具栏在默认情况下，位于标题栏的

最左侧，是一个可自定义工具按钮的工具栏，主要放置一些常用的命令按钮。默认情况下，系统会放置【保存】、【撤销】与【重复】三个命令。

单击旁边的下三角按钮，可添加或删除快速访问工具栏中的命令按钮。另外，用户还可以将快速工具栏放在功能区的下方。

3．选项卡和选项组

选项卡栏是一组重要的按钮栏，它提供了多种

按钮，用户在单击该栏中的按钮后，即可切换功能区，应用 PowerPoint 中的各种工具。

选项组集成了 PowerPoint 中绝大多数的功能。根据用户在选项卡栏中选择的内容，功能区可显示相应的功能。

在功能区中，相似或相关的功能按钮、下拉菜单以及输入文本框等组件以组的方式显示。一些可自定义功能的组还提供了扩展按钮，辅助用户以对话框的方式设置详细的属性。

4．幻灯片选项卡窗格

【幻灯片选项卡】窗格的作用是显示当前幻灯片演示程序中所有幻灯片的预览或标题，供用户选择以进行浏览或播放。另外，在该窗格中还可以实现新建、复制和删除幻灯片，以及新增节、删除节和重命名节等功能。

5．幻灯片窗格

幻灯片窗格是 PowerPoint 的【普通】视图中最主要的窗格。在该窗格中，用户既可以浏览幻灯片的内容，也可以选择【功能区】中的各种工具，对幻灯片的内容进行修改。

6．备注窗格

设计幻灯片时，在某些情况下可能需要在幻灯片中标注一些提示信息。如不希望这些信息在幻灯片中显示，则可将其添加到【备注】窗格。

7．状态栏

【状态栏】是多数 Windows 程序或窗口共有的工具栏，通常位于窗口的底部，用于显示【幻灯片编号】、【备注】、【批注】以及幻灯片所使用的【语言】状态。

除此之外，用户还可以通过【状态栏】中提供的【视图】工具栏切换 PowerPoint 的视图，以实现各种功能。

在【状态栏】中，用户可以单击当前幻灯片的

【显示比例】数值，在弹出的【显示比例】对话框中选择预设的显示比例，或输入自定义的显示比例值。

在【状态栏】最右侧提供了【使幻灯片适应当前窗口】按钮。单击该按钮后，PowerPoint 2013 将自动根据窗口的尺寸大小，对【幻灯片】窗格内的内容进行缩放。

12.1.2　演示文稿视图

PowerPoint 文稿视图包括普通视图、大纲视图、幻灯片浏览视图、备注页视图、阅读视图以及状态栏中的幻灯片放映视图 6 种视图方式。

1．普通视图

执行【视图】|【演示文稿视图】|【普通】命令，即可切换到普通视图中，该视图为 PowerPoint 的主要编辑视图，也是 PowerPoint 的默认视图，可以逐张编辑幻灯片，并且可以使用普通视图导航缩略图。

2．大纲视图

执行【视图】|【演示文稿视图】|【大纲视图】命令，即可切换到大纲视图。

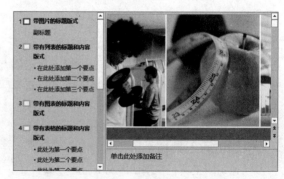

在该视图中,可以按由小到大的顺序和幻灯片的内容层次的关系,显示演示文稿内容。另外,用户还可以通过将 Word 文本粘贴到大纲中的方法,来轻松创建整个演示文稿。

3. 幻灯片浏览视图

执行【视图】|【演示文稿视图】|【幻灯片浏览】命令,即可切换到幻灯片浏览视图中。该视图是以缩略图形式显示幻灯片内容的一种视图方式,便于用户查看与重新排列幻灯片。

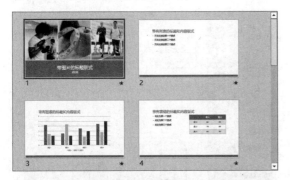

> **注意**
>
> 在幻灯片的状态栏中,单击【幻灯片浏览】按钮 ⊞,可切换至幻灯片浏览视图中。

4. 备注页视图

执行【视图】|【演示文稿视图】|【备注页】命令,即可切换到备注页视图中。该视图用于查看备注页,以及编辑演讲者的打印外观。另外,用户可以在 【备注窗格】中输入备注内容。

5. 阅读视图

执行【视图】|【演示文稿视图】|【阅读视图】命令,切换到阅读视图中,以放映幻灯片的方式显示幻灯片内容,并可以实现无需切换到全屏状态下,查看动画和切换效果的目的。

在阅读视图中,用户可以通过单击鼠标来切换幻灯片,使幻灯片按照顺序显示,直至阅读完所有的幻灯片。另外,用户可在阅读视图中单击【状态栏】中的【菜单】按钮,来查看或操作幻灯片。

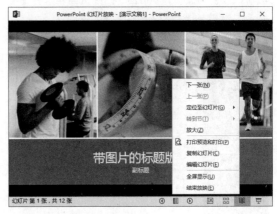

6. 幻灯片放映视图

单击状态栏中的【幻灯片放映】按钮,切换至【幻灯片放映视图】中,在该视图中用户可以看到演示文稿的演示效果。

在放映幻灯片的过程中,用户可通过按 Esc 键结束放映。另外,还可以在放映幻灯片中右击,执行【结束放映】命令,来结束幻灯片的放映操作。

12.2 操作演示文稿

用户在制作演示文稿之前,还需要先掌握创建演示文稿、保存演示文稿,以及页面设置等操作的基础知识和使用技巧。

12.2.1　创建演示文稿

在 PowerPoint 2016 中，用户不仅可以创建空白演示文稿，而且还可以创建 PowerPoint 自带的模板文档。

1．创建空白演示文稿

启动 PowerPoint 组件，或执行【文件】|【新建】命令，打开【新建】页面，在该页面中选择【空白演示文稿】选项，创建空白演示文稿。

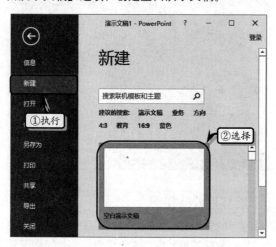

除此之外，用户也可以通过【快速访问工具栏】中的【新建】命令，来创建空白演示文稿。对于初次使用 PowerPoint 2016 的用户来讲，需要单击【快速访问工具栏】右侧的下拉按钮，在其列表中选择【新建】选项。然后，直接单击【快速访问工具栏】中的【新建】按钮，即可创建空白演示文稿。

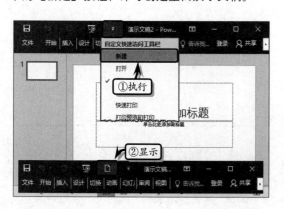

> **技巧**
>
> 按快捷键 Ctrl+N，也可创建一个空白的演示文稿。

2．创建常用模板演示文稿

执行【文件】|【新建】命令之后，系统只会在该页面中显示固定的模板样式，以及最近使用的模板演示文稿样式。此时，在该页面中，选择所需使用的模板样式。

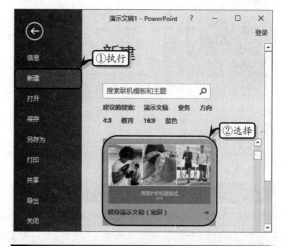

> **技巧**
>
> 在新建模板列表中，单击模板名称后面的 📌 按钮，即可将该模板固定在列表中，便于下次使用。

然后，在弹出的创建页面中预览模板文档内容，单击【创建】按钮即可。

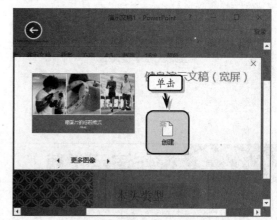

3．创建类别模板演示文稿

在【新建】页面的【建议搜索】列表中，选择相应的搜索类型，即可新建该类型的相关演示文稿模板。例如，在此选择【演示文稿】选项。

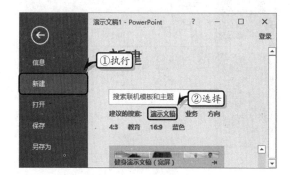

然后，在弹出的【演示文稿】模板页面中，选择模板类型，或者在右侧的【类别】窗口中选择模板类型，然后在列表中选择相应的演示文稿模板即可。

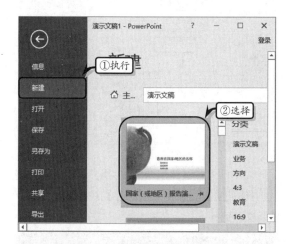

注意

在【商务】模板页面中，单击搜索框左侧的【主页】连接，即可将页面切换到【新建】页面中。

4．搜索模板文档

在【新建】页面中的搜索文本框中，输入需要搜索的模板类型。例如，输入文本"主题"，然后单击【搜索】按钮，即可创建搜索后的模板文档。

12.2.2　页面设置

PowerPoint 可以制作多种类型的演示文稿，由于每种类型的幻灯片的尺寸不尽相同，所以用户还需要通过 PowerPoint 的页面设置，对制作的演示文稿进行编辑，制作出符合播放设备尺寸的演示文稿。

1．设置幻灯片的宽屏样式

在演示文稿中，执行【设计】|【自定义】|【幻灯片大小】|【宽屏】命令，将幻灯片的大小设置为 16:9 的宽屏样式，以适应播放时的电视和视频所采用的宽屏和高清格式。

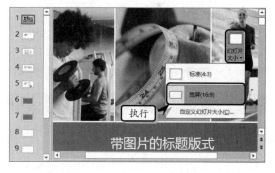

2．设置幻灯片的标准大小样式

将幻灯片的大小由【宽屏】样式更改为【标准】样式时，系统无法自动缩放内容的大小，此时会自动弹出提示对话框，提示用户对内容的缩放进行选择。

执行【设计】|【自定义】|【幻灯片大小】|【标准】命令，在弹出的 Microsoft PowerPoint 对话框中，选择【最大化】选项或单击【最大化】按钮即可。

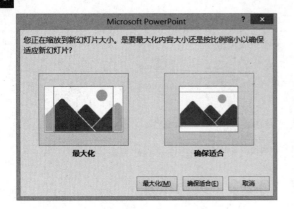

3. 自定义幻灯片的大小

执行【设计】|【自定义】|【幻灯片大小】|【自定义幻灯片大小】命令,在弹出的【幻灯片大小】对话框中,设置【幻灯片大小】选项即可。

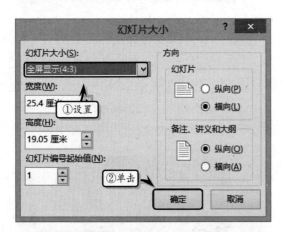

> **注意**
>
> 用户还可以在【宽度】和【高度】两个输入文本域下方,设置演示文稿起始的幻灯片编号,在默认状态下,幻灯片编号从1开始。

12.2.3 保存和保护演示文稿

创建并设置演示文稿之后,为了保护劳动成果,还需要将演示文稿保存在本地计算机或OneDirve中;或者使用 PowerPoint 自带的密码功能,保护演示文稿不被其他人篡改。

1. 保存演示文稿

对于新建演示文稿,则需要执行【文件】|【保存】或【另存为】命令,在展开的【另存为】列表中,选择【这台电脑】选项,并选择具体放置位置,例如选择【桌面】选项。

在弹出的【另存为】对话框中,选择保存位置,设置保存名称和类型,单击【保存】按钮即可。

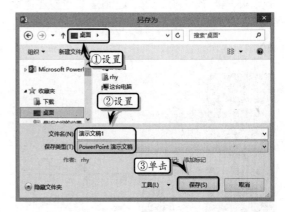

对于已保存过的演示文稿,用户可以直接单击【快速访问工具栏】中的【保存】按钮,直接保存演示文稿即可。

> **注意**
>
> 在 PowerPoint 2016 中,按快捷键 Ctrl+S,即可打开【另存为】界面。

2. 保护演示文稿

执行【文件】|【另存为】命令,在展开的【另存为】列表中,选择【计算机】选项,并单击【浏览】按钮。然后,在弹出的【另存为】对话框中单击【工具】下拉按钮,选择【常规选项】选项。

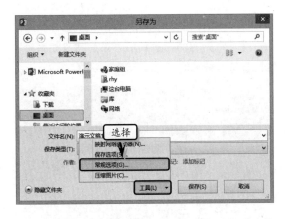

在【常规选项】对话框中，可以通过单击【宏安全性】按钮，在弹出的【信任中心】对话框中的【宏设置】选项卡中，设置宏的安全性。

在弹出的【确认密码】对话框中，重复输入打开权限密码和修改权限密码，即可使用密码保护演示文稿。

在弹出的【常规选项】对话框中，输入打开权限密码和修改权限密码，并单击【确定】按钮。

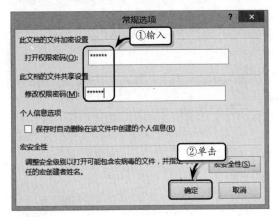

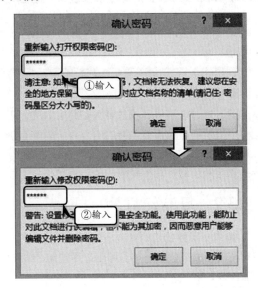

12.3　操作幻灯片

幻灯片是 PowerPoint 演示文稿中最重要的组成部分，也是展示内容的重要载体。通常情况下，一个演示文稿可以包含多张幻灯片，以供播放与展示。

12.3.1　新建幻灯片

在 PowerPoint 2016 中，可以通过下列三种方法，为演示文稿新建幻灯片。

1．选项组命令法

执行【开始】|【幻灯片】|【新建幻灯片】命令，在其菜单中选择一种幻灯片版式即可。

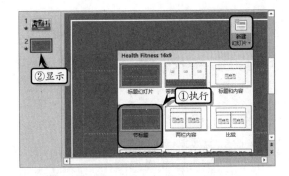

2．右击鼠标法

选择【幻灯片选项卡】窗格中的幻灯片，右击执行【新建幻灯片】命令，创建新的幻灯片。

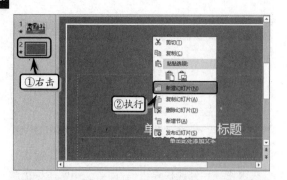

3. 键盘新建法

除了通过各种界面操作插入幻灯片以外，用户也可以通过键盘操作插入新的幻灯片。选择【幻灯片选项卡】窗格中的幻灯片，即可按 Enter 键，直接插入与所选幻灯片相同版式的新幻灯片。

12.3.2 复制幻灯片

为了使新建的幻灯片与已经建立的幻灯片保持相同的版式或设计风格，可以运用复制、粘贴命令来实现。

1. 选项组命令法

在【幻灯片选项卡】窗格中选择幻灯片，执行【开始】|【剪贴板】|【复制】命令，复制所选幻灯片。

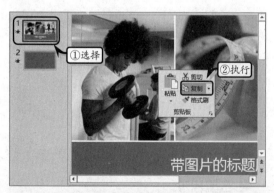

然后，选择需要放置在其下方位置的幻灯片，执行【开始】|【剪贴板】|【粘贴】|【使用目标主题】命令，粘贴幻灯片。

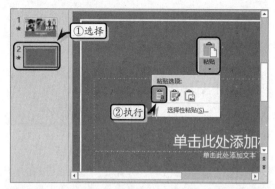

2. 右击鼠标法

在【幻灯片选项卡】窗格中选择幻灯片，右击执行【复制幻灯片】命令，即可复制与所选幻灯片版式和内容完全一致的幻灯片。

12.3.3 移动幻灯片

移动幻灯片可以调整一张或多张幻灯片的顺序，以使演示文稿更符合逻辑性。移动幻灯片，既可以在同一个演示文稿中移动，也可以在不同的演示文稿中移动。

1. 在同一篇演示文稿中移动

在【幻灯片选项卡】窗格中，选择要移动的幻灯片，拖动至合适位置后松开鼠标。

也可以执行【视图】|【演示文稿视图】|【幻灯片浏览】命令，切换至幻灯片浏览视图。然后选择幻灯片，进行拖动。

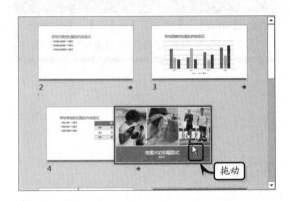

另外，在普通视图中，还可以选择要移动的幻灯片，执行【开始】|【剪贴板】中的【剪切】命令。然后选择要移动幻灯片的新位置，执行【开始】|【剪贴板】|【粘贴】命令，移动幻灯片。

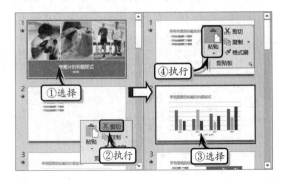

2．在不同的演示文稿中移动

将两篇演示文稿打开，执行【视图】|【窗口】|【全部重排】命令，将两个文稿显示在一个界面中。在其中一个窗口中选择需要移动的幻灯片，拖动到另一个文稿中即可。

12.3.4　操作幻灯片节

PowerPoint 2016 为用户提供了一个节功能，通过该功能可以将不同类别的幻灯片进行分组，从而便于管理演示文稿中的幻灯片。

1．新增节

在【幻灯片选项卡】窗格中，选择需要添加节的幻灯片，执行【开始】|【幻灯片】|【节】|【新增节】命令，即可为幻灯片增加一个节。

另外，选择幻灯片，右击执行【新增节】命令，也可以为幻灯片添加新节。

技巧

用户还可以选择两个幻灯片之间的空白处，右击执行【新增节】命令，来添加新节。

2. 重命名节

选择幻灯片中的节名称，执行【开始】|【幻灯片】|【节】|【重命名】命令，在弹出的【重命名节】对话框中输入节名称，单击【确定】按钮即可。

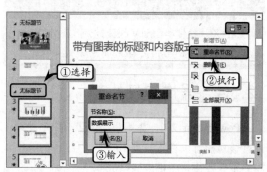

注意

用户也可以右击节标题，执行【重命名节】命令，为节重命名。

3. 删除节

选择需要删除的节标题，执行【开始】|【幻灯片】|【节】|【删除节】命令，即可删除所选的节。

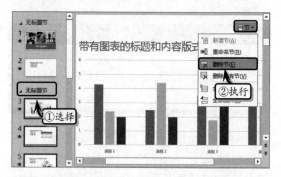

技巧

执行【开始】|【幻灯片】|【节】|【删除所有节】命令，即可删除幻灯片中的所有节。

12.4 设置主题和背景

在设计演示文稿时，可通过设计幻灯片的主题和背景，来保持演示文稿中所有的幻灯片风格外观一致，以增加演示文稿的可视性、实用性与美观性。

12.4.1 设置主题

幻灯片主题是应用于整个演示文稿的各种样式的集合，包括颜色、字体和效果三大类。PowerPoint 预置了多种主题供用户选择，除此之外还可以通过自定义主题样式，来弥补自带主题样式的不足。

1. 应用主题

用户只需执行【设计】|【主题】|【环保】命令，即可将"环保"主题应用到整个演示文稿中。

在演示文稿中更改主题样式时,默认情况下会同时更改所有幻灯片的主题。对于具有一定针对性的幻灯片,用户也可以单独应用某种主题。选择幻灯片,在【主题】列表中选择一种主题,右击执行【应用于选定幻灯片】命令即可。

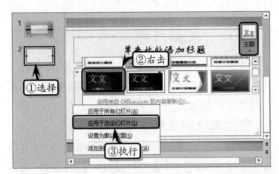

2. 应用变体效果

PowerPoint 2016 为用户提供了【变体】样式,该样式会随着主题的更改而自动更换。在【设计】选项卡【变体】选项组中,系统会自动提供 4 种不同背景颜色的变体效果,用户只需选择一种样式进行应用即可。

3. 自定义主题效果

PowerPoint 2016 为用户提供了 15 种主题效果,用户可以根据幻灯片的内容,执行【设计】|【变体】|【其他】|【效果】命令,在其级联菜单中选择一种主题效果。

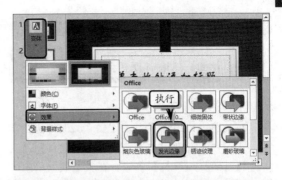

4. 自定义主题颜色

PowerPoint 2016 为用户准备了 23 种主题颜色,用户可根据幻灯片的内容,执行【设计】|【变体】|【其他】|【颜色】命令,在其级联菜单中选择一种主题颜色。

除了上述 23 种主题颜色之外,用户还可以创建自定义主题颜色。执行【设计】|【变体】|【其他】|【颜色】|【自定义颜色】命令,自定义主题颜色。

注意

当用户不满意新创建的主题颜色时，单击【重设】按钮，可重新设置主题颜色。

5. 自定义主题字体

PowerPoint 2016 为用户准备了 25 种主题字体，用户可根据幻灯片的内容，执行【设计】|【变体】|【其他】|【字体】命令，在其级联菜单中选择一种主题字体。

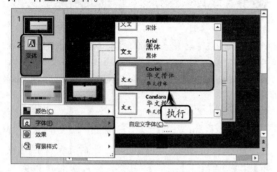

除了上述 25 种主题颜色之外，用户还可以创建自定义主题颜色。执行【设计】|【变体】|【其他】|【字体】|【自定义字体】命令，自定义主题颜色。

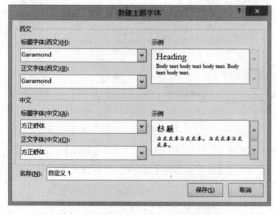

该对话框中主要包括下列几个选项。

（1）西文：主要是设置幻灯片中的英文、字母等字体的显示类别。在【西文】选项组中单击【标题字体（西文）】或【正文字体（西文）】下三角按钮，在下拉列表中选择需要设置的字体类型。同时，用户可根据【西文】选项组右侧的【示例】列表框来查看设置效果。

（2）中文：在【中文】选项组中单击【标题字体（中文）】或【正文字体（中文）】下三角按钮，

在下拉列表中选择需要设置的字体类型。同时，用户可根据【中文】选项组右侧的【示例】列表框来查看设置效果。

（3）名称与保存：设置完字体之后，在【名称】文本框中输入自定义主题字体的名称，并单击【保存】按钮保存自定义主题字体。

12.4.2　设置背景

在 PowerPoint 中，除了可以为幻灯片设置主题效果之外，还可以根据幻灯片的整体风格，设置幻灯片的背景样式。

1. 应用默认背景样式

PowerPoint 为用户提供了 12 种默认的背景样式，执行【设计】|【变体】|【其他】|【背景样式】命令，在其级联菜单中选择一种样式即可。

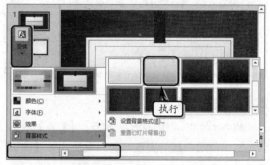

2. 设置纯色填充效果

除了使用内置的背景样式设置幻灯片的背景格式之外，还可以自定义其纯色填充效果。执行【设计】|【自定义】|【设置背景格式】命令，打开【设置背景格式】任务窗格。选中【纯色填充】选项，单击【颜色】按钮，在其级联菜单中选择一种色块。

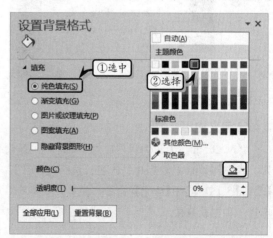

选择色块之后，单击【全部应用】按钮即可将纯色填充效果应用到所有幻灯片中。另外，用户还可以通过设置透明度值的方法，来增加背景颜色的透明效果。

> **注意**
>
> 当【颜色】级联菜单中的色块无法满足用户需求时，可以执行【其他颜色】命令，在弹出的【颜色】对话框中自定义填充颜色。

3. 设置渐变填充效果

渐变填充效果是一种颜色向另外一种颜色过渡的效果，渐变填充效果往往包含两种以上的颜色，通常为多种颜色并存。

在【设置背景格式】任务窗格中，选中【渐变填充】选项，单击【预设渐变】按钮，在其级联菜单中选择一种预设渐变效果，应用内置的渐变效果。

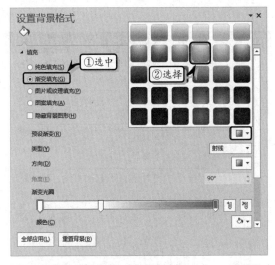

4. 设置图片或纹理填充效果

图片或纹理背景是一种更加复杂的背景样式，可以将 PowerPoint 内置的纹理图案、外部图像、剪贴板图像以及 Office 预置的剪贴画设置为幻灯片的背景。

在【设置背景格式】任务窗格中，选中【图片或纹理填充】选项，单击【文件】按钮，在弹出的【插入图片】对话框中选择图片文件即可。

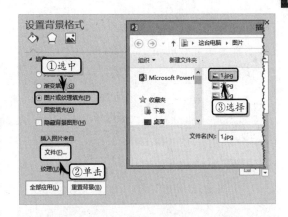

> **注意**
>
> 用户也可以通过单击【剪贴画】和【联机】按钮，插入剪贴画或网络中的图片。

另外，单击【纹理】按钮，在展开的级联菜单中选择一种纹理效果，即可设置纹理背景格式。

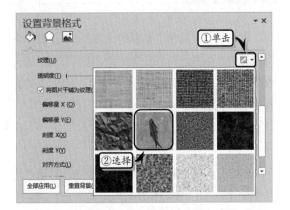

> **技巧**
>
> 设置图片或纹理填充之后，可通过拖动【透明度】滑块或在微调框中输入数值，来设置图片或纹理的透明效果。

5. 设置图案填充效果

图案背景也是比较常见的一种幻灯片背景，在【设置背景格式】任务窗格中，选中【图案填充】选项。然后，在图案列表中选择一种图案样式，并设置图案的前景和背景颜色。

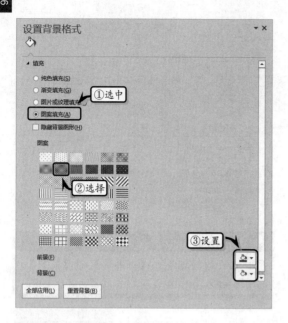

12.5 设置版式

PowerPoint 提供了丰富的幻灯片版式，除了常用的幻灯片版式之外，还提供了幻灯片母版、讲义母版等版式，方便用户对幻灯片进行设计，使其具有更精彩的视觉效果。

12.5.1 设置幻灯片布局

幻灯片的布局格式也称为幻灯片版式，通过幻灯片版式的应用，使幻灯片制作得更加整齐、简洁。

1. 应用幻灯片版式

创建演示文稿之后，用户会发现所有新创建的幻灯片的版式都被默认为"标题幻灯片"版式。为了丰富幻灯片内容，体现幻灯片的实用性，需要设置幻灯片的版式。默认情况下，PowerPoint 主要为用户提供了【标题和内容】、【比较】、【内容与标题】、【图片与标题】等 11 种版式。

版 式 名 称	包 含 内 容
标题幻灯片	标题占位符和副标题占位符
标题和内容	标题占位符和正文占位符
节标题	文本占位符和标题占位符
两栏内容	标题占位符和两个正文占位符

续表

版 式 名 称	包 含 内 容
比较	标题占位符、两个文本占位符和两个正文占位符
仅标题	仅标题占位符
空白	空白幻灯片
内容与标题	标题占位符、文本占位符和正文占位符
图片与标题	图片占位符、标题占位符和文本占位符
标题和竖排文字	标题占位符和竖排文本占位符
竖排标题与文本	竖排标题占位符和竖排文本占位符

例如，当用户需要创建【两栏内容】版式时，可以选择需要在其下方新建幻灯片的幻灯片，然后执行【开始】|【幻灯片】|【新建幻灯片】|【两栏内容】命令，即可创建新版式的幻灯片。

> **注意**
>
> 通过【新建幻灯片】命令应用版式时，PowerPoint 会在原有幻灯片的下方插入新幻灯片。

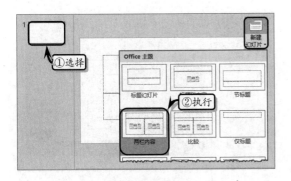

　　另外，还可以选择需要应用版式的幻灯片，执行【开始】|【幻灯片】|【版式】|【两栏内容】命令，即可将现有幻灯片的版式应用于【两栏内容】的版式。

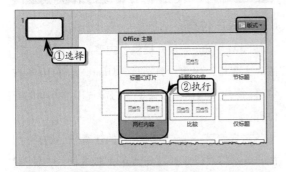

> **注意**
>
> 通过【版式】命令应用版式，可以直接在所选的幻灯片中更改其版式。

2. 插入幻灯片版式

　　选择需要复制的幻灯片，执行【开始】|【幻灯片】|【新建幻灯片】|【复制所选幻灯片】命令，在所选幻灯片下方插入一张相同的幻灯片。

> **注意**
>
> 选择幻灯片，右击执行【隐藏幻灯片】命令，即可隐藏所选幻灯片。

3. 重用幻灯片版式

　　执行【开始】|【幻灯片】|【新建幻灯片】|【重用幻灯片】命令，弹出【重用幻灯片】任务窗格，单击【浏览】按钮，在其列表中选择【浏览文件】选项。

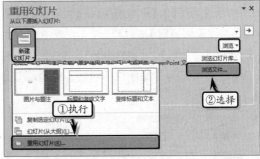

　　在弹出的【浏览】对话框中选择一个幻灯片演示文件，单击【打开】按钮。

　　此时，系统会自动在【重用幻灯片】任务窗格中显示所打开演示文稿中的幻灯片，在其列表中选择一种幻灯片，将所选幻灯片插入到当前演示文稿中。

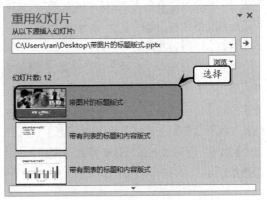

12.5.2 设置幻灯片母版

幻灯片母版是存储关于模板信息的设计模板的一个元素，这些模板信息包括字形、占位符大小和位置、背景设计和主题颜色。一份演示文稿通常是用许多张幻灯片来描述一个主题，用户可以通过设置幻灯片的格式、背景和页眉页脚来修改幻灯片母版。

1. 插入幻灯片母版

执行【视图】|【母版视图】|【幻灯片母版】命令，将视图切换到【幻灯片母版】视图中。同时，执行【幻灯片母版】|【编辑母版】|【插入幻灯片母版】命令，即可在母版视图中插入新的幻灯片母版。

技巧

在【幻灯片选项卡】窗格中，选择任意一个幻灯片，右击执行【插入幻灯片母版】命令，即可插入一个新的幻灯片母版。

对于新插入的幻灯片母版，系统会根据母版个数自动以数字进行命名。例如，插入第一个幻灯片母版后，系统自动命名为2；继续插入第二个幻灯片母版后，系统会自动命名为3，以此类推。

2. 插入幻灯片版式

在幻灯片母版中，系统为用户准备了14种幻灯片版式，该版式与普通幻灯片中的版式一样。当母版中的版式无法满足工作需求时，选择幻灯片的位置，执行【幻灯片母版】|【编辑母版】|【插入版式】命令，便可以在选择的幻灯片下面插入一个标题幻灯片

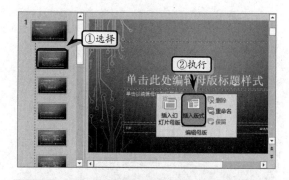

注意

如果用户选择第一张幻灯片，执行【插入版式】命令后系统将自动在整个母版的末尾处插入一个新版式。

3. 插入占位符

PowerPoint 为用户提供了内容、文本、图表、图片、表格、媒体、剪贴画、SmartArt 等 10 种占位符，用户可根据具体需求在幻灯片中插入新的占位符。

选择除第一张幻灯片之外的任意一个幻灯片，执行【幻灯片母版】|【母版版式】|【插入占位符】命令，在其级联菜单中选择一种占位符类型，并拖动鼠标放置占位符。

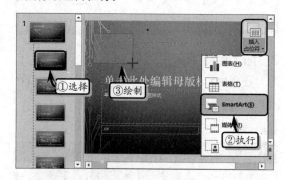

4. 设置页脚和标题

在幻灯片母版中，系统默认的版式显示了标题与页脚，用户可通过启用或禁用【母版版式】选项卡中的【标题】或【页脚】复选框，来隐藏标题与页脚。例如，禁用【页脚】复选框，将会隐藏幻灯片中页脚显示。同样，启用【页脚】复选框便可以显示幻灯片中的页脚。

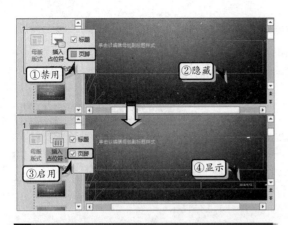

注意

在设置页眉和标题时，幻灯片母版中的第一张幻灯片将不会被更改。

12.5.3 设置讲义母版

讲义母板通常用于教学备课工作中，可以显示多个幻灯片的内容，便于用户对幻灯片进行打印和快速浏览。

1．设置讲义方向

首先，执行【视图】|【母版视图】|【讲义母版】命令，切换到【讲义母版】视图中。然后，执行【讲义母版】|【页面设置】|【讲义方向】命令，在其级联菜单中选择一种显示方向即可。

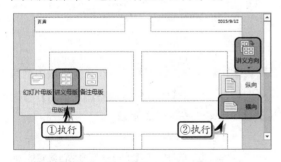

注意

执行【讲义母版】|【页面设置】|【幻灯片大小】命令，即可设置幻灯片的标准和宽屏样式。

2．设置每页幻灯片的数量

执行【讲义母版】|【页面设置】|【每页幻灯片数量】命令，在其级联菜单中选择一个选项，即可更改每页讲义母版所显示的幻灯片的数量。

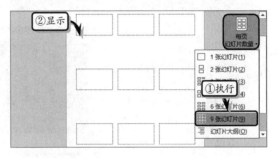

3．编辑母版版式

讲义母版和幻灯片母版一样，也可以用自定义占位符的方法，实现编辑母版版式的目的。在讲义母版视图中，用户只需启用或禁用【讲义母版】选项卡【占位符】选项组中相应的复选框，隐藏或显示占位符。

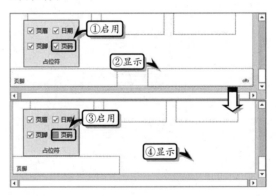

Office 12.6 练习：设置幻灯片母版

在使用 PowerPoint 制作优美幻灯片时，经常会遇到同一个演示文稿中多次使用相同版式的情况。如果使用系统内置的版式，既单一枯燥又无法形象地展示幻灯片内容。此时，用户可以使用 PowerPoint

内置的【幻灯片母版】功能，统一制作相同风格而不同细节的版式，以供用户根据幻灯片内容和章节来选择使用。在本练习中，将通过制作包含章节内容的幻灯片母版，来详细介绍设置幻灯片母版的操作方法和技巧。

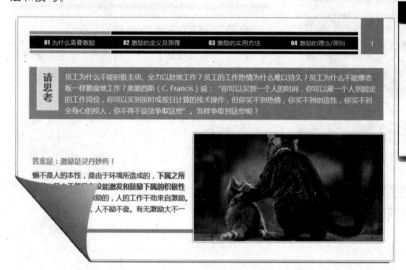

练习要点

- 插入幻灯片母版
- 使用形状
- 设置形状格式
- 设置文本格式
- 插入文本框
- 添加页码

操作步骤 >>>>

STEP|01 新建幻灯片母版。新建空白演示文稿，执行【视图】|【母版视图】|【幻灯片母版】命令，切换视图。

STEP|02 插入幻灯片母版。执行【幻灯片母版】|【编辑母版】|【插入幻灯片母版】命令，插入幻灯片母版，并删除该母版中部分幻灯片中的所有内容。

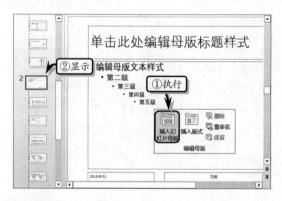

STEP|03 制作第 1 张幻灯片。选择新母版中的第 1 张幻灯片，执行【插入】|【插图】|【形状】|【矩形】命令，绘制一个矩形形状。

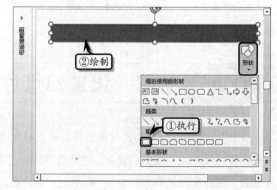

STEP|04 选择矩形形状, 在【绘图工具】|【格式】选项卡中的【大小】选项组中, 设置形状的高度和宽度值。

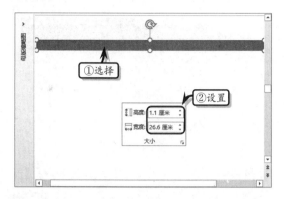

STEP|05 执行【绘图工具】|【形状样式】|【形状填充】|【黑色, 文字 1】命令, 同时执行【形状轮廓】|【白色, 背景 1】命令, 设置形状样式。

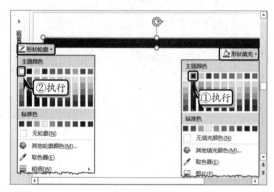

STEP|06 使用同样的方法, 分别制作其他矩形形状, 调整形状的大小并排列形状。

STEP|07 执行【插入】|【文本】|【文本框】|【横排文本框】命令, 在中间矩形形状上方绘制文本框,

输入文本 "01", 并设置文本的字体格式。

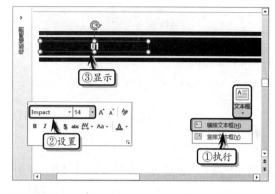

STEP|08 在文本 "01" 后面空格并继续输入剩余文本, 同时设置文本的字体格式。然后, 复制文本框, 修改文本框内容并排列文本框。

STEP|09 执行【插入】|【插图】|【形状】|【矩形】命令, 在幻灯片右上角绘制一个矩形形状, 并调整形状的大小和位置。

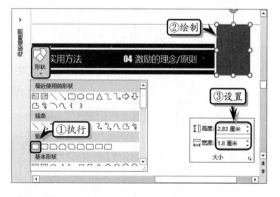

STEP|10 选择该矩形形状, 执行【绘图工具】|【形状样式】|【形状轮廓】|【无轮廓】命令, 取消形状的轮廓样式。

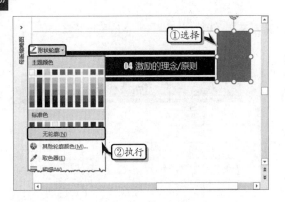

STEP|11 同时，执行【绘图工具】|【形状样式】|
【形状填充】|【其他填充颜色】命令，打开【自定
义】选项卡，自定义填充颜色。

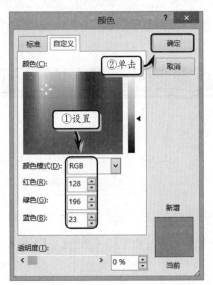

STEP|12 在形状中插入一个文本框，将光标定位
在文本框中，执行【插入】|【文本】|【幻灯片编
号】命令，插入幻灯片编号。

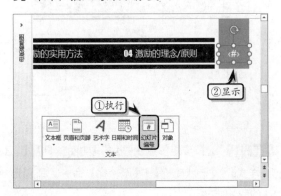

STEP|13 制作其他幻灯片。选择新母版中的第 2

张幻灯片，复制第 1 张幻灯片中右上角的矩形形
状，调整形状的大小和位置。

STEP|14 选择复制的形状，执行【绘图工具】|【形
状样式】|【形状填充】|【其他填充颜色】命令，
自定义填充颜色。使用同样的方法，制作其他幻灯
片母版。

STEP|15 使用幻灯片母版。执行【关闭母版视图】
命令，切换到普通视图中。选择第 1 张幻灯片，执
行【开始】|【幻灯片】|【版式】|【自定义设计方
案】|【标题幻灯片】命令。

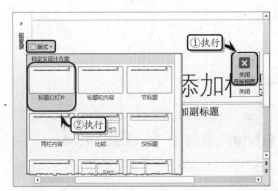

STEP|16 执行【插入】|【插图】|【形状】|【矩形】命令，分别绘制三个矩形形状，并设置形状的填充颜色和轮廓颜色。

STEP|17 执行【插入】|【文本】|【文本框】|【横排文本框】命令，绘制多个文本框，分别输入文本并设置文本的字体格式。

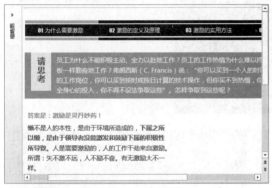

STEP|18 执行【插入】|【图像】|【图片】命令，在弹出的【插入图片】对话框中，选择图片文件，单击【插入】按钮。

STEP|19 调整图片的大小和位置，执行【图片工具】|【格式】|【图片样式】|【图片边框】|【白色，背景1】命令，同时执行【粗细】|【1.5 磅】命令。

STEP|20 执行【图片工具】|【格式】|【图片样式】|【图片效果】|【阴影】|【阴影选项】命令，在弹出的窗格中自定义阴影参数。

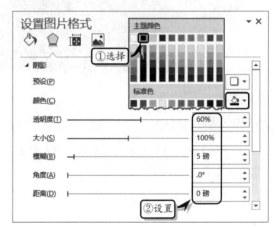

12.7 练习：制作数学之美幻灯片

美是人类创造性实践活动的产物，是人类本质力量的感性显现。

通常我们所说的美以自然美、社会美以及在此基础上的艺术美、科学美的形式存在。数学美是自然美的客观反映，是科学美的核心，它没有鲜艳的色彩，没有美妙的声音，没有动感的画面，它却是一种独特的数理美。在本练习中，将运用 PowerPoint 中的基础功能，介绍数学之美的第一部分内容。

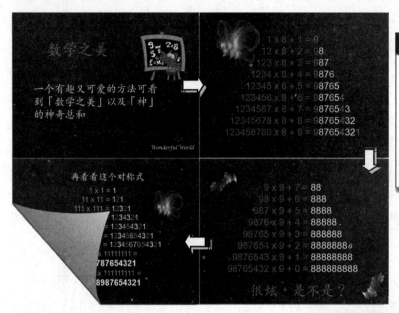

练习要点

- 设置主题样式
- 设置背景样式
- 输入文本
- 设置文本格式
- 插入图片
- 添加动画效果

操作步骤 >>>>

STEP|01 设置幻灯片大小。新建空白文档，执行【设计】|【自定义】|【幻灯片大小】|【标准】命令，设置演示文稿的大小样式。

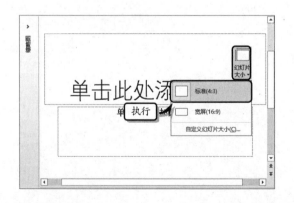

STEP|02 设置主题样式。执行【设计】|【主题】|【主题】|【石板】命令，设置演示文稿的主题样式。

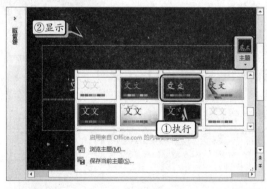

STEP|03 执行【设计】|【变体】|【其他】|【背景样式】|【样式 12】命令，设置背景样式。

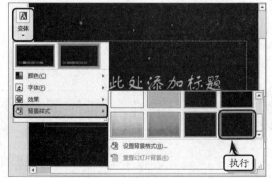

STEP|04 设置标题文本。在"单击此处添加标题"占位符中输入标题文本，并在【字体】选项组中设置文本的字体样式、字体大小和字体颜色。使用同样的方法，添加其他文本。

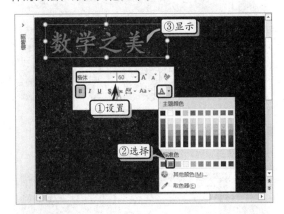

STEP|05 插入图片。执行【插入】|【图像】|【图片】命令，在弹出的【插入图片】对话框中，选择需要插入的图片文件，单击【插入】按钮。

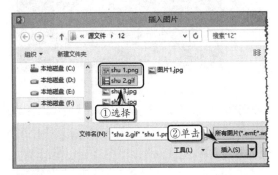

STEP|06 然后，拖动相应的图片，调整图片的显示位置和大小。

STEP|07 插入新幻灯片。执行【开始】|【幻灯片】

|【新建幻灯片】|【标题和内容】命令，插入一个标题和内容版式的幻灯片。

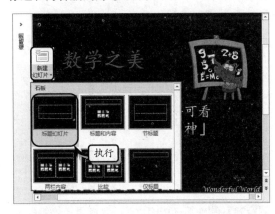

STEP|08 删除幻灯片中的标题占位符，选择第 2 张幻灯片，右击执行【复制幻灯片】命令，复制多张幻灯片。

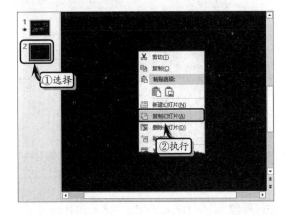

STEP|09 制作第 2 张幻灯片。选择第 2 张幻灯片，在占位符中输入文本内容，并设置文本的字体格式。

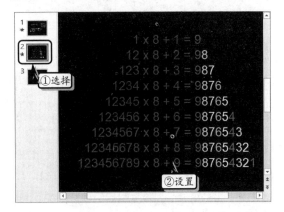

STEP|10 执行【插入】|【图像】|【图片】命令，选择图片文件，单击【插入】按钮，插入图片并调整图片的位置。

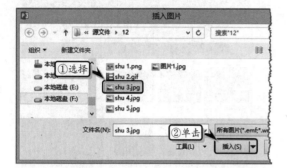

STEP|11 制作第 3 张幻灯片。选择第 3 张幻灯片，在占位符中输入文本内容，并设置文本的字体格式。

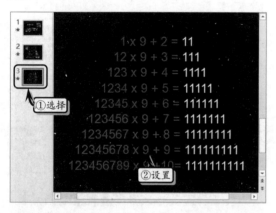

STEP|12 执行【插入】|【图像】|【图片】命令，选择图片文件，单击【插入】按钮，插入图片并调整图片的位置。

STEP|13 制作第 4 张幻灯片。复制第 3 张幻灯片，选择第 4 张幻灯片，删除复制后的图片，在占位符中修改文本内容，并设置文本的字体格式。

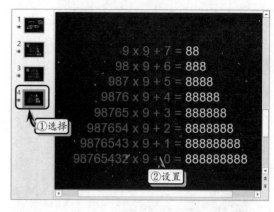

STEP|14 复制占位符，更改占位符中的文本，并设置文本的字体格式。

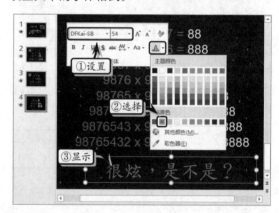

STEP|15 执行【插入】|【图像】|【图片】命令，选择图片文件，单击【插入】按钮，插入图片并调整图片的位置。

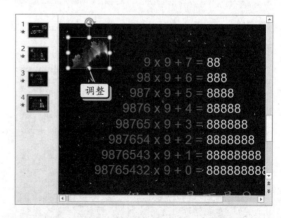

STEP|16 复制插入的图片，选择复制图片，执行【图片工具】|【排列】|【旋转】|【其他旋转选项】命令，自定义旋转角度。

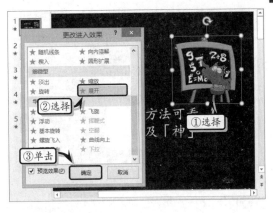

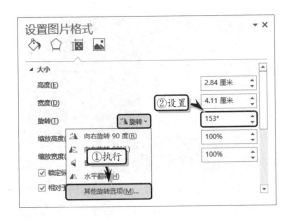

STEP|17 制作第 5 张幻灯片。复制第 4 张幻灯片中的所有内容，删除图片，更改占位符中的文本并设置文本的字体格式。

STEP|20 然后，在【计时】选项组中，将【开始】设置为【与上一动画同时】，并将【持续时间】设置为 02.00。

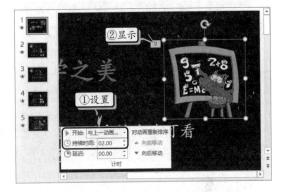

STEP|18 然后，复制第 2 张幻灯中的图片，并调整图片的位置和大小。

STEP|21 选择标题文本，执行【动画】|【动画】|【动画样式】|【浮入】命令，同时执行【效果选项】|【下浮】命令。

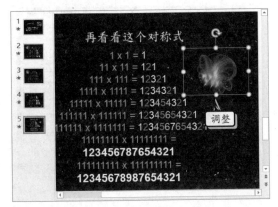

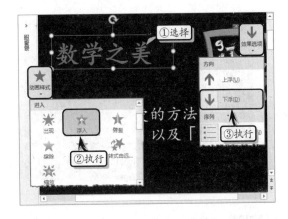

STEP|19 添加动画效果。选择第 1 张幻灯片中的大图片，执行【动画】|【动画】|【动画样式】|【更改进入效果】命令，选择【展开】选项。

STEP|22 然后，在【计时】选项组中，将【开始】设置为【上一动画之后】，并将【持续时间】设置为 02.00。

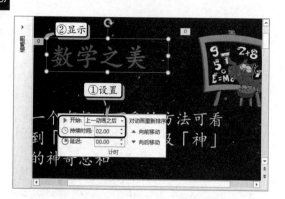

STEP|23 选择正文占位符，执行【动画】|【动画】|【动画样式】|【飞入】命令，为占位符添加动画效果。

STEP|24 然后，在【计时】选项组中，将【开始】设置为【上一动画之后】，并将【持续时间】设置为 02.00。

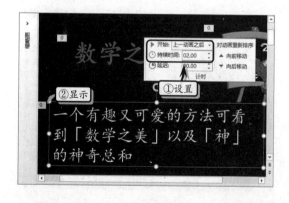

STEP|25 选择右下角的文本占位符，执行【动画】|【动画】|【动画样式】|【飞入】命令，同时执行【效果选项】|【自右侧】命令。

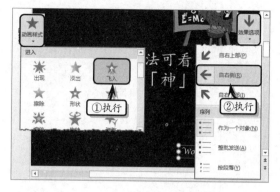

STEP|26 然后，在【计时】选项组中，将【开始】设置为【与上一动画同时】，并将【持续时间】设置为 02.00。

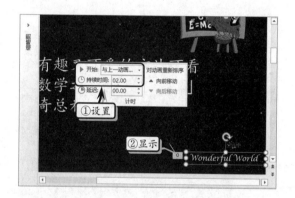

STEP|27 选择第 2 张幻灯片中的所有对象，执行【动画】|【动画】|【动画样式】|【更多进入效果】命令，选择【展开】选项。

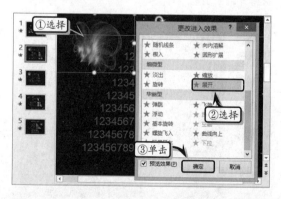

STEP|28 然后，在【计时】选项组中，将【开始】设置为【与上一动画同时】，并将【持续时间】设置为 02.00。使用同样的方法，设置其他幻灯片中的动画效果。

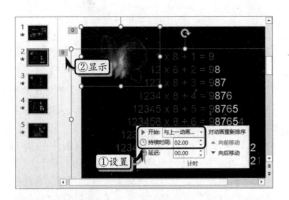

Office 12.8 新手训练营

练习 1：薪酬设计方案封面

⚪downloads\12\新手训练营\薪酬设计方案

提示：本练习中，首先执行【设计】|【自定义】|【设置背景格式】命令，选中【渐变填充】选项，将【类型】设置为【标题的阴影】。然后，选择左侧的渐变光圈，单击【颜色】下拉按钮，选择【其他颜色】选项，自定义渐变颜色。选择中间的渐变光圈，将【位置】设置为 60%、【亮度】设置为 30%，并自定义渐变光圈的颜色。选择右侧的渐变光圈，将【亮度】设置为-20%，并自定义渐变光圈的颜色。最后，在幻灯片中插入艺术字，设置艺术字的字体格式，并为艺术字添加自定义项目符号。

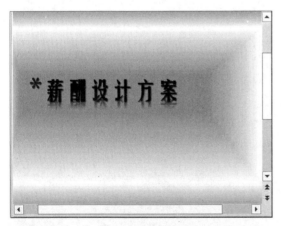

练习 2：自定义背景色

⚪downloads\12\新手训练营\自定义背景色

提示：本练习中，首先新建空白演示文稿，执行【设计】|【自定义】|【幻灯片大小】|【标准】命令。然后，执行【设计】|【自定义】|【设置背景格式】

命令。选中【渐变填充】选项，将【类型】设置为矩形、【方向】设置为【中心辐射】。选择左侧的渐变光圈，将【透明度】设置为 20%，并自定义渐变颜色。最后，分别自定义中间和右侧渐变光圈的颜色即可。

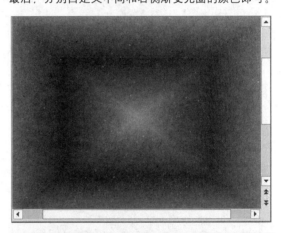

练习 3：自定义幻灯片母版

⚪downloads\12\新手训练营\自定义幻灯片母版

提示：本练习中，首先切换到【幻灯片母版】视图中，执行【幻灯片母版】|【背景】|【背景样式】|【设置背景格式】命令。选中【渐变填充】选项，将【类型】设置为【标题的阴影】，保留两个渐变光圈，并设置渐变光圈的透明度、亮度和颜色，单击【全部应用】按钮。然后，在幻灯片中绘制一条直线和曲线，并在【形状样式】选项组中设置其轮廓样式。最后，绘制一个等腰三角形，设置其渐变填充颜色，并在【形状样式】选项组中设置形状的柔化边缘效果。

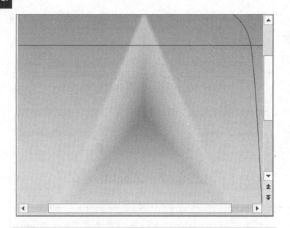

练习 4：管理开办新业务项目任务

downloads\12\新手训练营\管理开办新业务项目任务

提示：本练习中，首先新建空白演示文稿，执行【设计】|【自定义】|【幻灯片大小】|【自定义幻灯片大小】命令，自定义幻灯片的大小。然后，执行【视图】|【母版视图】|【幻灯片母版】命令，选择第 1 张幻灯片，执行【插入】|【图像】|【图片】命令，插入背景图片。最后，选择第 2 张幻灯片，执行【插入】|【图像】|【图片】命令，插入背景图片。同时，执行【幻灯片母版】|【背景】|【隐藏背景图形】命令，隐藏第 1 张幻灯片中所设置的图片。

练习 5：制作艺术字标题

downloads\12\新手训练营\艺术字标题

提示：本练习中，首先执行【插入】|【文本】|【艺术字】命令，输入艺术字文本，并设置文本的字体格式。然后，再插入一个艺术字，输入文本并设置文本的字体格式。选择艺术字，执行【绘图工具】|【格式】|【艺术字样式】|【文本填充】|【白色,背景 1】命令，同时执行【艺术字样式】|【文本轮廓】|【其他轮廓颜色】命令，自定义轮廓颜色。最后，右击艺术字执行【设置形状格式】命令，在【形状选项】的【效果】选项卡中，设置其阴影效果参数。

第 13 章

美化幻灯片

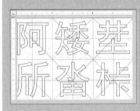 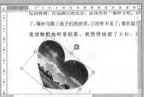  

　　PowerPoint 为用户提供了丰富的图片、形状、SmartArt 图形等设计元素，不仅可以增加幻灯片的艺术效果，而且还可以形象地展示幻灯片的主体和中心思想。例如，可通过使用图片来增强幻灯片的展现力、通过使用形状来增加幻灯片的说服力；而通过使用 SmartArt 图形，则可以形象地表现幻灯片中若干元素之间的逻辑结构关系，从而使幻灯片更具有美观性和生动性。本章将详细介绍插入图片、形状和 SmartArt 图形，以及美化图形图片的操作方法和实用技巧。

Office **13.1** 使用图片

在使用 PowerPoint 设计和制作演示文稿时，可以通过为幻灯片插入图片的方法，来增强幻灯片的艺术效果。

13.1.1 插入图片

在 PowerPoint 中插入图片，可以通过各种来源插入，如通过 Internet 下载的图片、利用扫描仪和数码相机输入的图片等。

1. 插入本地图片

执行【插入】|【图像】|【图片】命令，弹出【插入图片】对话框。在该对话框中，选择需要插入的图片文件，并单击【插入】按钮。

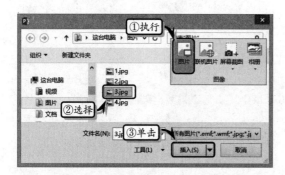

> **注意**
>
> 单击【插入图片】对话框中的【插入】下拉按钮，选择【链接到文件】选项，当图片文件丢失或移动位置时，重新打开时图片将无法正常显示。

另外，新建一张具有【标题和内容】版式的幻灯片，在内容占位符中，单击占位符中的【图片】图标▣。然后在弹出的【插入图片】对话框中，选择所需图片，单击【插入】按钮即可。

2. 插入联机图片

在 PowerPoint 2016 中，系统用【联机图片】功能代替了【剪贴画】功能。执行【插入】|【图像】|【联机图片】命令，在弹出的【插入图片】对话框中的【必应图像搜索】搜索框中输入搜索内容，单击【搜索】按钮，搜索网络图片。

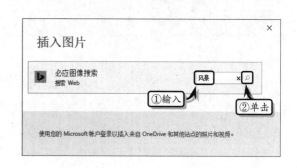

然后，在搜索到的剪贴画列表中，选择需要插入的图片，单击【插入】按钮，将图片插入到幻灯片中。

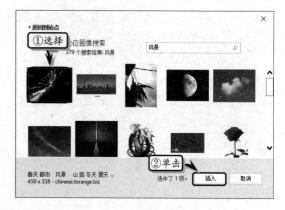

3. 插入屏幕截图

屏幕截图是 PowerPoint 新增的一种对象，可以截取当前系统打开的窗口，将其转换为图像，并插入到演示文稿中。

执行【插入】|【图像】|【屏幕截图】|【屏幕剪辑】命令，此时系统会自动显示当前计算机中打开的其他窗口，拖动鼠标裁剪图片范围，即可将裁剪的图片范围添加到幻灯片中。

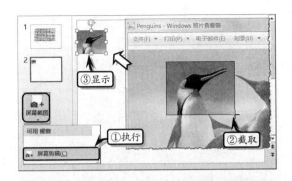

另外，执行【插入】|【图像】|【屏幕截图】命令，在其级联菜单中选择截图图片，将图片插入到幻灯片中。

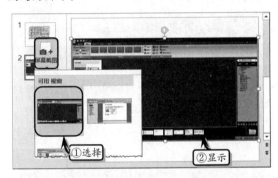

13.1.2 调整图片

为幻灯片插入图片后，为了使图文更易于融合到幻灯片中，也为了使图片更加美观，还需要对图片进行一系列的编辑操作。

1．调整图片大小

为幻灯片插入图片之后，用户会发现其插入的图片大小是根据图片自身大小显示的。此时，为了使图片大小合适，需要调整图片的大小。

选择图片，在【格式】选项卡【大小】选项组中，单击【高度】与【宽度】微调框，设置图片的大小值。

另外，单击【大小】选项组中的【对话框启动器】按钮，在弹出的【设置图片格式】任务窗格中的【大小】选项组中，调整其【高度】和【宽度】值，也可以调整图片的大小。

2．调整图片位置

选择图片，将鼠标放置于图片中，当光标变成四向箭头时，拖动图片至合适位置，松开鼠标即可。

另外，单击【大小】选项组中的【对话框启动器】按钮。在【位置】选项组中，设置其【水平】与【垂直】值，调整图片的显示位置。

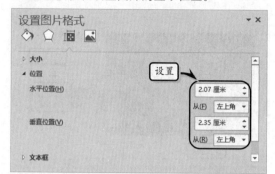

注意

用户可通过设置【水平位置】和【垂直位置】中的【从】选项，来设置图片的相对位置。

3. 调整图片效果

PowerPoint为用户提供了30种图片更正效果，选择图片执行【图片工具】|【格式】|【调整】|【更正】命令，在其级联菜单中选择一种更正效果。

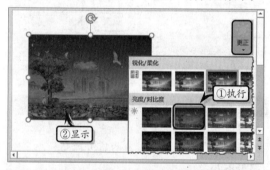

技巧

用户可通过执行【格式】|【调整】|【重设图片】命令，撤销图片的设置效果，恢复至最初状态。

另外，执行【图片工具】|【格式】|【调整】|【更正】|【图片更正选项】命令。在【设置图片格式】任务窗格中的【图片更正】选项组中，根据具体情况自定义图片更正参数。

注意

在【图片更正】选项组中单击【重置】按钮，可撤销所设置的更正参数，恢复初始值。

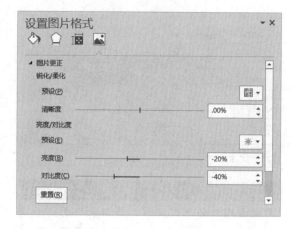

4. 调整图片颜色

选择图片，执行【格式】|【调整】|【颜色】命令，在其级联菜单中的【重新着色】栏中选择相应的选项，设置图片的颜色样式。

另外，执行【颜色】|【图片颜色选项】命令，在弹出的【设置图片格式】任务窗格中的【图片颜色】选项组中，设置图片颜色的【饱和度】、【色调】与【重新着色】等选项。

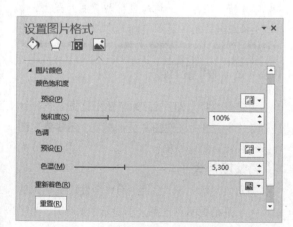

13.1.3　编辑图片

调整完图片效果之后，还需要进行对齐、旋转、裁剪图片，以及设置图片的显示层次等编辑操作。

1．旋转图片

选择图片，将鼠标移至图片上方的旋转点处，当鼠标变成○形状时，按住鼠标左键，当鼠标变成↻形状时，旋转鼠标即可旋转图片。

另外，选择图片，执行【图片工具】|【格式】|【排列】|【旋转】命令，在其级联菜单中选择一个选项，即可将图片向右或向左旋转 90°，以及垂直和水平翻转图片。

2．对齐图片

选择图片，执行【图片工具】|【格式】|【排列】|【对齐】命令，在级联菜单中选择一种对齐方式。

3．设置显示层次

当幻灯片中存在多个对象时，为了突出显示图片对象的完整性，还需要设置图片的显示层次。

选择图片，执行【图片工具】|【格式】|【排列】|【上移一层】|【置于顶层】命令，将图片放置于所有对象的最上层。

同样，用户也可以选择图片，执行【图片工具】|【格式】|【排列】|【下移一层】|【置于底层】命令，将图片放置于所有对象的最下层。或者，执行【下移一层】|【下移一层】命令，按层次放置图片。

4．裁剪图片

为了实现图片的实用性和美观性，还需要对图片进行裁剪，或将图片裁剪成各种形状。

选择图片,执行【图片工具】|【格式】|【大小】|【裁剪】|【裁剪】命令,此时在图片的四周将出现裁剪控制点,在裁剪处拖动鼠标选择裁剪区域。

另外,PowerPoint 为用户提供了将图片裁剪成各种形状的功能,通过该功能可以增加图片的美观性。选择图片,执行【图片工具】|【格式】|【大小】|【裁剪】|【裁剪为形状】命令,在其级联菜单中选择形状类型即可。

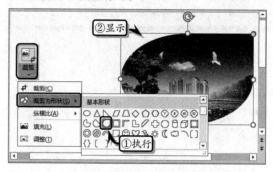

除了自定义裁剪图片之外,PowerPoint 还提供了纵横比裁剪模式,使用该模式可以将图片以 2:3、3:4、3:5 和 4:5 进行纵向裁剪,或将图片以 3:2、4:3、5:3 和 5:4 进行横向裁剪。

Office 13.2 美化图片

在幻灯片中插入图片后,为了增加图片的美观性与实用性,还需要设置图片的格式。其中,设置图片格式主要是对图片样式、图片形状、图片边框及图片效果进行设置。

13.2.1 应用快速样式

快速样式是 PowerPoint 预置的各种图像样式的集合。PowerPoint 提供了 28 种预置的图像样式,可更改图像的边框以及其他内置的效果。

选择图片,执行【图片工具】|【格式】|【图片样式】|【快速样式】命令,在其级联菜单中选择一种快速样式,进行应用。

13.2.2 自定义样式

除了使用系统内置的快速样式来美化图片之外,还可以通过自定义样式,达到美化图片的目的。

1. 自定义边框样式

右击图片执行【设置图片格式】命令,打开【设置图片格式】任务窗格。打开【线条填充】选项卡,在【填充】选项组中设置填充效果。

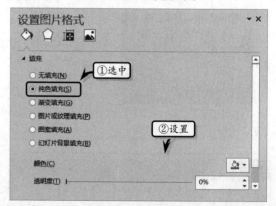

另外,在【线条】选项组中,可以设置线条的【颜色】、【透明度】、【复合类型】和【端点类型】等线条效果。

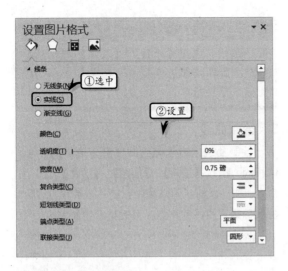

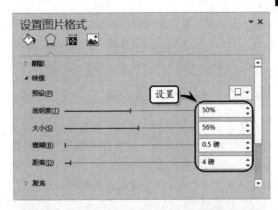

2. 自定义图片效果

PowerPoint 为用户提供了预设、阴影、映像、发光、柔化边缘、棱台和三维旋转 7 种效果，帮助用户对图片进行特效美化。

选择图片，执行【图片工具】|【格式】|【图片样式】|【图片效果】|【映像】命令，在其级联菜单中选择一种映像效果。

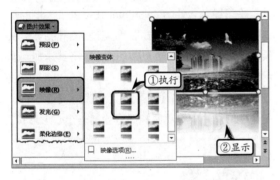

另外，执行【图片效果】|【映像】|【映像选项】命令，可在弹出的【设置图片格式】任务窗格中，自定义透明度、大小、模糊和距离等映像参数。

> **注意**
>
> 在【设置图片格式】任务窗格中，还可以展开【阴影】、【发光】和【柔化边缘】等选项组，自定义图片的阴影、发光和柔化边缘等图片样式。

3. 设置图片版式

设置图片版式是将图片转换为 SmartArt 图形，可以轻松地排列、添加标题并排列图片的大小。

选择图片，执行【图片工具】|【格式】|【图片样式】|【图片版式】命令，在其级联菜单中选择一种版式即可。

> **注意**
>
> 设置图片版式之后，系统会自动显示【SMARTART 工具】选项卡，在该选项卡中可以设置 SmartArt 图形的布局、颜色和样式。

Office 13.3 使用形状

PowerPoint 为用户提供了形状绘制工具，允许　用户为演示文稿添加箭头、方框、圆角矩形等各种矢量形状，并设置这些形状的样式。通过使用形状绘制工具，不仅美化了演示文稿，也使演示文稿更加生动、形象，更富有说服力。

13.3.1 绘制形状

形状是 Office 系列软件的一种特有功能，可为 Office 文档添加各种线、框、图形等元素，丰富 Office 文档的内容。在 PowerPoint 2016 中，用户也可以方便地为演示文稿插入这些图形。

1. 绘制直线形状

线条是最基本的图形元素，执行【插入】|【插图】|【形状】|【直线】命令，拖动鼠标即可在幻灯片中绘制一条直线。

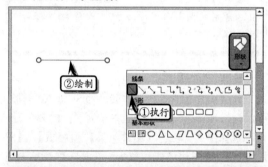

> **技巧**
>
> 绘制直线时，按住鼠标左键的同时，再按住 Shift 键，然后拖动鼠标左键至合适位置，释放鼠标左键，完成水平或垂直直线的绘制。

2. 绘制任意多边形

执行【插入】|【插图】|【形状】|【任意多边形】命令，在幻灯片中单击绘制起点，然后依次单击，根据鼠标的落点，将其连接构成任意多边形。

另外，如果用户按住鼠标拖动绘制，则【任意多边形】工具 将采集鼠标运动的轨迹，构成一个曲线。

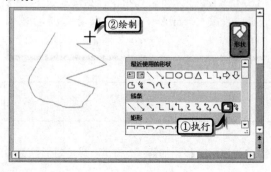

> **注意**
>
> 用户也可以执行【开始】|【绘图】|【其他】命令，在其级联菜单中选择形状类型，拖动鼠标即可绘制形状。

3. 绘制曲线

绘制曲线的方法与绘制任意多边形的方法大体相同，执行【插入】|【插图】|【形状】|【曲线】命令，拖动鼠标在幻灯片中绘制一个线段，然后单击鼠标确定曲线的拐点，最后继续绘制即可。

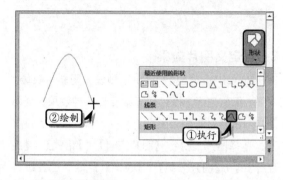

4. 绘制其他形状

除了线条之外，PowerPoint 还提供了大量的基本形状、箭头总汇、公式形状、流程图等各类形状预设，允许用户绘制更复杂的图形，将其添加到演示文稿中。

执行【插入】|【插图】|【形状】|【心形】命令，在幻灯片中拖动鼠标即可绘制一个心形形状。

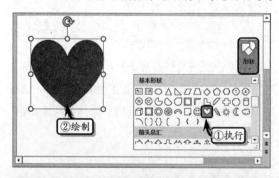

> **注意**
>
> 在绘制绝大多数基于几何图形的形状时，用户都可以按住 Shift 键进行绘制，绘制圆形、正方形或等比例缩放显示的形状。

13.3.2 编辑形状

在幻灯片中绘制形状之后,还需要根据幻灯片的布局设计,对形状进行合并、组合、旋转等编辑操作。

1. 合并形状

合并形状是将所选形状合并成一个或多个新的几何形状。同时选择需要合并的多个形状,执行【绘图工具】|【格式】|【插入形状】|【合并形状】|【联合】命令,将所选的多个形状联合成一个几何形状。

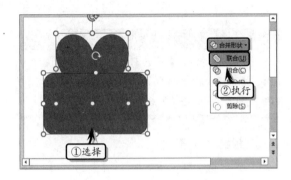

另外,选择多个形状,执行【绘图工具】|【格式】|【插入形状】|【合并形状】|【组合】命令,即可将所选形状组合成一个几何形状,而组合后形状中重叠的部分将被自动消除。

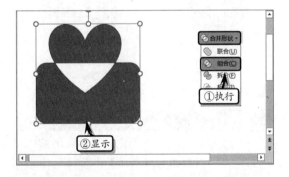

注意

在 PowerPoint 2016 中,用户还可以将多个形状进行拆分、相交或剪除操作,从而使形状达到符合要求的几何形状。

2. 编辑形状顶点

选择形状,执行【绘图工具】|【格式】|【插入形状】|【编辑形状】|【编辑顶点】命令。然后,拖动鼠标调整形状顶点的位置即可。

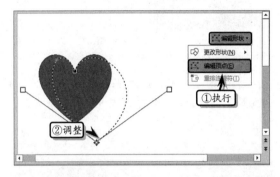

技巧

选择形状,右击执行【编辑顶点】命令,即可编辑形状的顶点。

3. 设置显示层次

选择形状,执行【绘图工具】|【格式】|【排列】|【上移一层】或【下移一层】命令,在级联菜单中选择一种选项,即可调整形状的显示层次。

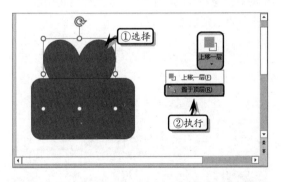

技巧

选择形状,右击执行【置于顶层】或【置于底层】命令,即可调整形状的显示层次。

4. 旋转形状

选择形状,将光标移动到形状上方的旋转按钮上,按住鼠标左键,当光标变为 形状时,旋转鼠标即可旋转形状。

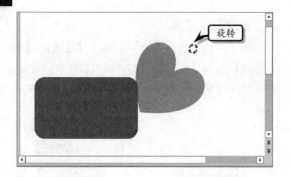

另外，选择形状，执行【绘图工具】|【格式】|【排列】|【旋转】|【向左旋转 90°】命令，即可将图片向左旋转 90°。

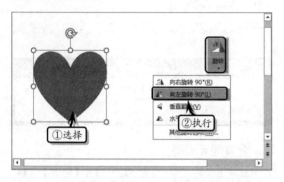

除此之外，选择形状，执行【旋转】|【其他旋转选项】命令，在弹出的【设置形状格式】任务窗格中的【大小】选项卡中，输入旋转角度值，即可按指定的角度旋转形状。

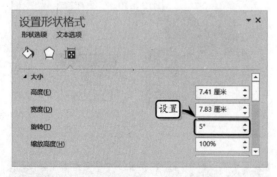

13.3.3 美化形状

绘制形状之后，可以通过设置形状的填充、轮廓和效果等属性，来美化幻灯片中的形状，使其符合整体设计要求。

1. 应用内置形状样式

PowerPoint 2016 内置了 42 种主题样式，以及 35 种内置样式和 12 种其他主题填充样式供用户选择使用。

选择形状，单击【绘图工具】|【格式】|【形状样式】|【其他】下拉按钮，在其下拉列表中选择一种形状样式。

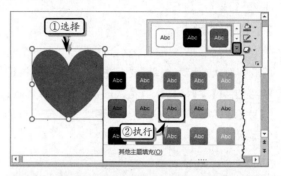

> **注意**
>
> 选择形状，执行【开始】|【绘图】|【快速样式】命令，在其级联菜单中选择一种样式，即可为形状应用内置样式。

2. 设置纯色填充

选择形状，执行【绘图工具】|【格式】|【形状样式】|【形状填充】命令，在其级联菜单中选择一种色块。

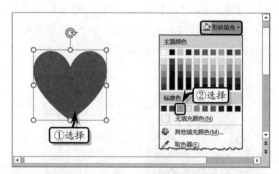

> **注意**
>
> 用户也可以执行【形状填充】|【其他填充颜色】命令，在弹出的【颜色】对话框中自定义填充颜色。

3. 设置渐变填充

选择形状，执行【绘图工具】|【格式】|【形状样式】|【形状填充】|【渐变】命令，在其级联菜单中选择一种渐变样式。

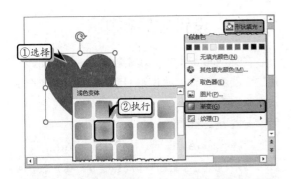

①选择 ②执行

另外，执行【形状填充】|【渐变】|【其他渐变】命令，在弹出的【设置形状格式】任务窗格中，设置渐变填充的预设颜色、类型、方向等渐变选项。

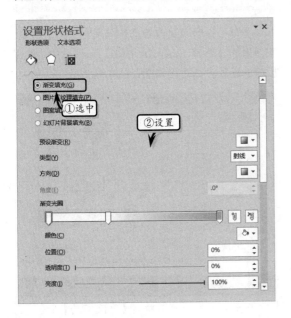
①选中 ②设置

在【渐变填充】列表中，主要包括下列选项。

（1）预设渐变：用于设置系统内置的渐变样式，包括红日西斜、麦浪滚滚、金色年华等 24 种内设样式。

（2）类型：用于设置颜色的渐变方式，包括线性、射线、矩形与路径方式。

（3）方向：用于设置渐变颜色的渐变方向，一般分为对角、由内至外等不同方向。该选项根据【类型】选项的变化而改变，例如当【方向】选项为【矩形】时，【方向】选项包括【从右下角】、【中心辐射】等选项；而当【方向】选项为【线性】时，【方向】选项包括【线性对角-左上到右下】等选项。

（4）角度：用于设置渐变方向的具体角度，该选项只有在【类型】选项为【线性】时才可用。

（5）渐变光圈：用于增加或减少渐变颜色，可通过单击【添加渐变光圈】或【减少渐变光圈】按钮，来添加或减少渐变颜色。

（6）与形状一起旋转：启用该复选框，表示渐变颜色将与形状一起旋转。

4．设置形状效果

形状效果是 PowerPoint 内置的一组具有特殊外观效果的命令。选择形状，执行【绘图工具】|【格式】|【形状样式】|【形状效果】命令，在其级联菜单中设置相应的形状效果即可。

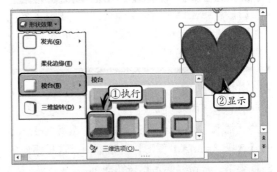
①执行 ②显示

Office **13.4** 使用 SmartArt 图形

在 PowerPoint 中，可以使用 SmartArt 图形功能，以各种几何图形的位置关系来显示这些文本，从而使演示文稿更加美观和生动。PowerPoint 为用户提供了多种类型的 SmartArt 预设，并允许用户自由地调用。

13.4.1 创建 SmartArt 图形

在 PowerPoint 中，用户可以通过多种方式创建 SmartArt 图形，包括直接插入 SmartArt 图形以及从占位符中创建 SmartArt 图形等。

1. 直接创建

直接创建是使用 PowerPoint 中的命令，来创建 SmartArt 图形。执行【插入】|【插图】|SmartArt 命令，在弹出的【选择 SmartArt 图形】对话框中，选择图形类型，单击【确定】按钮，即可在幻灯片中插入 SmartArt 图形。

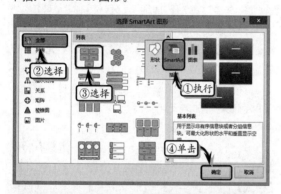

> **注意**
>
> 在【选择 SmartArt 图形】对话框中，选择【全部】选项卡，此选项卡中包含了以下 8 个选项卡中的所有图形。

2. 占位符创建

在包含【内容】版式的幻灯片中，单击占位符中的【插入 SmartArt 图形】按钮。然后，在弹出的【选择 SmartArt 图形】对话框中，选择相应的图形类型，单击【确定】按钮即可。

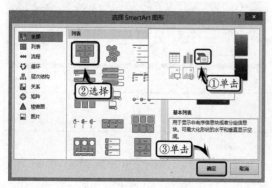

13.4.2 设置布局和样式

在 PowerPoint 中，为了美化 SmartArt 图形，还需要设置 SmartArt 图形的整体布局、单个形状的布局和整体样式。

1. 设置整体布局

选择 SmartArt 图形，执行【SmartArt 工具】|【设计】|【版式】|【更改布局】命令，在其级联菜单中选择相应的布局样式即可

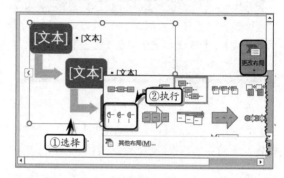

另外，执行【更改布局】|【其他布局】命令，在弹出的【选择 SmartArt 图形】对话框中，选择相应的选项，即可设置图形的布局。

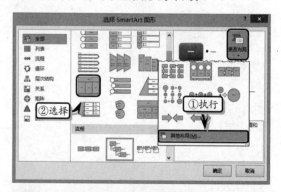

> **提示**
>
> 右击 SmartArt 图形，执行【更改布局】命令，在弹出的【选择 SmartArt 图形】对话框中选择相应的布局。

2. 设置单个形状的布局

选择图形中的某个形状，执行【SmartArt 工具】|【设计】|【创建图形】|【布局】命令，在其下拉列表中选择相应的选项，即可设置形状的布局。

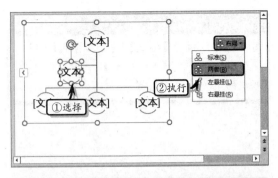

注意

在 PowerPoint 中，只有在【组织结构图】布局下，才可以设置单元格形状的布局。

3. 设置图形样式

执行【SmartArt 工具】|【设计】|【SmartArt 样式】|【快速样式】命令，在其级联菜单中选项相应的样式，即可为图像应用新的样式。

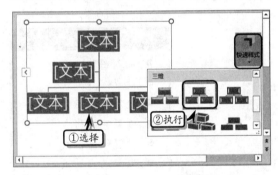

同时，执行【SmartArt 样式】|【设计】|【更改颜色】命令，在其级联菜单中选择相应的选项，即可为图形应用新的颜色。

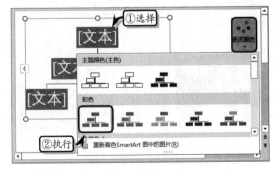

13.4.3 设置图形格式

在 PowerPoint 中，可通过设置 SmartArt 图形

的填充颜色、形状效果、轮廓样式等方法，来增加 SmartArt 图形的可视化效果。

1. 设置艺术字样式

选择 SmartArt 图形，执行【格式】|【艺术字样式】|【快速样式】命令，在其级联菜单中选择相应的样式，即可将形状中的文本更改为艺术字。

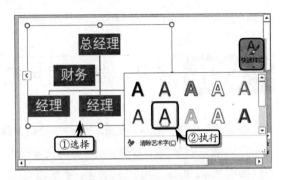

提示

SmartArt 形状中的艺术字样式的设置方法，与直接在幻灯片中插入的艺术字的设置方法相同。

2. 设置形状样式

选择 SmartArt 图形中的某个形状，执行【SmartArt 工具】|【格式】|【形状样式】|【其他】命令，在其级联菜单中选择相应的形状样式。

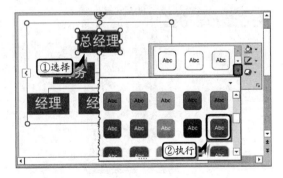

3. 自定义形状效果

选择 SmartArt 图形中的某个形状，执行【SmartArt 工具】|【格式】|【形状样式】|【形状效果】|【棱台】命令，在其级联菜单中选择相应的形状样式。

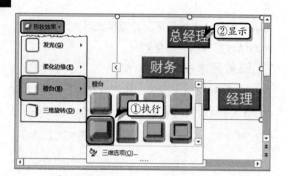

注意

用户还可以执行【格式】|【形状样式】|【形状填充】命令或【形状轮廓】命令，自定义形状的填充和轮廓格式。

13.5 练习：制作图片简介

在实际工作中，可以通过在幻灯片中使用大量图片的方法，来制作图文并茂的幻灯片，以增加幻灯片的美观性和整洁性。另外，还可以运用 PowerPoint 中的动画功能，来增加幻灯片的动态性。在本练习中，将通过制作一份旅游简介类型的演示文稿，来详细介绍制作图片简介的操作方法和实用技巧。

练习要点

● 插入图片
● 设置图片样式
● 绘制文本框
● 设置字体格式
● 设置段落格式
● 添加动画效果
● 添加切换效果

操作步骤 ▶▶▶▶

STEP|01 设置幻灯片大小。新建空白演示文稿，执行【设计】|【自定义】|【幻灯片大小】|【标准】命令，自定义幻灯片的大小。

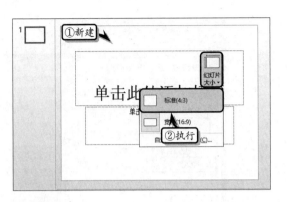

STEP|02 应用主题。执行【设计】|【主题】|【主题】|【浏览主题】命令，选择主题文件，单击【应用】按钮，应用主题。

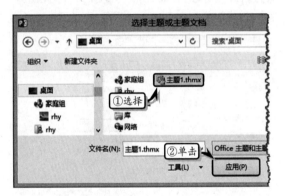

STEP|03 制作标题幻灯片。选择第 1 张幻灯片，删除幻灯片中所有的内容。同时，执行【插入】|【图像】|【图片】命令，选择图片文件，单击【插入】按钮。

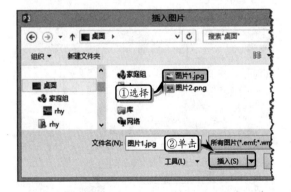

STEP|04 调整图片的大小和位置，同时执行【插入】|【图像】|【图片】命令，选择图片文件，单击【插入】按钮，插入第 2 张图片，并调整其位置。

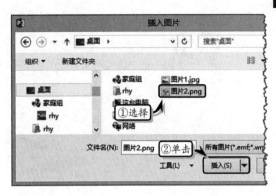

STEP|05 制作第 2 张幻灯片。执行【开始】|【幻灯片】|【新建】|【空白】命令，新建三张空白幻灯片。

STEP|06 选择第 2 张幻灯片，执行【插入】|【图像】|【图片】命令，选择图片文件，单击【插入】按钮，插入第 1 张图片。

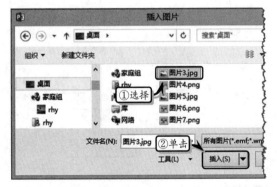

STEP|07 使用同样的方法，按照图片的排列层次，依次插入其他图片，并调整图片的位置。

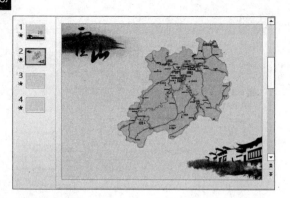

STEP|08 执行【插入】|【文本】|【文本框】|【横排文本框】命令，输入说明性文本并设置文本的字体和段落格式。

STEP|09 执行【开始】|【编辑】|【选择】|【选择窗格】命令，打开【选择】窗格。

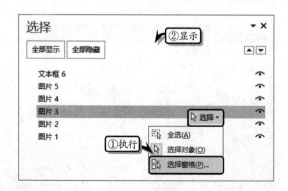

STEP|10 选择【选择】窗格中的"图片4"对象，执行【动画】|【动画】|【其他】|【更多进入效果】命令，选择【基本缩放】选项。用同样的方法，为"图片5"添加动画效果。

STEP|11 制作第3张幻灯片。选择第3张幻灯片，执行【插入】|【图像】|【图片】命令，选择图片文件，单击【插入】按钮，插入图片。

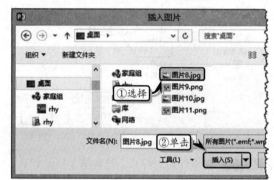

STEP|12 执行【插入】|【文本】|【文本框】|【横排文本框】命令，输入说明性文本并设置文本的字体和段落格式。

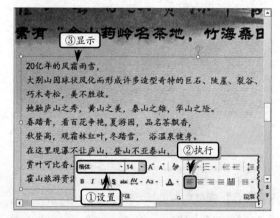

STEP|13 制作第4张幻灯片。选择第4张幻灯片，执行【插入】|【插图】|【形状】|【矩形】命令，

绘制一个矩形形状，并调整其大小和位置。

体格式。

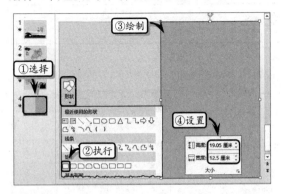

STEP|14 选择矩形形状，执行【绘图工具】|【格式】|【形状填充】|【灰色-50%，背景 2】命令，同时执行【形状轮廓】|【无轮廓】命令，设置形状样式。

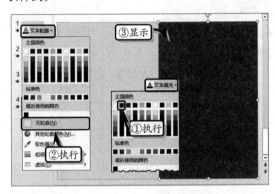

STEP|17 添加切换效果。执行【切换】|【切换到此幻灯片】|【切换样式】|【框】命令，同时单击【计时】|【全部应用】按钮，应用到所有幻灯片中。

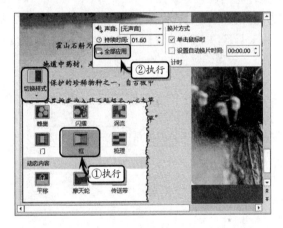

STEP|15 执行【插入】|【图像】|【图片】命令，选择图片文件，单击【插入】按钮，插入多张图片，并排列图片。

STEP|18 然后，选择第 1 张幻灯片，执行【切换】|【切换到此幻灯片】|【切换样式】|【蜂巢】命令，更改第 1 张幻灯片的切换效果。

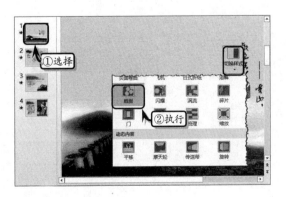

STEP|16 执行【插入】|【文本】|【文本框】|【横排文本框】命令，输入说明性文本并设置文本的字

13.6 练习：制作动态故事会

在本练习中，将运用 PowerPoint 中的插入图片、设置图表格式、插入形状、设置形状格式，以及添加动画等功能，制作一个寓言故事的动态故事会演示文稿，通过使用借喻手法使富有教训意义的主题或深刻的道理在简单的故事中体现出来。

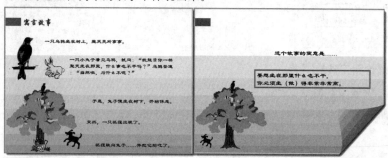

练习要点

- 新建项目
- 添加素材
- 创建字幕素材
- 创建黑场视频素材
- 应用视频过渡效果
- 应用视频特效
- 设置动画关键帧

操作步骤 ▶▶▶▶

STEP|01 设置幻灯片大小。新建空白演示文稿，执行【设计】|【自定义】|【幻灯片大小】|【标准】命令，设置幻灯片大小。

STEP|02 设置背景格式。执行【设计】|【自定义】|【设置背景格式】命令，选中【渐变填充】选项，删除多余的光圈。

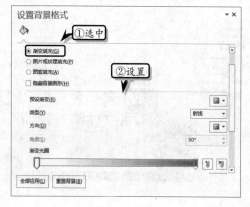

STEP|03 选中右侧的渐变光圈，单击【颜色】下拉按钮，选择【其他颜色】选项，自定义渐变颜色。

STEP|04 制作第 1 张幻灯片。执行【插入】|【插图】|【形状】|【矩形】命令，在幻灯片中绘制一个矩形形状。

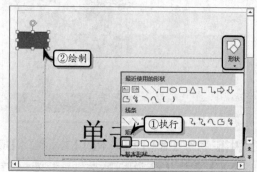

STEP|05 选择形状，执行【格式】|【形状样式】|【形状填充】|【其他填充颜色】命令，自定义填充色。用同样的方法，设置形状轮廓颜色。

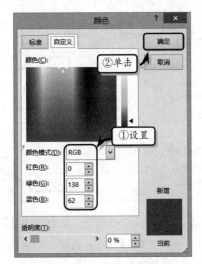

STEP|06 在主标题占位符中输入标题文本，并在【字体】选项组中设置文本的字体格式。

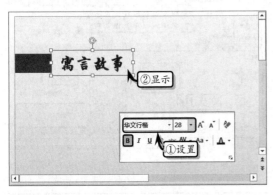

STEP|07 执行【插入】|【图像】|【图片】命令，选择图片文件，单击【插入】按钮，插入图片。

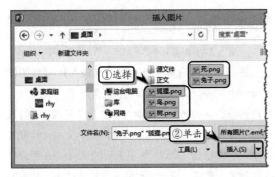

STEP|08 复制相应的图片并调整图片的显示位置，在副标题占位符中输入文本，并设置文本的字体格式。

STEP|09 复制副标题占位符，修改文本内容，并排列占位符的显示位置。

STEP|10 同时选择第 1 个图片和第 1 个占位符，执行【格式】|【排列】|【组合】|【组合】命令。使用同样的方法，分别组合其他图片和占位符。

STEP|11 选择主标题占位符，执行【动画】|【动画】|【动画样式】|【飞入】命令，同时执行【效果选项】|【自右侧】命令。用同样的方法，设置

其他对象的动画效果。

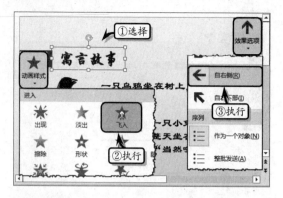

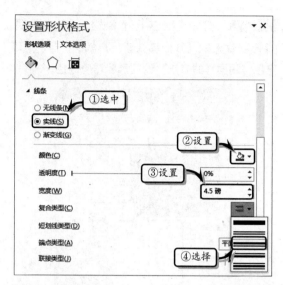

STEP|12 制作第 2 张幻灯片。复制第 1 张幻灯片，删除多余的内容，调整图片和占位符的位置。更改占位符中的文本，并设置其字体格式。

STEP|14 选择第 2 个占位符，执行【动画】|【动画】|【动画样式】|【飞入】命令，同时执行【效果选项】|【按段落】命令。

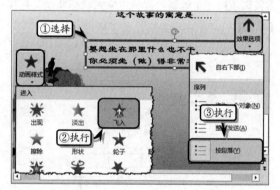

STEP|13 选择第 2 个占位符，单击【格式】选项卡【形状样式】选项组中的【对话框启动器】按钮，设置占位符的边框样式。

Office 13.7 新手训练营

练习 1：裁剪图片
📁 downloads\13\新手训练营\裁剪图片

提示：本练习中，首先插入图片，执行【图片工具】|【格式】|【大小】|【裁剪】|【裁剪】命令，裁剪图片。然后，执行【大小】|【裁剪】|【裁剪为形状】|【圆柱形】命令，将图片裁剪为圆柱形样式。最后，执行【图片工具】|【格式】|【图片样式】|【图片效果】|【映像】|【紧密映像，接触】命令，设置图片样式。

练习 2：组织结构图
📁 downloads\13\新手训练营\组织结构图

提示：本练习中，首先执行【插入】|【插图】|SmartArt 命令，选择【组织结构图】选项。在图形中，根据组织结构图的框架删除与添加单个形状，并设置形状的标准布局样式。然后，输入图形文本，并设置文本的字体格式。同时，设置图形的 SmartArt 图像样式和颜色。最后，设置图形的三维旋转效果，并将图形的布局更改为【水平层次结构】样式。

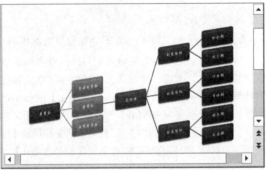

练习 3：立体相框

downloads\13\新手训练营\立体相框

提示：本练习中，首先插入图片并调整图片的大小。然后，执行【图片工具】|【格式】|【图片样式】|【双框架，黑色】命令，同时执行【图片效果】|【棱台】|【艺术装饰】命令。最后，右击图片执行【设置图片格式】命令，打开【填充线条】选项卡，展开【线条】选项组，将【颜色】设置为【黄色】、【宽度】设置为 24.5。同时，打开【效果】选项卡，设置图片的三维格式。

练习 4：资产效率分析图

downloads\13 章\新手训练营\资产效率分析图

提示：本练习中，首先在幻灯片中插入两个矩形形状，调整形状的大小并设置形状的填充和轮廓颜色。同时，在标题占位符中输入标题文本并设置文本的字体格式。然后，执行【插入】|【插图】|SmartArt 命令，选择【分段循环】选项。输入图形文本，并设置图形的【嵌入】样式和【彩色填充-着色 2】颜色。最后，在图形中插入泪滴形状，依次设置形状的渐变填充颜色。同时，为形状输入文本并设置文本的字体格式。

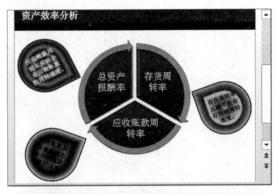

练习 5：语文课件封面

downloads\13\新手训练营\语文课件封面

提示：本练习中，首先新建空白演示文稿，并将幻灯片的大小设置为【标准】状态。然后，执行【插入】|【图像】|【图片】命令，选择图片文件，单击【插入】按钮，插入图片并调整图片的大小和位置。同时，执行【图片工具】|【格式】|【形状样式】|【裁剪对角线，白色】命令，设置图片的样式。最后，插入艺术字，输入文本并设置文本的字体格式。

练习 6：立体心形形状

downloads\13\新手训练营\立体心形

提示：本练习中，首先执行【插入】|【插图】|【形状】|【心形】命令，在文档中插入一个心形形状。然后，执行【格式】|【形状样式】|【其他】|【强烈效果-红色，强调颜色 2】命令，设置形状的样式。同时，执行【形状样式】|【形状效果】|【三维旋转】|【等轴右上】命令，设置形状的三维旋转效果。最后，取消填充颜色，右击形状执行【设置形状格式】命令，设置形状的三维效果参数。

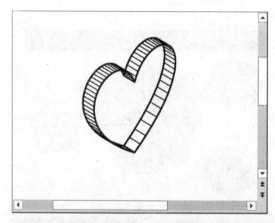

练习 7：贝塞尔曲线

downloads\13\新手训练营\贝塞尔曲线

提示：本练习中，首先执行【插入】|【插图】|【形状】|【箭头】命令，分别绘制一条水平和垂直箭头形状，并调整形状的大小和位置。然后，执行【插入】|【插图】|【形状】|【曲线】命令，在箭头形状上方绘制一个曲线形状。最后，右击曲线形状，执行【编辑顶点】命令，调整顶点的位置，同时调整顶点附近线段的弧度。

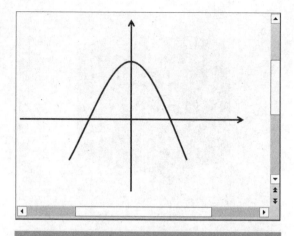

练习 8：薪酬设计方案内容

downloads\13\新手训练营\薪酬设计方案内容

提示：本练习中，首先设置幻灯片的渐变填充背景样式，插入艺术字，并设置艺术字的字体格式和项目符号样式。然后，执行【插入】|【插图】|SmartArt 命令，选择【垂直 V 型列表】选项。为图形添加文本内容，并设置文本的字体格式。最后，设置图形的【金属场景】样式和【彩色范围-着色文字颜色 5 至 6】。

第 14 章

显示幻灯片数据

 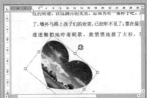  

在 PowerPoint 中，可以通过幻灯片中的表格和图表元素，来增加幻灯片中数据的可读性和可分析性。其中，PowerPoint 中的表格是组织数据最有用的工具之一，它能够以条理性、易于理解性的方式显示数据，并能够以简单的函数计算表格中的数据。而 PowerPoint 中的图表则是数据的一种可视化表现形式，它按照图形格式显示系列数值数据，既可以清晰、直观地显示数据，又可以描述数据之间的关系和变化趋势。在本章中，将详细介绍使用表格、图表以及美化表格和图表的基础知识和实用技巧。

Office
14.1 使用表格

用户在使用 PowerPoint 制作演示文稿时，可以运用表格功能，来归纳幻灯片中的数据，以增加演示文稿的可说服性。

14.1.1 创建表格

创建表格是在 PowerPoint 中运用系统自带的表格插入功能按要求插入规定行数与列数的表格，或者运用 PowerPoint 中的绘制表格的功能，按照数据需求绘制表格。

1. 插入表格

选择幻灯片，执行【插入】|【表格】|【表格】|【插入表格】命令，在弹出的【插入表格】对话框中输入行数与列数即可。

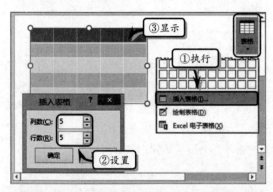

注意

用户还可以在含有内容版式的幻灯片中，单击占位符中的【插入表格】按钮，在弹出的【插入表格】对话框中设置行数与列数即可。

另外，执行【插入】|【表格】|【表格】命令，在弹出的下拉列表中，直接选择行数和列数，即可在幻灯片中插入相对应的表格。

注意

使用快速表格方式插入表格时，只能插入最大行数为 8 行、最大列数为 10 列的表格。

2. 绘制表格

绘制表格是用户根据数据的具体要求，手动绘制表格的边框与内线。执行【插入】|【表格】|【表格】|【绘制表格】命令，当光标变为"笔"形状 ✏ 时，拖动鼠标在幻灯片中绘制表格边框。

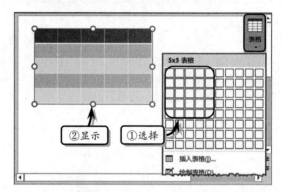

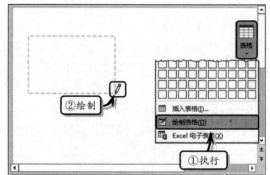

然后，执行【表格工具】|【设计】|【绘图边框】|【绘制表格】命令，将光标放至外边框内部，拖动鼠标绘制表格的行和列。

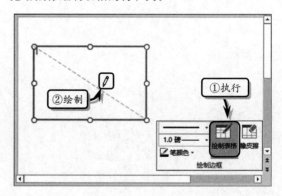

绘制完表格之后，再次执行【绘制表格】命令，即可结束表格的绘制。

注意

当用户再次执行【绘制表格】命令后，需要将光标移至表格的内部绘制，否则将会绘制出表格的外边框。

3. 插入 Excel 表格

用户还可以将 Excel 电子表格放置于幻灯片中，并利用公式功能计算表格数据。使用 Excel 电子表格可以对表格中的数据进行排序、计算、使用公式等操作，而 PowerPoint 系统自带的表格不具备上述功能。

执行【插入】|【表格】|【表格】|【Excel 电子表格】命令，输入数据与计算公式并单击幻灯片的其他位置即可。

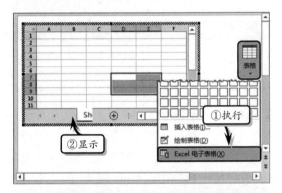

①执行

②显示

注意

当用户绘制 Excel 表格后，系统会自动显示 Excel 编辑页面，单击表格之外的空白处，即可退出 Excel 编辑页面。

14.1.2 编辑表格

在 PowerPoint 中，用户不仅可以插入各种表格，还可以对表格及其中的单元格进行编辑。在编辑表格之前，用户需要先选中这些表格或单元格。

1. 选择表格

当用户对表格进行编辑操作时，往往需要选择表格中的行、列、单元格等对象。其中，选择表格对象的具体方法如下表所述。

选择区域	操作方法
选中当前单元格	移动光标至单元格左边界与第一个字符之间，当光标变为"指向斜上方箭头"形状↗时单击
选中后（前）一个单元格	按 Tab 或 Shift+Tab 键，可选中插入符所在的单元格后面或前面的单元格。若单元格内没有内容时，则用来定位光标
选中一整行	将光标移动到该行左边界的外侧，待光标变为"指向右箭头"形状➡时单击
选择一整列	将鼠标置于该列顶端，待光标变为"指向下箭头"↓时单击
选择多个单元格	单击要选择的第一个单元格，按住 Shift 键的同时，单击要选择的最后一个单元格
选择整个表格	将鼠标放在表格的边框线上单击，或者将光标定位于任意单元格内，执行【表格工具】|【布局】|【表】|【选择】|【选择表格】命令。

2. 移动行（列）

选择需要移动的行（列），按住鼠标左键，拖动该行（列）至合适位置时，释放鼠标左键即可。

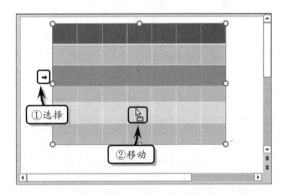

①选择

②移动

技巧

选择行之后，将鼠标移至所选行的单元格中，按住鼠标左键即可显示鼠标移动形状，拖动鼠标即可移动行。

另外，选择需要移动的行（列），执行【开始】|【剪贴板】|【剪切】命令，剪切整行（列）。

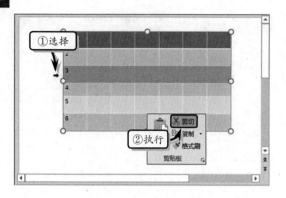

然后，将光标移至合适位置，执行【开始】|【剪贴板】|【粘贴】命令，粘贴行（列），即可移动行（列）。

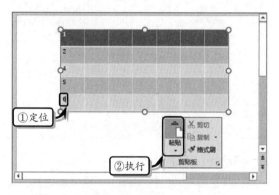

3. 插入/删除行（列）

在编辑表格时，需要根据数据的具体类别插入表格行或表格列。此时，用户可通过执行【布局】选项卡【行和列】选项组中的各项命令，为表格中插入行或列。其中，插入行与插入列的具体方法与位置如下表所述。

名称	方 法	位 置
插入行	将光标移至插入位置，执行【表格工具】|【布局】|【行和列】|【在上方插入】命令	在光标所在行的上方插入一行
	将光标移至插入位置，执行【表格工具】|【布局】|【行和列】|【在下方插入】命令	在光标所在行的下方插入一行
插入列	将光标移至插入位置，执行【表格工具】|【布局】|【行和列】|【在左侧插入】命令	在光标所在列的左侧插入一列
	将光标移至插入位置，执行【表格工具】|【布局】|【行和列】|【在右侧插入】命令	在光标所在列的右侧插入一列

选择一行后，单击【在左侧插入】按钮，则会在表格的左侧插入，与该行的列数相同的几列。

另外，选择需要删除的行（列），执行【表格工具】|【布局】|【行或列】|【删除】命令，在其级联菜单中选择【删除行】或【删除列】选项，即可删除选择的行（列）。

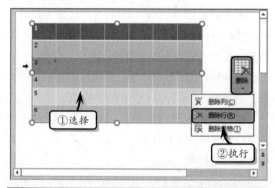

选择将删除的行（列），执行【开始】|【剪贴板】|【剪切】命令，也可以删除选择的行（列）。

4. 合并/拆分单元格

合并单元格是将两个以上的单元格合并成单独的一个单元格。首先，选择需要合并的单元格区域，然后执行【表格工具】|【布局】|【合并】|【合并单元格】命令。

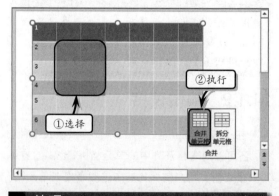

选择要合并的单元格后右击，在弹出的快捷菜单中执行【合并单元格】命令，也可以合并单元格。

拆分单元格是将单独的一个单元格拆分成指定数量的单元格。首先，选择需要拆分的单元格。然后，执行【合并】|【拆分单元格】命令，在弹出的对话框中输入需要拆分的行数与列数，单击【确定】按钮即可。

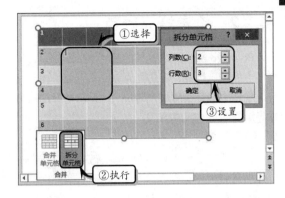

14.2 美化表格

在幻灯片中创建并编辑完表格之后，为了使表格适应演示文稿的主题色彩，同时也为了美化表格的外观，还需要设置表格的整体样式、边框格式、填充颜色与表格效果等表格格式。

14.2.1 设置表格样式

设置表格样式是通过 PowerPoint 中内置的表格样式，以及各种美化表格命令，来设置表格的整体样式、边框样式、底纹颜色以及特殊效果等表格外观格式，在适应演示文稿数据与主题的同时，增减表格的美观性。

1. 套用表格样式

PowerPoint 为用户提供了 70 多种内置的表格样式，执行【表格工具】|【设计】|【表格样式】|【其他】命令，在其下拉列表中选择相应的选项即可。

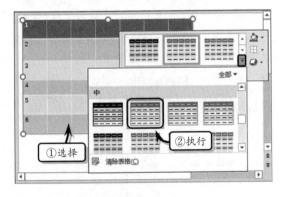

2. 设置表格样式选项

为表格应用样式之后，可通过启用【设计】选

项卡【表格样式选项】选项组中的相应复选框，来突出显示表格中的标题或数据。例如，突出显示标题行与汇总行。

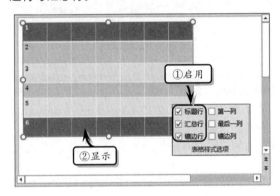

PowerPoint 定义了表格的 6 种样式选项，根据这 6 种选项样式，可以为表格划分内容的显示方式。

表格组成	作　用
标题行	通常为表格的第一行，用于显示表格的标题
汇总行	通常为表格的最后一行，用于显示表格的数据汇总部分
镶边行	用于实现表格行数据的区分，帮助用户辨识表格数据，通常隔行显示
第一列	用于显示表格的副标题
最后一列	用于对表格横列数据进行汇总
镶边列	用于实现表格列数据的区分，帮助用户辨识表格数据，通常隔列显示

14.2.2 设置填充颜色

PowerPoint 中默认的表格颜色为白色，为突出表格中的特殊数据，用户可为单个单元格、单元格区域或整个表格设置纯色填充、纹理填充与图表填充等填充颜色与填充效果。

1. 纯色填充

纯色填充是为表格设置一种填充颜色。首先，选择单元格区域或整个表格，执行【表格工具】|【设计】|【表格样式】|【底纹】命令，在其级联菜单中选择相应的颜色即可。

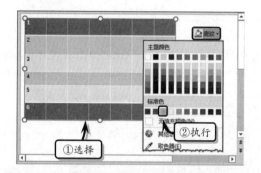

> **提示**
>
> 选择表格，可通过执行【底纹】|【其他填充颜色】命令，自定义填充颜色。另外，还可以通过执行【底纹】|【取色器】命令，获取其他对象中的填充色。

2. 纹理填充

纹理填充是利用 PowerPoint 中内置的纹理效果设置表格的底纹样式，默认情况下 PowerPoint 为用户提供了 24 种纹理图案。首先，选择单元格区域或整个表格，执行【表格工具】|【设计】|【表格样式】|【底纹】|【纹理】命令，在弹出列表中选择相应的纹理即可。

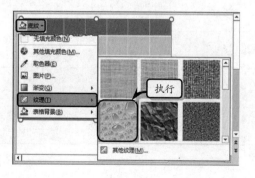

3. 图片填充

图片填充是以本地计算机中的图片为表格设置底纹效果。首先，选择单元格区域或整个表格，执行【表格工具】|【设计】|【表格样式】|【底纹】|【图片】命令，在弹出的【插入图片】对话框中，单击【来自文件】选项后面的【浏览】按钮。

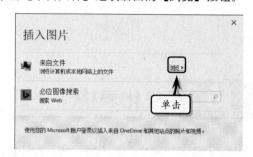

然后，在弹出的【插入图片】对话框中选择相应的图片文件，单击【插入】按钮即可。

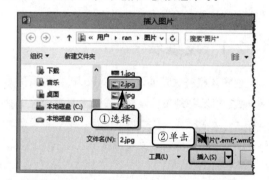

4. 渐变填充

渐变填充是以两种以上的颜色来设置底纹效果的一种填充方法，其渐变填充是由两种颜色之中的一种颜色逐渐过渡到另外一种颜色。首先，选择单元格区域或整个表格，执行【表格工具】|【设计】|【表格样式】|【底纹】|【渐变】命令，在其级联菜单中选择相应的渐变样式即可。

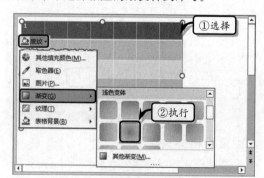

14.2.3 设置边框样式

在 PowerPoint 中除了套用表格样式，设置表格的整体格式之外。用户还可以运用【边框】命令，单独设置表格的边框样式。

1. 使用内置样式

选择表格，执行【表格工具】|【设计】|【表格样式】|【边框】命令，在其级联菜单中选择相应的选项，即可为表格设置边框格式。

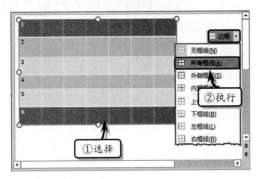

在【边框】命令中，主要包括无框线、所有框线、外侧框线等 12 种样式，其具体含义如下表所述。

图标	名 称	功 能
	无框线	清除单元格中的边框样式
	所有框线	为单元格添加所有框线
	外侧框线	为单元格添加外部框线
	内部框线	为单元格添加内部框线
	上框线	为单元格添加上框线
	下框线	为单元格添加下框线
	左框线	为单元格添加左框线
	右框线	为单元格添加右框线
	内部横框线	为单元格添加内部横线
	内部竖框线	为单元格添加内部竖线
	斜下框线	为单元格添加左上右下斜线
	斜上框线	为单元格添加右上左下斜线

2. 设置边框颜色

选择表格，执行【表格工具】|【设计】|【绘图边框】|【笔颜色】命令，在级联菜单中选择一种颜色。

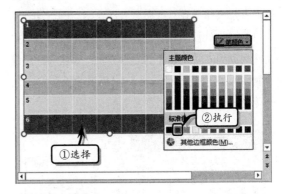

然后，执行【设计】|【表格样式】|【边框】|【所有框线】命令，即可只更改表格外侧框线的颜色。

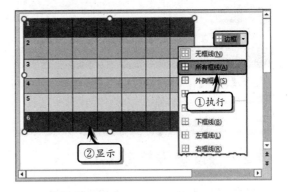

3. 设置边框线型

选择表格，执行【表格工具】|【设计】|【绘图边框】|【笔样式】命令，在其级联菜单中选择一种线条样式。然后，执行【设计】|【表格样式】|【边框】|【所有框线】命令，即可更改所有边框的线条样式。

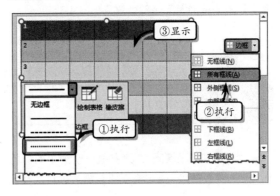

4. 设置线条粗细

设置表格边框线条粗细的方法与设置线条样式的方法大体一致。首先，选择表格，执行【表格工具】|【设计】|【绘图边框】|【笔划粗细】命令，在其级联列表中选择一种线条样式。然后，执行【设计】|【表格样式】|【边框】|【所有框线】命令，即可更改表格所有边框的线条样式。

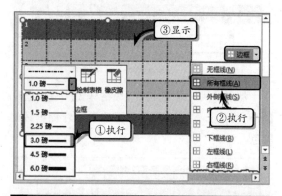

注意

执行【设计】|【绘图边框】|【擦除】命令，拖动鼠标沿着表格线条移动，即可擦除该区域的表格边框。

14.2.4　设置表格效果

特殊效果是 PowerPoint 为用户提供的一种为表格添加外观效果的命令，主要包括单元格的凹凸、阴影、映像等效果。

1. 设置凹凸效果

选择表格，执行【表格工具】|【设计】|【表格样式】|【效果】|【单元格凹凸效果】|【圆】命令，设置表格的单元格凹凸效果。

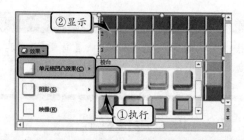

提示

为表格设置单元格凹凸效果之后，可通过执行【效果】|【单元格凹凸效果】|【无】命令，取消效果。

2. 设置映像效果

选择表格，执行【表格工具】|【设计】|【表格样式】|【效果】|【映像】|【紧密映像，接触】命令，设置映像效果。

另外，执行【设计】|【表格样式】|【效果】|【映像】|【映像选项】命令，在弹出的【设置形状格式】任务窗格中自定义映像效果。

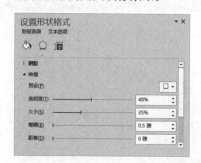

当用户需要在演示文稿中做一些简单的数据比较时，可以使用图表功能，根据输入表格的数据以柱形图、趋势图等方式，生动地展示数据内容，并描绘数据变化的趋势等信息。

14.3.1　创建图表

　　一般情况下，用户可通过占位符的方法，来快速创建图表。除此之外，用户还可以运用【插图】选项组的方法，来创建不同类型的图表。

1．占位符创建

　　在幻灯片中，单击占位符中的【插入图表】按钮，在弹出的对话框中选择相应的图表类型，并在弹出的 Excel 工作表中输入图表数据。

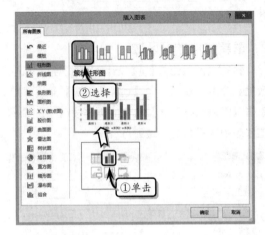

2．选项组创建

　　执行【插入】|【插图】|【图表】命令，在弹出的【插入图表】对话框中选择相应的图表类型，并在弹出的 Excel 工作表中输入示例数据。

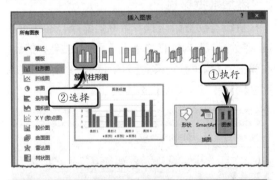

技巧

用户也可以单击【文本】组中的【对象】按钮，在弹出的【插入对象】对话框中创建图表。

14.3.2　调整图表

　　在幻灯片中创建图表之后，需要通过调整图表

的位置、大小与类型等编辑图表的操作，来使图表符合幻灯片的布局与数据要求。

1．调整图表的位置

　　选择图表，将鼠标移至图表边框或图表空白处，当鼠标变为"四向箭头"时，拖动鼠标即可。

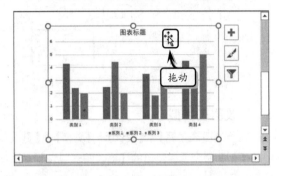

2．调整图表的大小

　　选择图表，将鼠标移至图表四周边框的控制点上，当鼠标变为"双向箭头"时，拖动即可。

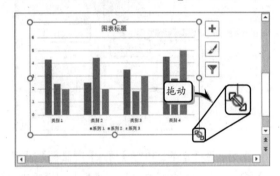

　　另外，选择图表，在【格式】选项卡【大小】选项组中，输入图表的【高度】与【宽度】值，即可调整图表的大小。

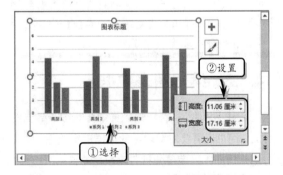

　　除此之外，用户还可以单击【格式】选项卡【大小】选项组中的【对话框启动器】按钮，在弹出的

【设置图表区格式】任务窗格的【大小】选项卡中，设置图片的【高度】与【宽度】值。

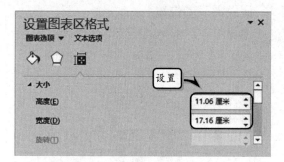

3. 更改图表类型

执行【图表工具】|【设计】|【类型】|【更改图表类型】命令，在弹出的【更改图表类型】对话框中选择一种图表类型。

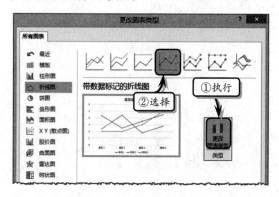

另外，选择图表，执行【插入】|【插图】|【图表】命令，在弹出的【更改图表类型】对话框中，选择图表类型即可。

> **技巧**
>
> 用户还可以选择图表，右击执行【更改图表类型】命令，在弹出的【更改图表类型】对话框中选择一种图表类型即可。

14.3.3 编辑图表数据

创建图表之后，为了达到详细分析图表数据的目的，用户还需要对图表中的数据进行选择、添加与删除操作，以满足分析各类数据的要求。

1. 编辑现有数据

执行【图表工具】|【设计】|【数据】|【编辑

数据】命令，在弹出的 Excel 工作表中编辑图表数据即可。

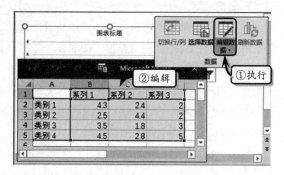

2. 重新定位数据区域

执行【图表工具】|【设计】|【数据】|【选择数据】命令，在弹出的【选择数据源】对话框中，单击【图表数据区域】右侧的折叠按钮，在 Excel 工作表中选择数据区域即可。

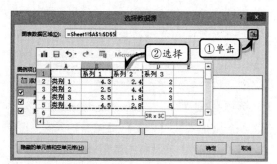

3. 添加数据区域

执行【数据】|【选择数据】命令，在弹出的【选择数据源】对话框中单击【添加】按钮。然后在弹出的【编辑数据系列】对话框中，分别设置【系列名称】和【系列值】选项。

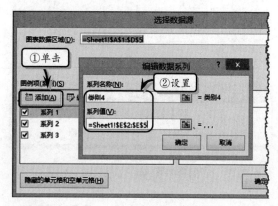

Office 14.4 美化图表

PowerPoint 中的图表与 Excel 中的图表一样，也可通过设置图表布局、样式和元素格式的方法，达到美化图表的目的。

14.4.1 设置图表布局

图表布局直接影响到图表的整体效果，用户可根据工作习惯设置图表的布局以及图表样式，从而达到美化图表的目的。

1．使用预定义图表布局

选择图表，执行【图表工具】|【设计】|【图表布局】|【快速布局】命令，选择相应的布局即可。

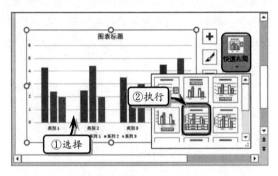

2．自定义图表布局

选择图表，执行【图表工具】|【设计】|【图表布局】|【添加图表元素】|【数据表】命令，在其级联菜单中选择相应的选项即可。

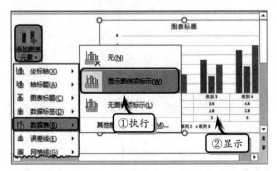

另外，选择图表，执行【图表工具】|【设计】

|【图表布局】|【添加图表元素】|【数据标签】命令，在其级联菜单中选择相应的选项即可。

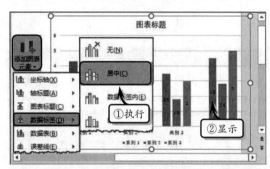

> **提示**
>
> 使用同样的方法，用户还可以通过执行【添加图表元素】命令，添加图例、网格线、坐标轴等图表元素。

3．添加分析线

分析线适用于部分图表，主要包括误差线、趋势线、线条和涨/跌柱线。

误差线主要用来显示图表中每个数据点或数据标记的潜在误差值，每个数据点可以显示一个误差线。选择图表，执行【图表工具】|【设计】|【图表布局】|【添加图表元素】|【误差线】命令，在其级联菜单中选择误差线类型即可。

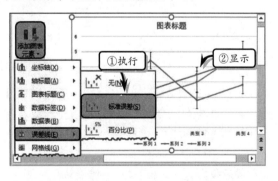

同样，选择图表，执行【图表工具】|【设计】|【图表布局】|【添加图表元素】|【线条】命令，在其级联菜单中选择线条类型。

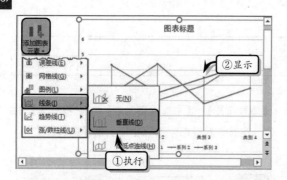

以在【设置坐标轴格式】任务窗格中，设置坐标轴的数字类别与对齐方式。

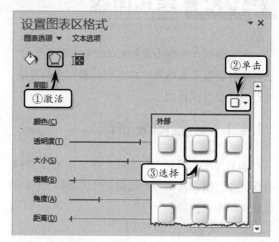

注意

用户可以使用同样的方法，为图表添加趋势线和涨跌/柱线等分析线。

14.4.2　设置图表区格式

用户可以通过设置图表区的边框颜色、边框样式、三维格式与旋转等操作，来美化图表区。

首先，选择图表，右击图表区，执行【设置图表区格式】命令。然后，在弹出的【设置图表区格式】窗格中的【填充】选项组中，选择一种填充效果，设置其填充颜色。

1．调整数字类别

双击坐标轴，在弹出的【设置坐标轴格式】任务窗格中，打开【坐标轴选项】下的【坐标轴选项】选项卡。然后，在【数字】选项组中的【类别】列表框中选择相应的选项，并设置其小数位数与样式。

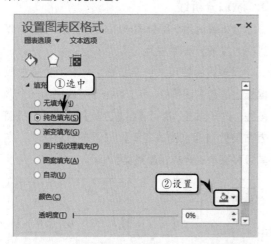

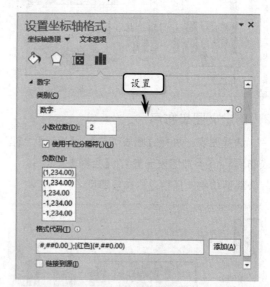

然后，打开【效果】选项卡，在展开的【阴影】选项组中单击【预设】下拉按钮，在其下拉列表中选择一种阴影样式。

另外，用户还可以在该对话框中设置图表区的边框颜色和样式、三维格式、三维旋转等效果。

14.4.3　设置坐标轴格式

坐标轴是表示图表数据类别的坐标线，用户可

2．调整对齐方式

在【设置坐标轴格式】任务窗格中，打开【坐标轴选项】下的【大小属性】选项卡。在【对齐方式】选项组中，设置对齐方式、文字方向与自定义角度。

刻度值设置为固定值或自动值。

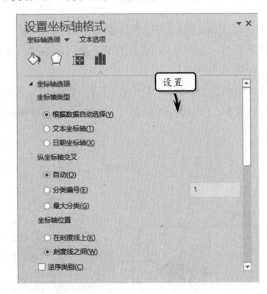

3. 调整坐标轴选项

双击水平坐标轴，在【设置坐标轴格式】任务窗格中，打开【坐标轴选项】下的【坐标轴选项】选项卡。在【坐标轴选项】选项组中，设置各选项即可。

其中，【坐标轴选项】选项组中主要包括下表所示的各项选项。

选项	子选项	说　　明
坐标轴类型	根据数据自动选择	选中该单选按钮将根据数据类型设置坐标轴类型
	文本坐标轴	选中该单选按钮表示使用文本类型的坐标轴
	日期坐标轴	选中该单选按钮表示使用日期类型的坐标轴
纵坐标轴交叉	自动	设置图表中数据系列与纵坐标轴之间的距离为默认值
	分类编号	自定义数据系列与纵坐标轴之间的距离
	最大分类	设置数据系列与纵坐标轴之间的距离为最大显示
坐标轴位置	在刻度线上	表示其位置位于刻度线上
	刻度线之间	表示其位置位于刻度线之间
逆序类别		选中该复选框，坐标轴中的标签顺序将按逆序进行排列

另外，双击垂直坐标轴，在【设置坐标轴格式】任务窗格中，打开【坐标轴选项】下的【坐标轴选项】选项卡，设置各项选项即可。

【坐标轴选项】选项卡中，主要包括下列选项。

（1）边界：将坐标轴标签的最小值及最大值设置为固定值或自动值。

（2）单位：将坐标轴标签的主要刻度值及次要

（3）横坐标轴交叉点：用于设置水平坐标轴的显示方式，包括自动、坐标轴值和最大坐标轴值三种方式。

（4）对数刻度：启用该选项，可以将坐标轴标签中的值按对数类型进行显示。

（5）逆序刻度值：用于坐标轴中的标签顺序将按逆序进行显示。

（6）显示单位：启用该选项，可以在坐标轴上显示单位类型。

14.4.4 设置图表样式

在 PowerPoint 中，可以通过设置图表元素的边框颜色、边框样式、三维格式与旋转等操作，来美化图表。

选择图表，执行【图表工具】|【设计】|【图表样式】|【快速样式】命令，在下拉列表中选择相应的样式即可。

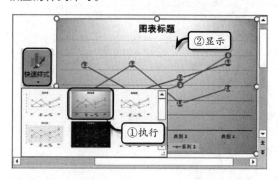

另外，执行【图表工具】|【设计】|【图表样式】|【更改颜色】命令，在其级联菜单中选择一种颜色类型，即可更改图表的主题颜色。

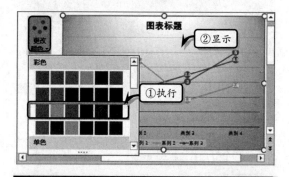

技巧

用户也可以单击图表右侧的☑按钮，即可在弹出的列表中快速设置图表的样式，以及更改图表的主题颜色。

Office 14.5 练习：制作分离饼状图

在 PowerPoint 中，用户可以使用图表功能，对幻灯片中的数据进行对比显示，以及描述数据之间的关系和变化趋势。例如，通过柱形图对比数据之间的变化趋势，通过饼状图显示数据占总额的百分比值等。在本练习中，将通过制作一份分离饼状图图表，来详细介绍制作图表的操作方法和实用技巧。

练习要点

- 设置幻灯片大小
- 设置主题
- 插入图表
- 设置图表布局
- 设置图表样式
- 插入形状
- 设置形状格式

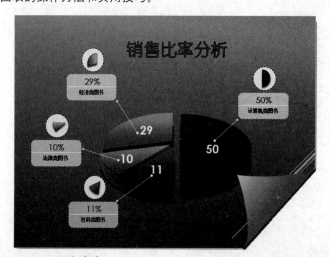

操作步骤 ▶▶▶▶

STEP|01 设置幻灯片。新建空白演示文稿，执行

【设计】|【自定义】|【幻灯片大小】|【标准】命令，并执行【开始】|【幻灯片】|【版式】|【空白】命

令，更改幻灯片的版式。

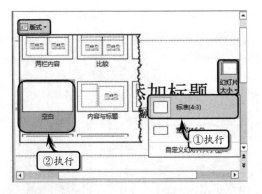

STEP|02 然后，执行【设计】|【主题】|【主题】|【切片】命令，应用幻灯片主题。

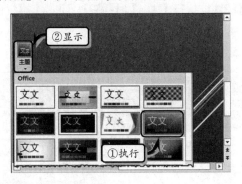

STEP|03 插入图表。执行【插入】|【插图】|【图表】命令，选择【饼图】选项组中的【三维饼图】选项。

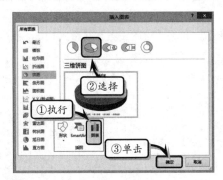

STEP|04 在弹出的 Excel 工作表中，输入图表数据，并关闭 Excel 工作表。

STEP|05 设置图表。选择图表，执行【图表工具】|【设计】|【图表样式】|【快速样式】|【样式 10】命令，设置图表的样式。

STEP|06 删除图表中的图例和标题，执行【图表

工具】|【设计】|【图表布局】|【添加图表元素】|【数据标签】|【居中】命令，添加数据标签。

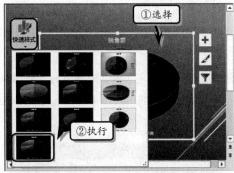

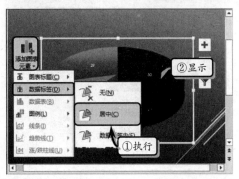

STEP|07 单击两次选择图表中最右侧的数据系列，拖动鼠标调整数据系列的分离程度。同时，在【开始】选项卡【字体】选项组中，设置图表的字体格式。

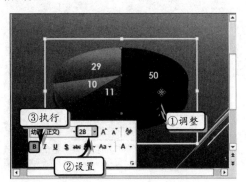

STEP|08 制作缩略形状。执行【插入】|【插图】|【形状】|【椭圆】命令，绘制一个椭圆形形状，并调整形状的大小和位置。

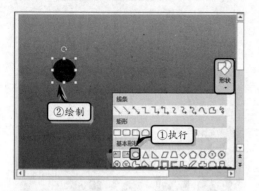

STEP|09 执行【绘图工具】|【形状样式】|【形状填充】|【其他填充颜色】命令，设置填充色和透明度。

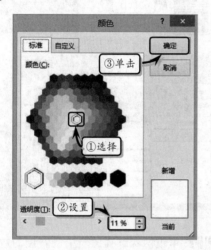

STEP|10 执行【形状样式】|【形状轮廓】|【黑色，背景 1】命令，同时执行【粗细】|【0.75 磅】命令。

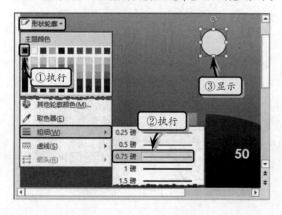

STEP|11 然后，执行【形状样式】|【形状轮廓】|【虚线】命令，在级联菜单中选择一种虚线类型。

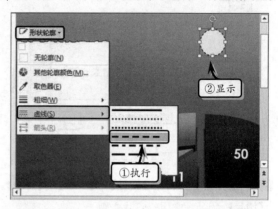

STEP|12 执行【插入】|【插图】|【形状】|【饼形】命令，绘制一个饼形形状，并调整形状的大小和位置。

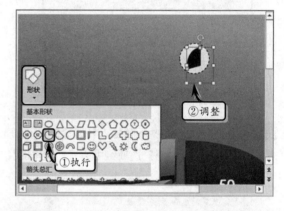

STEP|13 执行【绘图工具】|【格式】|【形状样式】|【其他】|【强烈效果-深绿，强调颜色 4】命令，设置形状样式。使用同样的方法，制作其他缩略形状。

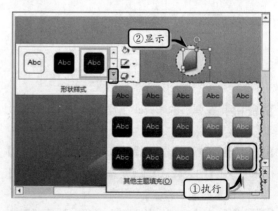

STEP|14 制作描述文本形状。执行【插入】|【插

图】|【形状】|【圆角矩形】命令，绘制一个圆角矩形形状，并调整形状的大小和位置。

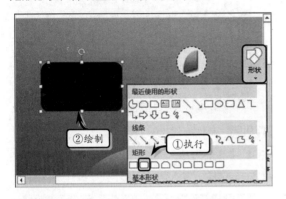

STEP|15 选择圆角矩形形状，执行【绘图工具】|【形状样式】|【形状填充】|【其他填充颜色】命令，自定义填充色和透明度。

STEP|16 执行【形状样式】|【形状轮廓】|【白色，文字 1】命令，同时执行【虚线】命令，在展开的级联菜单中选择一种虚线类型。

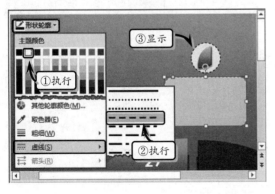

STEP|17 执行【插入】|【插图】|【形状】|【直线】命令，绘制一个直线形状，并调整形状的大小和位置。

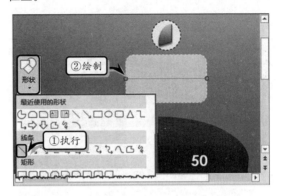

STEP|18 执行【绘图工具】|【形状样式】|【形状填充】|【其他填充颜色】命令，自定义填充色和透明度。

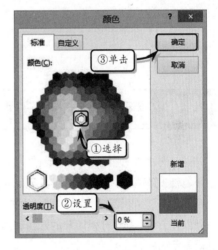

STEP|19 执行【插入】|【文本】|【文本框】|【横排文本框】命令，插入文本框，输入文本并设置文本的字体格式。使用同样的方法，分别制作其他描述文本形状。

STEP|20 制作连接线。执行【插入】|【插图】|【形状】|【箭头】命令，绘制一个箭头形状，并调整形状的大小和位置。

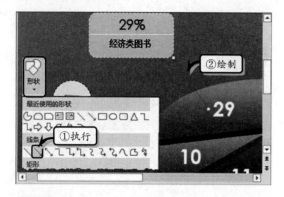

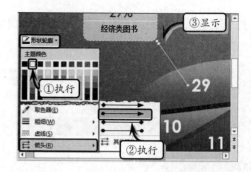

STEP|22 制作标题。执行【插入】|【文本】|【艺术字】|【填充-橙色，着色 1，轮廓-背景 1，清晰阴影-着色 1】命令，输入艺术字文本并设置其字体大小。

STEP|21 执行【绘图工具】|【形状样式】|【形状轮廓】|【白色，文字 1】命令，同时执行【箭头】|【箭头样式 9】命令，设置形状样式。使用同样的方法，制作其他连接线。

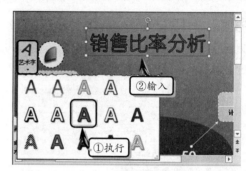

Office 14.6 练习：制作苏州简介

苏州是江苏省东南部的一个地级市，位于长江三角洲和太湖平原的中心地带，是著名的鱼米之乡、状元之乡、经济重镇、历史文化名城，自古享有"人间天堂"的美誉。本练习中将运用 PowerPoint 中的基础操作方法，制作苏州印象的开头动画部分，为介绍苏州文化提供基础展示内容。

练习要点

- 使用图片
- 使用形状
- 设置形状格式
- 添加动画效果
- 添加多重动画效果
- 使用艺术字

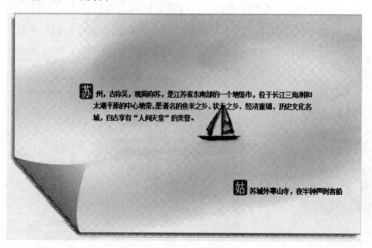

操作步骤 ▶▶▶▶

STEP|01 插入背景图片。新建空白幻灯片，执行
【插入】|【图像】|【图片】命令，选择图片文件，
单击【插入】按钮，插入背景图片，并调整其大小。

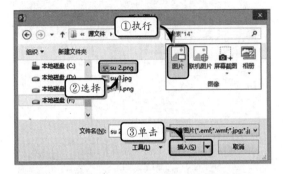

STEP|02 制作背景椭圆形形状。执行【插入】|
【插图】|【形状】|【椭圆形】命令，绘制椭圆形形状。

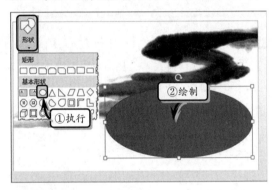

STEP|03 右击椭圆形形状，执行【设置形状格式】
命令。选中【渐变填充】选项，将【类型】设置为
【路径】，并删除多余的渐变光圈。

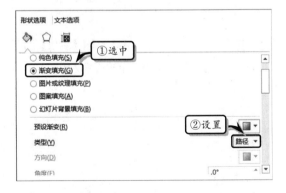

STEP|04 选择左侧的渐变光圈，单击【颜色】下
拉按钮，将【颜色】设置为【白色，文字 1】。

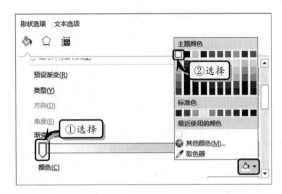

STEP|05 选择右侧的渐变光圈，单击【颜色】下
拉按钮，选择【其他颜色】选项，自定义渐变颜色。
同时，将【透明度】设置为 100%。

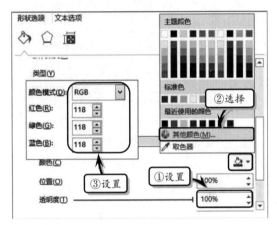

STEP|06 展开【线条】选项组，选中【无线条】
选项。然后，在【大小】选项组中，调整椭圆形形
状的大小和位置。

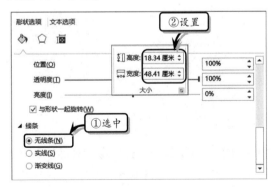

STEP|07 复制多个椭圆形形状，分别调整其大小
和位置，并组合部分椭圆形形状，设置成多重背景
格式。

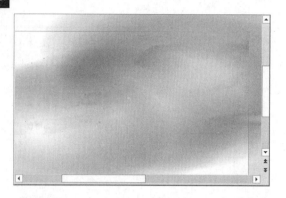

STEP|08 制作复合字。执行【插入】|【插图】|【形状】|【圆角矩形】命令，绘制一个圆角矩形形状，并调整形状的大小。

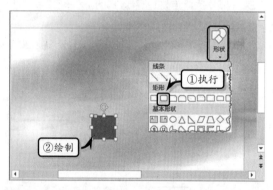

STEP|09 选择圆角矩形形状，执行【绘图工具】|【格式】|【形状样式】|【形状填充】|【红色】命令。同时，执行【形状轮廓】|【无轮廓】命令。

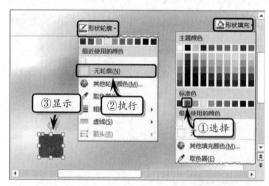

STEP|10 执行【插入】|【文本】|【艺术字】|【填充-黑色，文本1，阴影】命令，输入文本并设置文本的字体格式。

STEP|11 同时选择艺术字和圆角矩形形状，右击执行【组合】|【组合】命令，组合对象。使用同样的方法，制作其他复合字。

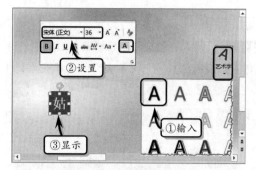

STEP|12 制作描述性文本。执行【插入】|【文本】|【文本框】|【横排文本框】命令绘制文本框，输入文本并设置文本的字体格式。

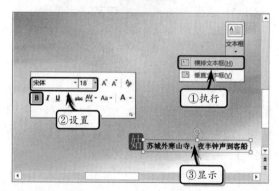

STEP|13 插入图片。执行【插入】|【图像】|【图片】命令，选择图片文件，单击【插入】按钮，插入图片并调整图片的位置。

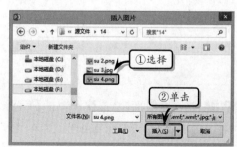

STEP|14 选择小船图片，右击执行【至于底层】|【下移一层】命令，将图片放置于文本的下方。

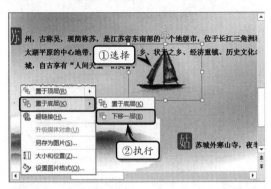

STEP|15 添加动画效果。选择幻灯片右外侧的组合椭圆形形状，执行【动画】|【动画】|【动画样式】|【进入】|【飞入】命令。

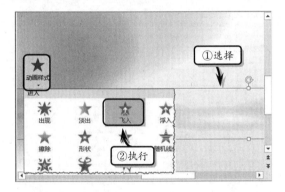

STEP|16 同时，执行【动画】|【效果选项】|【自左侧】命令，并将【开始】设置为【与上一动画同时】，将【持续时间】设置为 05.00。

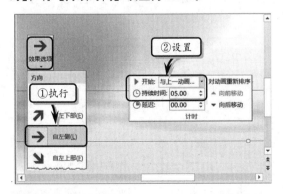

STEP|17 选择幻灯片最上侧的椭圆形形状，执行【动画】|【动画样式】|【退出】|【浮出】命令，将【开始】设置为【与上一动画同时】，并将【持续时间】设置为 03.00。

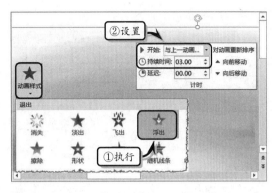

STEP|18 选择幻灯片上侧第 2 个椭圆形形状，执行【动画样式】|【退出】|【浮出】命令，并在【计时】选项组中，设置【开始】、【持续时间】和【延迟】选项。用同样的方法，为其他椭圆形形状添加动画效果。

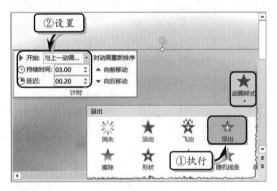

STEP|19 选择小船图片，执行【动画】|【动画样式】|【进入】|【淡出】命令，并在【计时】选项组中设置【开始】、【持续时间】和【延迟】选项。

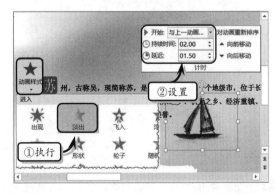

STEP|20 同时，执行【动画】|【高级动画】|【添加动画】|【动作路径】|【自定义路径】命令，并

在【计时】选项组中，设置【开始】、【持续时间】和【延迟】选项。

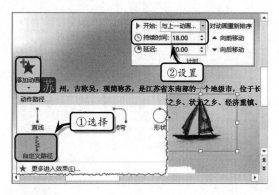

STEP|21 然后，选择动作路径动画效果，调整路径的方向和长度。

STEP|22 选择复合"姑"字，执行【动画】|【动画样式】|【进入】|【淡出】命令，并在【计时】选项组中，设置【开始】、【持续时间】和【延迟】选项。

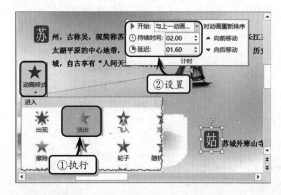

STEP|23 选择"姑"字右侧的占位符，执行【动画】|【动画样式】|【进入】|【淡出】命令，并在【计时】选项组中，设置【开始】、【持续时间】和

【延迟】选项。

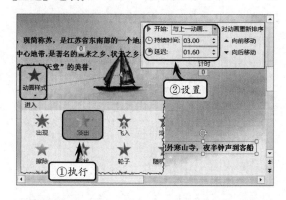

STEP|24 选择小船图片，执行【动画】|【高级动画】|【添加动画】|【退出】|【淡出】命令，并在【计时】选项组中，设置【开始】、【持续时间】和【延迟】选项。

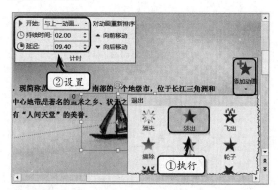

STEP|25 选择幻灯片最底层的云形图片，执行【动画】|【动画样式】|【退出】|【淡出】命令，并在【计时】选项组中设置【开始】、【持续时间】和【延迟】选项。

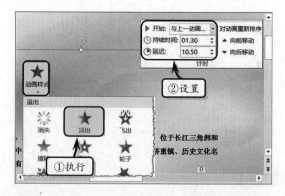

STEP|26 选择复合字"姑"，执行【动画】|【高级动画】|【添加动画】|【动作路径】|【自定义路

径】命令，并调整路径的方向和长度。

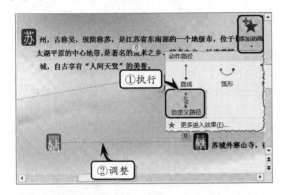

STEP|27 然后，在【计时】选项组中，设置【开

始】、【持续时间】和【延迟】选项。使用同样的方法，为其他对象添加动画效果。

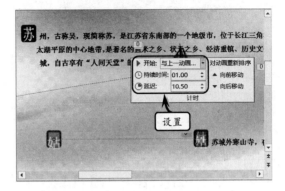

Office 14.7 新手训练营

练习 1：销售数据统计表

downloads\第 14 章\新手训练营\销售数据统计表

提示：本练习中，首先插入一个 5 列 4 行的表格，并调整表格的大小。然后，在【设计】选项卡【表格样式】选项组中，设置表格的整体样式和边框样式。同时，在表格中输入销售数据，并设置文本的字体和对齐格式。最后，选择第 1 个单元格，执行【设计】|【表格样式】|【边框】|【斜下框线】命令，并设置文本的左对齐样式。同时，在表格上方插入艺术字，输入文本并设置艺术字的样式。

项目 年份	销售数量	销售额	毛利润	净利润
2008年	3600	4000万	3000万	1500万
2009年	4100	5200万	4300万	2200万
2010年	4200	5600万	4400万	2400万

练习 2：立体表格

downloads\第 14 章\新手训练营\立体表格

提示：本练习中，首先执行【插入】|【表格】|【表格】|【Excel 电子表格】命令，插入 Excel 电子表格，并调整电子表格的大小。然后，在 Excel 表格中

输入基础数据，并设置行高和字体格式。同时，设置单元格区域的边框格式和背景填充颜色。最后，设置第 2 行文本的显示方向，并在数据区域外围添加直线形状。同时，设置直线形状的填充颜色和轮廓样式，并取消表格中的网格线。

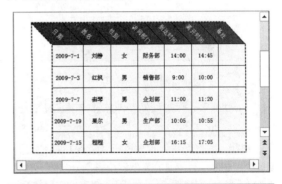

练习 3：条形纹背景

downloads\第 14 章\新手训练营\条形纹背景

提示：本练习中，首先执行【插入】|【表格】|【Excel 电子表格】命令，插入 Excel 电子表格，并输入表格数据。然后，在 Excel 工作表中选择单元格区域，执行【开始】|【样式】|【条件格式】|【新建规则】命令。选择【使用公式确定要设置格式的单元格】选项，并在【为符合此公式的值设置格式】文本框中输入公式。单击【格式】按钮，在弹出的【设置单元格格式】对话框中，选择【填充】选项。并在【背景色】列表框中选择相应的颜色。最后，使用同样的方法，设置其他条件格式。

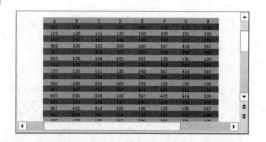

练习4：库存数据统计表

downloads\第14章\新手训练营\库存数据统计表

提示：本练习中，首先执行【插入】|【表格】|【表格】|【插入表格】命令，插入一个5行7列的表格。然后，执行【设计】|【表格样式】|【底纹】|【无填充颜色】命令，同时执行【表格样式】|【边框】|【所有框线】命令。输入库存数据，并设置数据的字体格式。最后，设置表格第一行的背景填充色，并设置整个表格的居中和垂直居中样式。

年份	计划	推广	在销产品	销售量	库存量	库存额
2007	170	150	120	1500	590	50万
2008	200	190	160	1700	780	70万
2009	220	230	200	2450	550	48万
增长率	29%	53%	66%	63.2%	−6%	−4%

练习5：年销售比率分析图

downloads\第14章\新手训练营\年销售比率分析图

提示：本练习中，首先执行【插入】|【插图】|【图表】命令，选择【分离型三维饼图】选项，插入图表。同时，删除图表标题并设置图表的布局样式。然后，设置图表的样式，以及数据系列的填充颜色和棱台效果。同时，设置图表区域的填充颜色、轮廓样式和字体颜色。最后，为图表插入艺术字标题，并设置艺术字的字体格式。

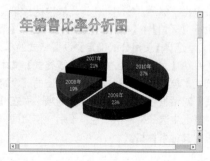

练习6：销售数据分析图

downloads\第14章\新手训练营\销售数据分析图

提示：本练习中，首先执行【插入】|【插图】|【图表】命令，选择【簇状圆柱图】选项，插入图表。然后，执行【设计】|【图表样式】|【样式26】命令，设置图表的样式。右击图表执行【设置图表区域格式】命令，设置其渐变填充效果。最后，双击垂直坐标轴，设置坐标轴的格式。同时，设置图例的显示位置，以及数据系列的填充颜色，并添加图表标题。

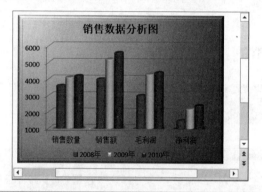

练习7：销售人员业绩分析图

downloads\第14章\新手训练营\销售人员业绩分析图

提示：本练习中，首先执行【插入】|【插图】|【图表】命令，选择【带数据标记的折线图】选项，插入图表。然后，执行【设计】|【图表样式】|【其他】|【样式2】命令，设置图表样式，并设置图表的轮廓样式和草皮棱台效果。最后，双击垂直坐标轴，设置坐标轴的最大值和最小值。同时，添加数据标签和垂直线，并取消主要横网格线。

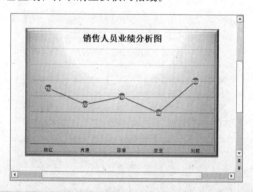

练习8：瀑布图

downloads\第14章\新手训练营\瀑布图

提示：本练习中，首先执行【插入】|【插图】|

【图表】命令，选择【堆积柱形图】选项，插入图表。然后，选择"辅助数据"数据系列，右击执行【设置数据系列格式】命令，选中【无填充】选项。同时，选择"2008 年销售额"数据系列，右击执行【设置数据系列格式】命令。在【系列选项】选项卡中，将【分类间距】设置为 0。最后，选择"2008 年销售额"数据系列，执行【布局】|【标签】|【数据标签】|【居中】命令，并执行【布局】|【坐标轴】|【网格线】|【主要横网格线】|【无】命令。

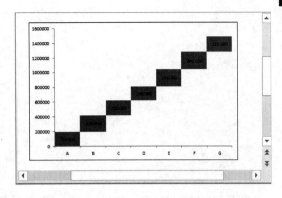

第 **15** 章

设置动画与交互效果

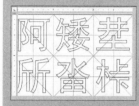 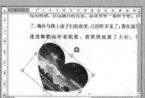  

　　作为一种重要的多媒体制作工具，PowerPoint 除了允许用户设计文本、图形、图表、图像和表格之外，还允许用户为这些显示对象添加丰富的动画效果，以增加演示文稿的动态性与多样性。另外，用户还可以通过为幻灯片添加各种切换效果，来增加幻灯片演示时的过渡动感效果；或者通过为幻灯片添加超链接和动作的方法，来丰富幻灯片的内容。在本章中，将详细介绍设置动画效果、切换效果，以及添加超链接和动作交互效果的基础知识和操作方法。

15.1 添加动画效果

动画是 PowerPoint 幻灯片的一种重要技术，通过这一技术，用户可以将各种幻灯片的内容以活动的方式展示出来，增强幻灯片的互动性。

15.1.1 应用动画效果

PowerPoint 为用户提供了进入、强调、退出和路径等动画效果，以帮助用户方便地为各种多媒体显示对象添加动画效果。

1. 添加内置动画效果

选择幻灯片中的对象，执行【动画】|【动画】|【动画样式】命令，在其级联菜单中选择相应的样式，为对象添加动画效果。

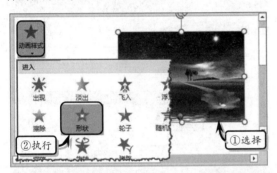

提示

用户还可以通过执行【动画】|【动画样式】|【更多强调】、【更多退出】和【其他动作路径】命令，添加更多种类的动画效果。

另外，当级联菜单中的动画样式无法满足用户需求时，可执行【动画】|【动画】|【动画样式】|【更多进入效果】命令。在弹出的【更多进入效果】对话框中，选择一种动画效果。

2. 添加自定义路径动画

PowerPoint 为用户提供了自定义路径动画效果的功能，以满足用户设置多样式动画效果的需求。

在幻灯片中选择对象，执行【动画】|【动画】|【动画样式】|【自定义路径】命令。然后，拖动

鼠标绘制动作路径。

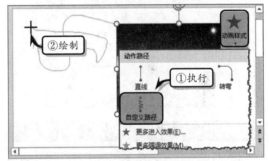

技巧

绘制完动作路径之后，双击即可结束路径的绘制操作。

15.1.2 设置效果选项

PowerPoint 为绝大多数动画样式提供了一些设置属性，允许用户设置动画样式的类型。

1. 设置路径方向

对于一个简单的对象，例如形状或图片等对象，当为其添加【飞入】等动画效果时，PowerPoint 只为其提供路径方向。选择添加动画效果的对象，执行【动画】|【动画】|【效果选项】命令，在其级联菜单中选择一种进入方向。

2．设置路径序列

当用户为图表或包含多个段落的文本框添加动画效果时，系统除了显示路径方向选项之外，还会显示【序列】选项，以帮助用户调整每个段落或图表数据系列的进入效果。

选择图表或文本框对象，执行【动画】|【动画】|【效果选项】命令，在【序列】栏中选择一种序列选项即可。

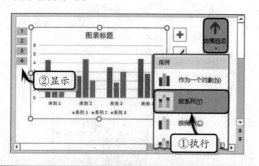

提示

为图表或文本框设置效果选项之后，在图表或文本框的左上角将显示动画序号，表示动画播放的先后顺序。

另外，单击【动画】选项组中的【对话框启动

器】按钮，在弹出的对话框的【效果】选项卡中，在【设置】选项组中设置动画效果的进入方向，以及平滑和弹跳效果。

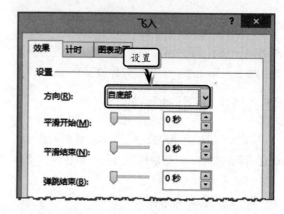

打开【图表动画】选项卡，则可以设置【组合图表】的进入序列选项。

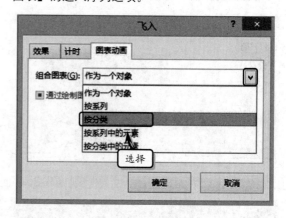

Office 15.2 编辑动画效果

为对象添加动画效果之后，为适应整个幻灯片的播放效果，还需要更改或添加动画效果，或者调整动画效果的运动路径。

15.2.1 调整动画效果

在 PowerPoint 中，除了允许用户为动画添加样式外，还允许用户更改已有的动画样式，并为动画添加多个动画样式。

1．更改动画效果

选择包含动画效果的对象，执行【动画】|【动画】|【动画样式】命令，在其级联菜单中选择一种动画效果，即可使用新的动画样式覆盖旧动画

样式。

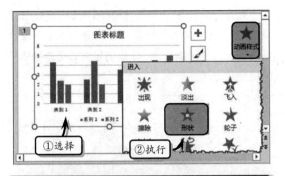

2．添加动画效果

在 PowerPoint 中，允许用户为某个显示对象应用多个动画样式，并按照添加的顺序进行播放。

选择包含动画效果的对象，执行【动画】|【高级动画】|【添加动画】命令，在其级联菜单中选择一种动画效果。

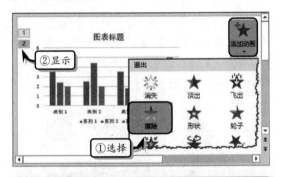

3．调整播放顺序

在为显示对象添加了多个动画样式后，为了控制动画的播放效果，还需要在【动画窗格】任务窗格中设置动画效果的播放顺序。

首先，执行【动画】|【高级动画】|【动画窗格】命令，显示【动画窗格】任务窗格。然后，在

列表中选择动画效果，单击【上移】按钮和【下移】按钮，即可调整动画效果的播放顺序。

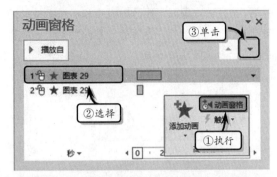

4．设置动画触发器

在 PowerPoint 中，各种动画往往需要通过触发器来触发播放。此时，用户可以使用 PowerPoint 中的【触发器】功能，设置多种触发方式。

执行【动画】|【高级动画】|【触发】|【单击】命令，在其级联菜单中选择一种触发选项即可。

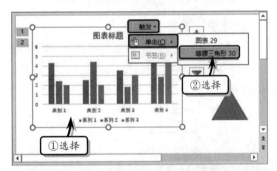

15.2.2　调整动作路径

在为显示对象添加动作路径类的动画之后，用户可调节路径，以更改显示对象的运动轨迹。

1．显示路径轨迹

首先，为对象添加【动作路径】类动画效果。然后，选择该对象即可显示由箭头和虚线组成的运动轨迹。另外，当用户选择运动轨迹线时，系统将自动显示运动前后的对象。

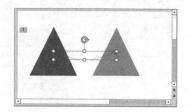

2．移动动作路径

在路径线上，包含一个绿色的起始点和一个红色的结束点。如果需要移动动作路径的位置，可把鼠标光标置于路径线上，其会转换为"十字箭头"。此时，拖动鼠标光标，即可移动路径的位置。

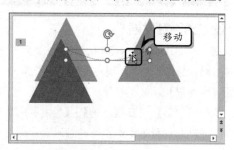

3．旋转动作路径

将鼠标光标置于顶端的位置节点上，其将转换为"环形箭头"标志。然后即可拖动鼠标，旋转动作的路径。

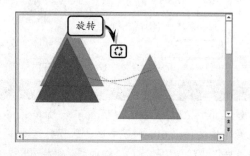

4．编辑路径顶点

选择动作路径，执行【动画】|【动画】|【效果选项】|【编辑顶点】命令。此时，系统将自动在路径上方显示编辑点，拖动编辑点即可调整路径的弧度或方向。

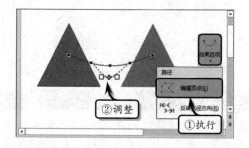

编辑完路径后，可单击路径之外的任意区域，或右击路径，执行【关闭路径】命令，均可关闭路径。

> **技巧**
>
> 选择路径轨迹，右击执行【编辑顶点】命令，也可显示路径的编辑点。

5．反转路径方向

反转路径方向是调整动作路径的播放方向。选择对象，执行【动画】|【动画】|【效果选项】|【反转路径方向】命令，即可反转动作路径。

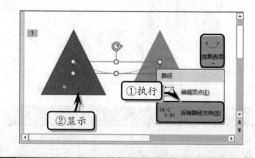

> **技巧**
>
> 选择路径轨迹，右击执行【反转路径】命令，也可显示路径的编辑点。

Office 15.3 设置动画选项

为对象添加动画效果之后，为完美地播放每个

动画效果，还需要设置动画效果的开始播放方式、

持续时间和延迟时间，以及触发器的播放方式。

15.3.1　设置动画时间

设置动画时间主要是设置动画的播放计时方式、持续时间和延时时间，从而保证动画效果在指定的时间内以指定的播放长度进行播放。

1．设置动画计时方式

PowerPoint 为用户提供了【单击时】、【与上一动画同时】和【上一动画之后】三种计时方式。

选择包含动画效果的对象，在【动画】选项卡【计时】选项组中，单击【开始】选项后面的【动画计时】下拉按钮，在其列表中选择一种计时方式即可。

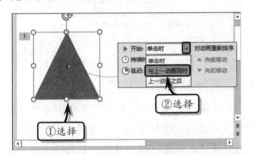

提示

单击【动画】选项组中的【对话框启动器】按钮，可在弹出的对话框中的【计时】选项卡中设置开始方式。

另外，在【动画窗格】任务窗格中，单击动画效果后面的下拉按钮，在其列表中选择相应的选项，即可设置动画效果的计时方式。

提示

当用户将动画效果的【开始】方式设置为【上一动画之后】或【与上一动画同时】方式时，显示在对象左上角的动画序号将变成 0。

2．设置持续和延迟时间

持续时间是用于指定动画效果的播放长度，而延迟时间则是指动画播放延迟的时间，也就是经过多少时间才开始播放动画。

选择对象，在【动画】选项卡【计时】选项组中，分别设置【持续时间】和【延迟】时间值即可。

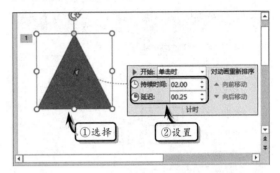

另外，在【动画窗格】任务窗格中，单击动画效果后面的下拉按钮，在其列表中选择【计时】选项。此时，可在弹出的【飞入】对话框中通过设置【延迟】和【期间】选项，来设置动画效果的持续和延迟时间。

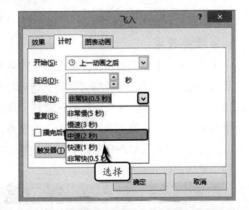

提示

在【动画窗格】任务窗格中选择【计时】选项，所弹出的对话框的名称，是根据动画效果的名称而来的。例如，该动画效果为【飞入】效果，则该对话框的名称则为【飞入】对话框。

15.3.2　设置动画效果

设置动画效果主要包括设置动画的重复放映

效果、增强效果，以及触发器的播放方式等内容。

1. 设置重复放映效果

在【动画窗格】任务窗格中，单击动画效果后面的下拉按钮，在其列表中选择【计时】选项卡。在【计时】选项卡中，单击【重复】下拉按钮，在其下拉列表中选择一种重复方式即可。

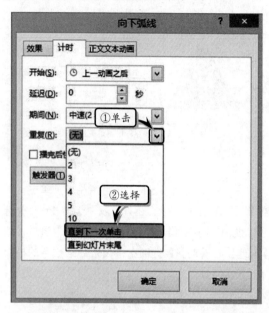

2. 设置增强效果

在【动画窗格】任务窗格中，单击动画效果后面的下拉按钮，在其列表中选择【效果】选项。在【效果】选项卡中，单击【声音】下拉按钮，选择一种播放声音，并单击其后的声音图标，调整声音的大小。另外，单击【动画播放后】下拉按钮，选择一种动画播放后的显示效果。

> **提示**
>
> 单击【动画】选项组中的【对话框启动器】按钮，也可弹出【飞入】对话框，切换到【效果】选项卡即可设置增强效果。

3. 设置触发器播放方式

在【动画窗格】任务窗格中，单击动画效果后面的下拉按钮，在其列表中选择【计时】选项。在弹出的【飞入】对话框的【计时】选项卡中，单击【触发器】按钮，展开触发器设置列表。选中【单击下列对象时启动效果】选项，并设置单击对象。

Office 15.4 设置切换动画

幻灯片切换动画是一种特殊效果，在上一张幻灯片过渡到当前幻灯片时，可应用该效果。

15.4.1 添加切换动画

切换动画类似于动画效果，即可以为幻灯片添加切换效果，又可以设置切换效果的方向和方式。

1. 添加切换效果

在【幻灯片选项卡】窗格中选择幻灯片，执行【切换】|【切换到此幻灯片】|【切换效果】命令，在其级联菜单中选择一种切换样式。

> **提示**
>
> 执行【切换】|【计时】|【全部应用】命令，则演示文稿中，每张幻灯片在切换时，将显示为相同的切换效果。

2. 设置切换效果

切换效果类似于动画效果，主要用于设置切换动画的方向或方式。选择该幻灯片，执行【切换】|【切换到此幻灯片】|【效果选项】命令，在其级联菜单中选择一种效果即可。

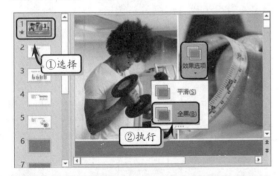

> **注意**
>
> 【效果选项】级联菜单中的各项选项，随着切换效果的改变而自动改变。

15.4.2 编辑切换动画

为幻灯片添加切换效果之后，还需要通过设置切换动画的声音和换片方式，来增加切换效果的动态性和美观性。

1. 设置切换声音

为幻灯片添加切换效果之后，执行【切换】|【计时】|【声音】命令，在其下拉列表中选择声音选项即可。

另外，单击【声音】下拉按钮，在其下拉列表中选择【其他声音】选项，可在弹出的【添加音频】对话框中，选择本地声音。

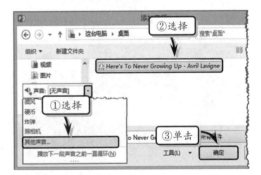

2. 设置换片方式

在【计时】选项组中，启用【换片方式】栏中的【设置自动换片时间】复选框，并在其后的微调框中，输入调整时间为 00:05。

15.5 设置交互效果

PowerPoint 为用户提供了一个包含 Office 应
用程序共享的超链接和动作功能，通过该功能不仅
可以实现具有条理性的放映效果，而且还可以实现
幻灯片与幻灯片、幻灯片与演示文稿或幻灯片与其
他程序之间的链接，以帮助用户达到制作交互式幻
灯片的目的。

15.5.1 创建超级链接

超级链接是一种最基本的超文本标记，可以为
各种对象提供连接的桥梁，可以链接幻灯片与电子
邮件、新建文档等其他程序。

1. 为文本创建超级链接

首先，在幻灯片中选择相应的文本，执行【插
入】|【链接】|【超链接】命令。

在弹出的【插入超链接】对话框中的【链接到】
列表中，选择【本文档中的位置】选项卡，并在【请
选择文档中的位置】列表框中选择相应的选项。

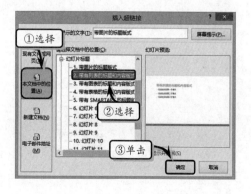

2. 通过动作按钮创建超级链接

执行【插入】|【插图】|【形状】命令，在其
级联菜单中选择【动作按钮】栏中相应的形状，在
幻灯片中拖动鼠标绘制该形状。

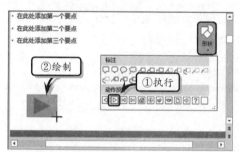

在弹出的【操作设置】对话框中，选中【超链
接到】选项，并单击【超链接到】下拉按钮，在其
下拉列表中选择【幻灯片】选项。

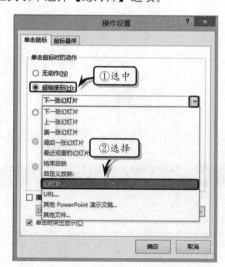

然后，在弹出的【超链接到幻灯片】对话框中的【幻灯片标题】列表框中，选择需要连接的幻灯片，并单击【确定】按钮。

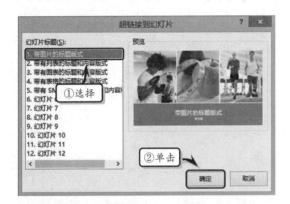

注意

在幻灯片中右击对象，执行【超链接】命令，即可设置超链接选项。

PowerPoint 提供了如下 12 种动作按钮供用户选择使用。

按　　钮	作　　用
◁	后退或跳转到前一项目
▷	前进或跳转到下一项目
◁|	跳转到开始
|▷	跳转到结束
🏠	跳转到第一张幻灯片
ⓘ	显示信息
✋	跳转到上一张幻灯片
🎞	播放影片
🗋	跳转到文档
🔊	播放声音
❔	开启帮助
▢	自定义动作按钮

3. 通过动作设置创建超级链接

选择幻灯片中的对象，执行【插入】|【链接】|【动作】命令。在弹出的【动作设置】对话框中选中【超链接到】选项，并单击【超链接到】下拉按钮，在下拉列表中选择相应的选项。

技巧

为对象添加超链接之后，右击对象执行【取消超链接】命令，即可删除现有的超链接。

4. 链接到其他对象

在 PowerPoint 中，除了可以链接本演示文稿中的幻灯片之外，还可以链接其他演示文稿、电子邮件、新建文档等对象的超链接功能。

执行【插入】|【链接】|【超链接】命令，选择【原有文件和网页】选项卡，在【当前文件夹】列表框中选择需要链接的演示文稿。

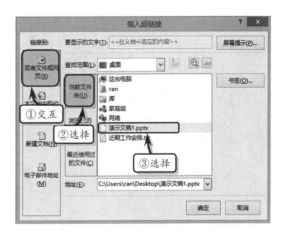

提示

在【插入超链接】对话框中，还可以选择其他文件，作为链接目标。例如 Word 文档、图片等。

另外，在【插入超链接】对话框中，切换到【电子邮件地址】选项卡，输入邮件地址，并在【主题】文本框中输入邮件主题。

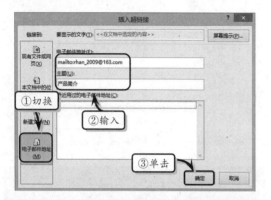

注意

在【插入超链接】对话框中，单击【屏幕提示】按钮，可在弹出的【设置超链接屏幕提示】对话框中，设置超链接的屏幕提示内容。

15.5.2 添加动作

PowerPoint 除了允许用户为演示文稿中的显示对象添加超级链接外，还允许用户为其添加其他一些交互动作，以实现复杂的交互性。

1. 运行程序动作

选择幻灯片中的对象，执行【插入】|【链接】|【动作】命令，在弹出的【操作设置】对话框中，选中【运行程序】选项，同时单击【浏览】按钮。

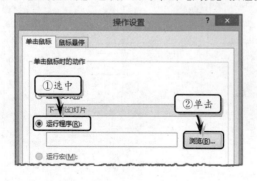

提示

在幻灯片中添加的动作，只有在播放幻灯片时才可以使用。

在弹出的【选择一个要运行的程序】对话框中，选择相应的程序，并单击【确定】按钮。

2. 运行宏动作

选择要添加的动作对象，执行【插入】|【链接】|【动作】命令，在弹出的【操作设置】对话框中，选中【运行宏】选项。同时，单击【运行宏】下拉按钮，在其下拉列表中选择宏名，并单击【确定】按钮

提示

在使用宏功能之前，用户还需要在幻灯片中创建宏。

3. 添加对象动作

执行【插入】|【链接】|【动作】命令，在【操作设置】对话框中，选中【对象动作】选项，并在【对象动作】下拉列表中选择一种动作方式。

4．添加动作声音

执行【插入】|【链接】|【动作】命令，在【设置动作】对话框中，选择某种动作后启用【播放声音】复选框，并单击【播放声音】下拉按钮，在其下拉列表中选择一种声音。

15.6 练习：制作动态目录

PowerPoint 除了可以使用文本、图片或形状等元素来构建丰富多彩的幻灯片之外，还可以使用动画效果，将幻灯片中的各种元素以活动的方式进行展示，从而增强幻灯片的动态性。除此之外，用户还可以通过为同一元素添加多个动画效果的方法，来增加元素的炫舞特性。在本练习中，将通过制作一个动态目录的幻灯片，来详细介绍使用多重动画效果的基础方法和技巧。

练习要点

- 插入图片
- 调整图片大小
- 使用文本框
- 设置文本格式
- 添加动画效果
- 设置动画计时
- 添加多重动画效果

操作步骤 〉〉〉〉

STEP|01 制作背景形状。新建空白演示文稿，删除幻灯片中的所有占位符。执行【插入】|【插图】|【形状】|【矩形】命令，绘制一个矩形形状。

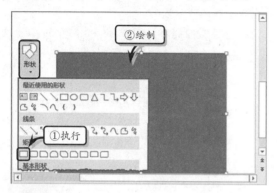

STEP|02 调整形状大小和位置，执行【绘图工具】|【格式】|【形状样式】|【形状轮廓】|【无轮廓】命令，取消形状轮廓。

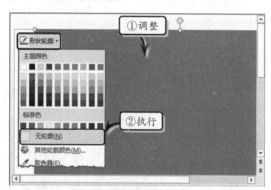

STEP|03 同时，右击形状执行【设置形状格式】命令。展开【填充】选项组，选中【渐变填充】选项，并设置【类型】和【角度】选项。

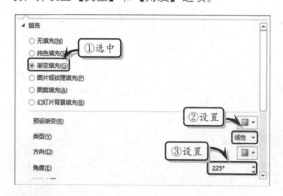

STEP|04 删除多余的渐变光圈，选中左侧的渐变

光圈，单击【颜色】下拉按钮，选择【白色，背景1，深色 25%】选项，同时将【亮度】设置为-25%。

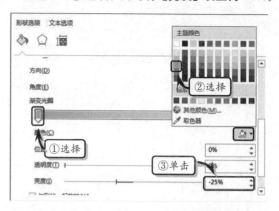

STEP|05 选择右侧的渐变光圈，单击【颜色】下拉按钮，选择【白色，背景 1】选项，设置右侧渐变光圈的颜色。

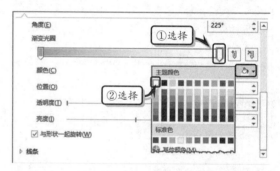

STEP|06 插入图片。执行【插入】|【图像】|【图片】命令，选择图片文件，单击【插入】按钮。

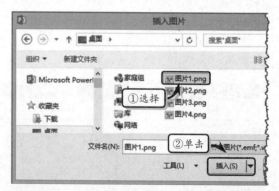

STEP|07 选择图片，调整图片文档大小和位置。使用同样的方法，插入其他图片，并排列和调整图片。

命令，选择【阶梯状】选项，单击【确定】按钮。

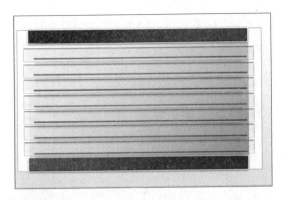

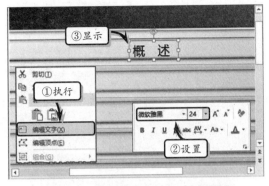

STEP|08 添加说明性文本。执行【插入】|【插图】
|【形状】|【矩形】命令，绘制矩形形状并调整形
状的大小和位置。

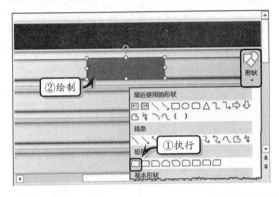

STEP|09 执行【绘图工具】|【格式】|【形状样式】
|【形状填充】|【无填充颜色】命令，同时执行【形
状轮廓】|【无轮廓】命令，设置形状样式。

STEP|12 在【计时】选项组中，将【开始】设置
为【与上一动画同时】，并将【持续时间】设置为
00.60。

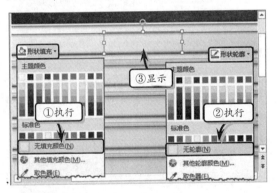

STEP|10 右击形状，执行【编辑文字】命令，输
入说明性文本，并设置文本的字体格式。使用同样
的方法，添加其他说明性文本。

STEP|11 添加动画效果。选择最上面的图片，执
行【动画】|【动画】|【其他】|【更多进入效果】

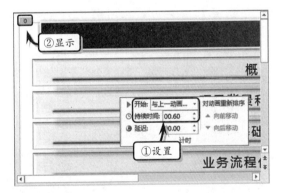

STEP|13 选择最下方的图片，执行【动画】|【动
画】|【其他】|【更多进入效果】命令，选择【阶
梯状】选项，单击【确定】按钮。

STEP|14 执行【动画】|【动画】|【效果选项】|【右上】命令，设置动画进入方向。同时，在【计时】选项组中，设置【开始】和【持续时间】选项。

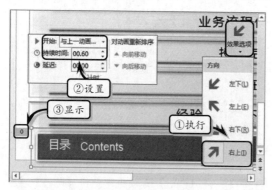

STEP|15 选择下方图片中的"目录"组合形状，执行【动画】|【动画】|【其他】|【更多进入效果】命令，选择【切入】选项，单击【确定】按钮。

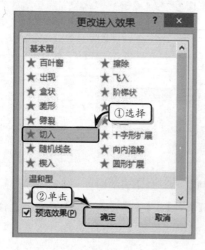

STEP|16 在【计时】选项组中，将【开始】设置为【上一动画之后】，并将【持续时间】设置为00.30。

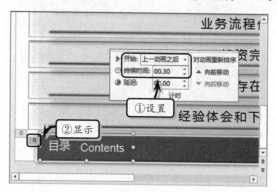

STEP|17 从上到下同时选择第 2~7 个矩形图片，执行【动画】|【动画】|【其他】|【更多进入效果】命令，选择【阶梯状】选项，单击【确定】按钮。

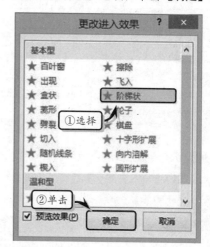

STEP|18 选择上面第 2 个矩形图片，在【计时】选项组中设置【开始】、【持续时间】和【延迟】选项。使用同样的方法，设置其他矩形图片的【计时】选项。

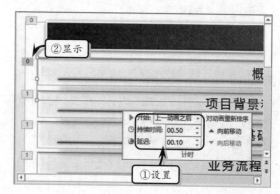

STEP|19 选择上面第 2 个矩形图片，执行【动画】|【高级动画】|【添加动画】|【更多进入效果】命令，选择【阶梯状】选项，单击【确定】按钮。

STEP|20 同时执行【动画】|【动画效果】|【右上】命令，并在【计时】选项组中分别设置各项选项。使用同样的方法，为其他矩形图片添加多重动画效果。

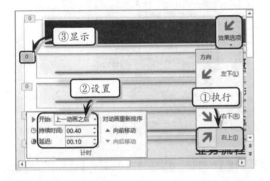

STEP|21 选择"概述"矩形形状，执行【动画】|

【动画】|【其他】|【更多进入效果】命令，选择【切入】选项，单击【确定】按钮。

STEP|22 同时，在【计时】选项组中分别设置【开始】、【持续时间】和【延迟】选项。使用同样的方法，分别为其他文本矩形形状和线条图片添加动画效果。

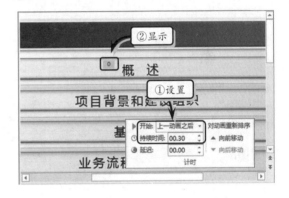

Office
15.7　练习：制作卷轴效果

在 PowerPoint 中，不仅可以制作动态目录、动态文本及动态图表等具有代表性的动画效果，而且还可以使用自定义路径功能，制作左右运行的卷轴效果。其中，卷轴是指裱好的书画等，是中国画裱画最常见的方式，并以装有"轴杆"得名。在本练习中，主要运用 PowerPoint 中多功能的动画添加功能，以及图片设置功能来制作一个从左到右慢慢展开的卷轴效果。

> **练习要点**
> - 插入形状
> - 设置形状格式
> - 插入图片
> - 调整图片
> - 添加动画效果
> - 调整动画路径

操作步骤 >>>>>

STEP|01 制作轴杆。新建空白演示文稿，删除所有占位符，设置幻灯片的大小。执行【插入】|【插图】|【形状】|【流程图:终止】命令，绘制矩形形状。

STEP|02 选择形状，执行【格式】|【形状样式】|【形状填充】|【其他填充颜色】命令，自定义填充颜色。

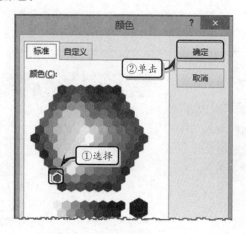

STEP|03 执行【格式】|【形状样式】|【形状轮廓】|【其他轮廓颜色】命令，自定义轮廓颜色。

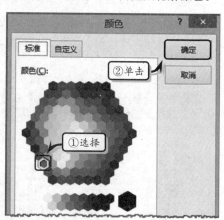

STEP|04 同时，执行【形状样式】|【形状轮廓】|【粗细】|【0.75 磅】命令，设置轮廓线条粗细。

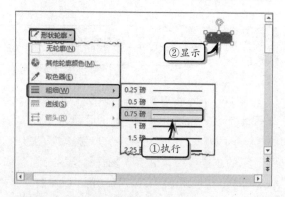

STEP|05 复制流程图形状，在幻灯片中插入一个矩形形状，并执行【格式】|【形状样式】|【形状

轮廓】|【无轮廓】命令，设置轮廓样式。

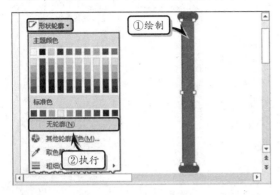

STEP|06 右击矩形形状，执行【设置形状格式】命令，选中【渐变填充】选项，并设置渐变选项。

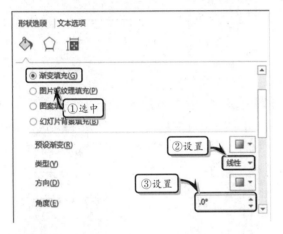

STEP|07 选中左侧的渐变光圈，将【颜色】设置为【黑色，文字1】，并将【透明度】设置为 70%。

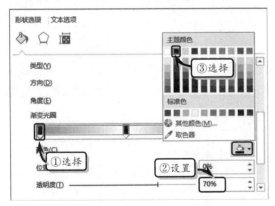

STEP|08 选中中间的渐变光圈，将【颜色】设置为【黑色，文字1】，并设置【位置】和【透明度】选项。用同样的方法，设置右侧渐变光圈的效果。

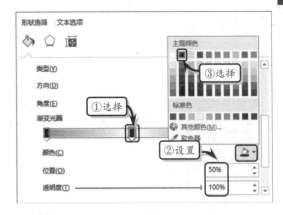

STEP|09 在幻灯片中绘制两个小矩形形状，右击形状执行【设置形状格式】命令。选中【渐变填充】选项，并设置渐变选项。

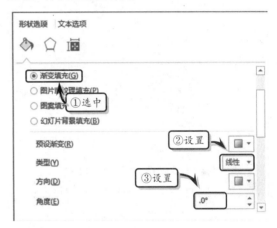

STEP|10 选中左侧的渐变光圈，单击【颜色】下拉按钮，选中【其他颜色】选项，自定义填充颜色。使用同样的方法，设置其他渐变光圈的颜色。

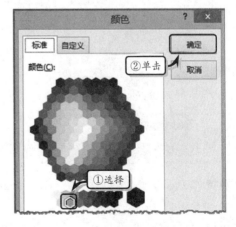

STEP|11 展开【线条】选项组，选中【无线条】

选项，取消小矩形形状的轮廓样式。

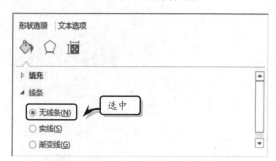

STEP|12 复制所有的形状，重新排列各个形状，并组合相应的形状。

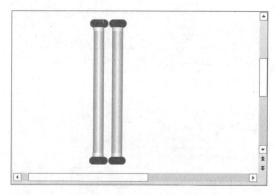

STEP|13 制作辅助轴杆。在幻灯片中绘制一个矩形形状，执行【格式】|【形状样式】|【形状填充】|【其他填充颜色】命令，自定义填充色。

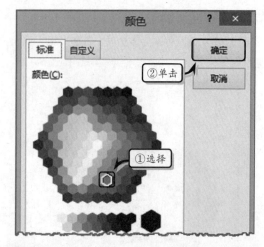

STEP|14 同时，执行【形状样式】|【形状轮廓】|【无轮廓】命令，取消轮廓样式。

STEP|15 执行【插入】|【插图】|【形状】|【直线】命令，在矩形形状中绘制多条直线。

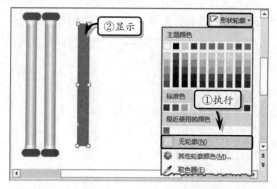

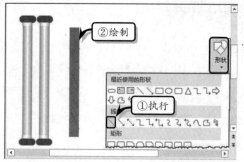

STEP|16 选择所有的直线，执行【格式】|【形状样式】|【形状轮廓】|【白色，背景 1】命令，同时执行【粗细】|【0.75 磅】命令，设置轮廓样式。

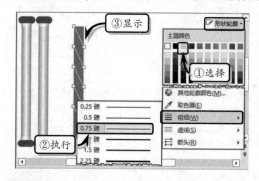

STEP|17 组合所有的直线和矩形形状，复制组合后的形状，排列组合后的形状，并组合卷轴和矩形组合后的形状。

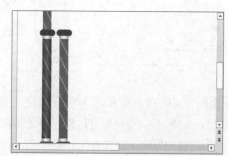

STEP|18 制作轴画。在幻灯片中绘制一个矩形形状，执行【格式】|【形状样式】|【形状填充】|【其他填充颜色】命令，自定义填充颜色。

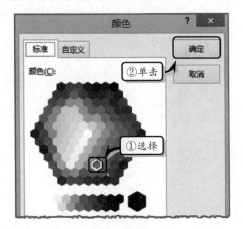

STEP|19 同时，执行【形状样式】|【形状轮廓】|【无轮廓】命令，取消轮廓样式。

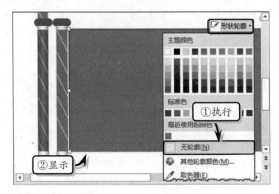

STEP|20 执行【插入】|【图像】|【图片】命令，选择图片文件，单击【插入】按钮。

STEP|21 调整图片的位置和显示层次，同时组合图片、矩形形状和右侧的轴杆形状。

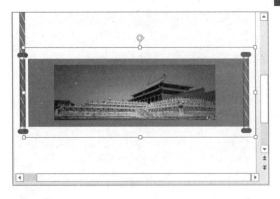

STEP|22 制作辅助元素。在幻灯片中插入一个矩形形状，执行【格式】|【形状样式】|【形状填充】|【白色，背景1】命令，设置填充颜色。

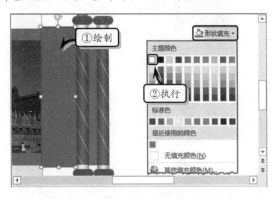

STEP|23 同时，执行【形状样式】|【形状轮廓】|【白色，背景1】命令，设置轮廓样式。使用同样的方法，制作其他矩形形状，使其覆盖辅助轴杆。

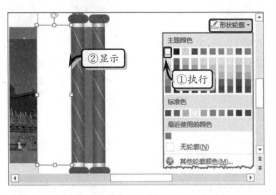

STEP|24 执行【插入】|【图像】|【图片】命令，选择图片文件，单击【插入】按钮，插入并调整图片的位置。

STEP|25 选择组合后的轴图，执行【动画】|【动画】|【动画样式】|【直线】命令，并绘制动作路线。

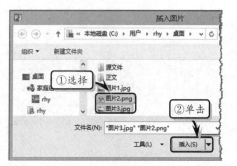

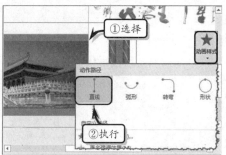

STEP|26 选择辅助轴杆，执行【动画】|【动画】|【动画样式】|【直线】命令，绘制动作路径，并将【开始】设置为【与上一动画同时】。

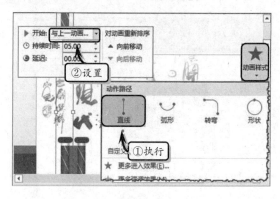

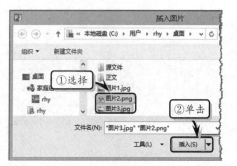

Office 15.8 新手训练营

练习1：移动的汽车

downloads\15\新手训练营\移动的汽车

提示：本练习中，首先执行【插入】|【插图】|SmartArt命令，选择【向上箭头】选项，插入图形并设置图形的大小和样式。同时，执行【插入】|【图像】|【图片】命令，插入汽车图片，并调整图片的方向和大小。然后，为SmartArt图像添加【擦除】动画效果，并将【效果选项】设置为【自左侧】、【开始】设置为【上一动画之后】。最后，为小汽车图片添加【淡出】动画效果，并将【开始】设置为【上一动画之后】。为小汽车添加【自定义路径】动画效果，并绘制动画路径。

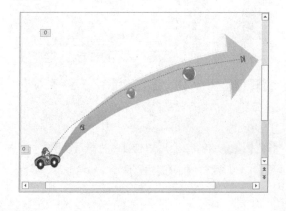

练习2：翻转的立体效果

downloads\15\新手训练营\翻转的立体效果

提示：本练习中，首先执行【插入】|【插图】|【形状】|【立方体】命令，调整形状的大小并设置其填充颜色。同时，复制形状，旋转形状并调整形状的角度。然后，选择第1个形状，为其添加【淡出】动画效果，并将【开始】设置为【上一动画之后】。同时，为该形状添加【消失】多重动画效果，并将【开始】设置为【上一动画之后】。最后，选择第1个形状，执行【高级动画】|【动画刷】命令，然后单击第2个形状。使用同样的方法，为其他形状添加动画效果。

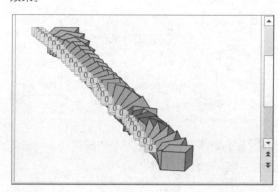

练习 3：薪酬体系设计目标
downloads\15\新手训练营\薪酬体系设计目标

提示：本练习中，首先设置幻灯片的渐变填充背景格式，制作幻灯片标题，插入图片并设置图片的排列方式。同时，插入圆角矩形形状，并设置形状的样式和效果。然后，为标题占位符添加【飞旋】动画效果，并设置【开始】选项。同时，为大圆形图形添加【淡出】动画效果，为小圆形图形添加【淡出】动画效果。最后，为小圆形图形添加【缩放】多重动画效果，并为大圆形图像添加【陀螺旋】多重动画效果。使用同样的方法，分别为其他对象添加动画效果。

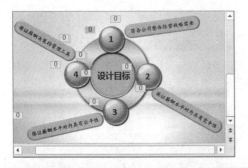

练习 4：下拉触发式动画效果
downloads\15\新手训练营\下拉触发式动画效果

提示：本练习中，首先在幻灯片中插入图片，并排列的图片的位置。同时，插入横排文本框，输入文本并设置文本的字体格式。然后，为各个对象添加相应的动画效果，并设置【开始】选项。最后，执行【高级动画】|【动画窗格】命令，在【动画窗格】任务窗格中同时选择最后三个动画效果，并执行【高级动画】|【触发】|【单击】|【等腰三角形】命令。

练习 5：制作知识的分类幻灯片
downloads\15\新手训练营\知识的分类

提示：本练习中，首先执行【视图】|【母版视图】|【幻灯片母版】命令，设置幻灯片母版的图片背景格式，并关闭母版视图。然后，在视图中插入图片，排列图片的位置。同时，在文本占位符中输入文本内容，复制占位符并更改文本内容，以及设置文本的字体格式。最后，在幻灯片中插入直线形状和肘形连接符形状，排列形状并设置形状的轮廓样式。最后，为各个对象添加动画效果。

练习 6：制作论语介绍幻灯片
downloads\15\新手训练营\论语介绍

提示：本练习中，首先在幻灯片中插入图片文件，并排列图片位置。在图片下方插入直线形状，并将形状的轮廓颜色设置为无轮廓颜色。同时，组合相应的图片和直线形状。然后，在幻灯片中插入圆角矩形形状，设置形状的轮廓颜色和填充颜色。同时，插入艺术字，输入文本并设置文本的字体格式。最后，排列艺术字，插入各个形状，设置形状样式并排列形状。同时，为各个对象添加动画效果。

第 **16** 章

演示与发布幻灯片

制作幻灯片的最终目的是对其进行演示和共享，以获取其实用价值和观众的认可。在演示幻灯片时，用户可以根据不同的放映环境，来设置不同的放映方式，既可以满足展示幻灯片内容的各种需求，又充分体现了演示文稿的灵活性和可延展性。而在发布幻灯片时，可以使用 PowerPoint 中的发布和共享功能，将演示文稿打包成 CD 数据包、发布网络中以及输出到纸张中的方法，来传递与展示演示文稿的内容。本章将详细介绍设置幻灯片的放映范围与方式，以及发布、输出与打印幻灯片的基础知识与操作方法。

\text{Office} 16.1　放映幻灯片

制作演示文稿是一个重要的环节,放映演示文稿同样也是一个重要的环节。当演示文稿制作完毕后,就可以根据不同的放映环境,来设置不同的放映方式,最终实现幻灯片的放映。

16.1.1　设置放映范围

PowerPoint 为用户提供了【从头开始】、【从当前幻灯片开始】、【联机演示】与【自定义幻灯片放映】4 种放映方式。一般情况下,用户可通过下列 4 种方法,来定义幻灯片的播放范围。

1．从头开始

执行【幻灯片放映】|【开始放映幻灯片】|【从头开始】命令,即可从演示文稿的第一幅幻灯片开始播放演示文稿。

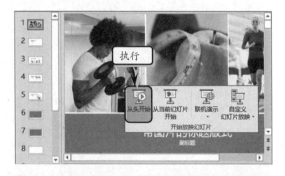

> **技巧**
>
> 选择幻灯片,按 F5 键,也可从头开始放映幻灯片。

2．从当前幻灯片开始

如用户需要从指定的某幅幻灯片开始播放,则可以选择幻灯片,执行【幻灯片放映】|【开始放映幻灯片】|【从当前幻灯片开始】命令。

> **技巧**
>
> 选择要幻灯片,按 Shift+F5 键,也可从当前幻灯片开始放映。

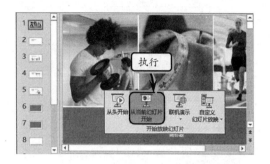

另外,选择幻灯片,在状态栏中单击【幻灯片放映】按钮,即可从当前幻灯片开始播放演示文稿。

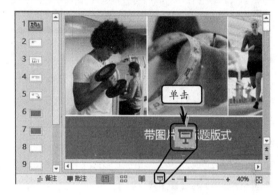

3．联机演示

联机演示是一种通过默认的演示文稿服务联机演示幻灯片放映。执行【幻灯片放映】|【开始放映幻灯片】|【联机演示】命令,启用【启用远程查看器下载演示文稿】复选框,并单击【连接】按钮。

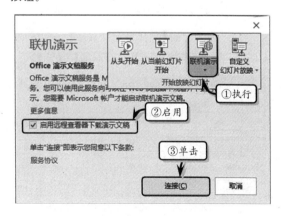

此时，系统将自动连接网络，并显示启动连接演示演示文稿的网络地址。可以单击【复制链接】按钮，复制演示地址，并通过电子邮件发送给相关人员。

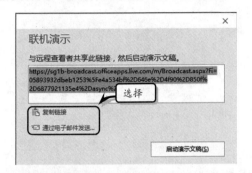

提示

在【联机演示】对话框中，单击【启动演示文稿】按钮，即可从头放映该演示文稿。

4．自定义放映

除了上述放映方式之外，用户也可以通过【自定义幻灯片放映】功能，指定从哪一幅幻灯片开始播放。

执行【幻灯片放映】|【开始放映幻灯片】|【自定义幻灯片放映】命令，在弹出的【自定义放映】对话框中，单击【新建】按钮。

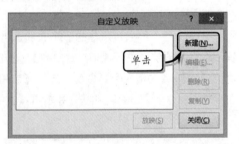

然后，在弹出的【定义自定义放映】对话框中，启用需要放映的幻灯片，单击【添加】按钮即可。

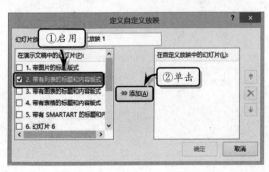

自定义完毕后，可单击【自定义幻灯片放映】按钮，执行【自定义放映1】命令，即可放映幻灯片。

16.1.2　设置放映方式

在 PowerPoint 中，执行【幻灯片放映】|【设置】|【设置幻灯片放映】命令，可在打开的【设置放映方式】对话框中，设置幻灯片的放映方式。

1．放映类型

在【设置放映方式】对话框中，选中【放映类型】选项组中的【演讲者放映（全屏幕）】选项，并在【换片方式】选项组中，选中【手动】选项。

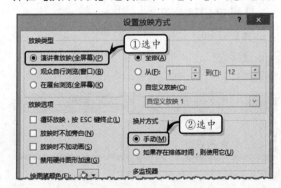

2．放映选项

放映选项主要用于设置幻灯片放映时的一些辅助操作，例如放映时不加旁白、不加动画或者禁止硬件图像加速等内容。其中，在【放映选项】选项组中，主要包括下表中的一些选项。

选　项	作　用
循环放映，按 Esc 键终止	设置演示文稿循环播放
放映时不加旁白	禁止放映演示文稿时播放旁白
放映时不加动画	禁止放映时显示幻灯片切换效果
禁止硬件图形加速	在放映幻灯片中，将禁止硬件图形自动进行加速运行
绘图笔颜色	设置在放映演示文稿时用鼠标绘制标记的颜色
激光笔颜色	设置录制演示文稿时显示的指示光标

3．放映幻灯片

在【放映幻灯片】选项组中，主要设置幻灯片播放的方式。当用户选中【全部】选项时，表示将播放全部的演示文稿。而选中【从…到…】选项时，则表示可选择播放演示文稿的幻灯片编号范围。

如果之前设置了【自定义放映】列表，则可在此处选择列表，根据列表内容播放。

4．换片方式

在【换片方式】选项组中，主要用于定义幻灯片播放时的切换触发方式。当用户选中【手动】选项时，表示用户需要单击进行播放；而选中【如果存在排练时间，则使用它】选项，则表示将自动根据设置的排练时间进行播放。

5．多监视器

如本地计算机安装了多个监视器，则可通过【多监视器】选项组，设置演示文稿放映所使用的监视器和分辨率，以及演讲者视图等信息。

16.1.3　排练与录制

在使用 PowerPoint 播放演示文稿进行演讲时，用户可通过 PowerPoint 的排练和录制功能对演讲活动进行预先演练，指定演示文稿的播放进程。除此之外，用户还可以录制演示文稿的播放流程，自动控制演示文稿并添加旁白。

1．排练计时

排练计时功能的作用是通过对演示文稿的全程播放，辅助用户演练。

执行【幻灯片放映】|【设置】|【排练计时】命令，系统即可自动播放演示文稿，并显示【录制】工具栏。

【预演】工具栏上的按钮功能如下。

按钮或文本框	意　义
【下一项】按钮 ➡	单击该按钮，可切换至下一张幻灯片
【暂停】按钮 ❚❚	单击该按钮，可暂时停止排练计时
幻灯片放映时间	显示当前幻灯片的放映时间
【重复】按钮 ↺	单击该按钮，重新对幻灯片排练计时
整个演示文稿放映时间	显示整个演示文稿的放映总时间

对幻灯片放映的排练时间进行保存后，执行【视图】|【演示文稿视图】|【幻灯片浏览】命令，切换到幻灯片的浏览视图，在其下方将显示排练时间。

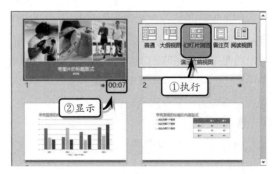

2．录制幻灯片演示

除了进行排练计时外，用户还可以录制幻灯片演示，包括录制旁白录音，以及使用激光笔等工具对演示文稿中的内容进行标注。

执行【幻灯片放映】|【设置】|【录制幻灯片放映】|【从当前幻灯片开始录制】命令，在弹出的【录制幻灯片演示】对话框中，启用所有复选框，并单击【开始录制】按钮。

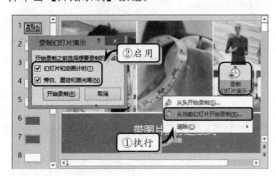

在幻灯片放映状态下，用户即可通过麦克风为演示文稿配置语音，同时也可以激活激光笔工具，指示演示文稿的重点部分。

技巧

录制幻灯片之后，执行【幻灯片放映】|【设置】|【录制幻灯片演示】|【清除】命令，在其级联菜单中选择相应的选项，即可清除录制内容。

16.2 审阅幻灯片

PowerPoint 提供了多种实用的工具，允许对演示文稿进行校验和翻译，甚至允许多个用户对演示文稿的内容进行编辑并标记编辑历史。此时，就需要使用到 PowerPoint 的审阅功能，通过软件对 PowerPoint 的内容进行审阅和查对。

16.2.1　文本检查与智能查找

拼写检查是运用系统自带的拼写功能，检查幻灯片中的文本错误，以保证文本的正确率。而信息检索功能是通过微软的 Bing 搜索引擎或其他参考资料库，检索与演示文稿中的词汇相关的资料，辅助用户编写演示文稿内容。

1．拼写检查

执行【审阅】|【校对】|【拼写检查】命令，

系统会自动检查演示文稿中的文本拼写状态，当系统发现拼写错误时，则会显示【拼写检查】对话框，否则直接返回提示"拼写检查结束"的提示框。

2．智能查找

智能查找是 PowerPoint 2016 新增的一个功能，主要通过查看定义、图像和来自各种联机源的其他结果来了解所选文本的更多信息。

选择需要查找的文本,执行【审阅】|【见解】|【智能查找】命令,在弹出的【见解】任务窗格中,将显示查找内容。例如,在幻灯片中选择"列表"文本,系统会自动在【见解】任务窗格中的【浏览】选项卡中显示搜索内容。

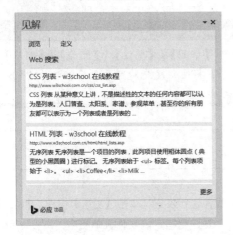

另外,在【见解】任务窗格中的【定义】选项卡中,将会显示有关所选文本的英文翻译内容。

3. 中文简繁转换

选择幻灯片中的文本,执行【审阅】|【中文简繁转换】|【简繁转换】命令。在弹出的【中文简繁转换】对话框中,选择转换选项即可。

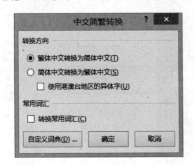

提示

用户也可以直接执行【中文简繁转换】选项组中的【繁体中文转换为简体中文】或【简体中文转换为繁体中文】命令,即可直接转换文本。

16.2.2 添加批注

当用户编辑完演示文稿之后,可以使用PowerPoint 中的批注功能,在将演示文稿给其他用户审阅时,让其他用户参与到演示文稿的修改工作中,以达到共同完成演示文稿的目的。

1. 新建批注

选择幻灯片中的文本,执行【审阅】|【批注】|【新建批注】命令。在弹出的文本框中输入批注内容。

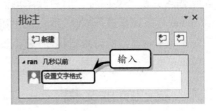

新建批注之后,在该批注的下方将显示"答复"栏,便于其他用户回复批注内容。

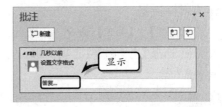

2. 显示批注

为幻灯片添加批注之后,执行【审阅】|【批注】|【显示批注】|【显示标记】命令,即可在幻灯片中只显示批注标记,而隐蔽批注任务窗格。

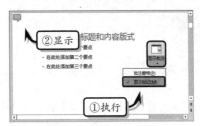

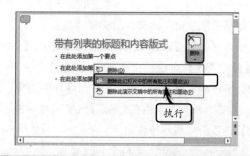

> **提示**
>
> 再次执行【审阅】|【批注】|【显示批注】|【显示标记】命令，将因此批注图标。

3．删除批注

当用户不需要幻灯片中的批注时，可以执行【审阅】|【批注】|【删除】|【删除此幻灯片中的批注和墨迹】命令，即可删除当前幻灯片中的批注。

> **提示**
>
> 执行【审阅】|【批注】|【删除】|【删除】命令，将按创建先后顺序删除幻灯片中的单个批注。

16.3 发送和发布演示文稿

在制作完成演示文稿后，用户除了可以通过 PowerPoint 软件来对其进行放映以外，还可以将演示文稿制作为多种类型的可执行程序，甚至发布为视频，以满足实际使用的需要。

16.3.1 发送演示文稿

PowerPoint 可以与微软 Microsoft Outlook 软件结合，通过电子邮件发送演示文稿。

1．作为附件发送

执行【文件】|【共享】命令，在展开的【共享】列表中，选择【电子邮件】选项，同时选择【作为附件发送】选项。

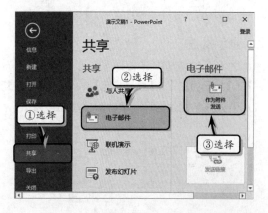

选中该选项，PowerPoint 会直接打开 Microsoft Outlook 窗口，将完成的演示文稿直接作为电子邮件的附件进行发送，单击【发送】按钮，即可将电子邮件发送到指定的收件人邮箱中。

2．以 PDF 形式发送

执行【文件】|【共享】命令，在展开的【共享】列表中，选择【电子邮件】选项，同时选择【以 PDF 形式发送】选项。

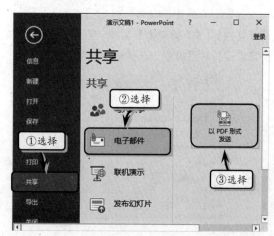

选中该选项，则 PowerPoint 将把演示文稿转换为 PDF 文档，并通过 Microsoft Outlook 发送到收件人的电子邮箱中。

3．发送链接

若已将演示文稿上传至微软的 MSN Live 共享空间，则可通过【发送链接】选项，将演示文稿的网页 URL 地址发送到其他用户的电子邮箱中。

4．以 XPS 形式发送

执行【文件】|【共享】命令，在展开的【共享】列表中，选择【电子邮件】选项，同时选择【以 XPS 形式发送】选项。

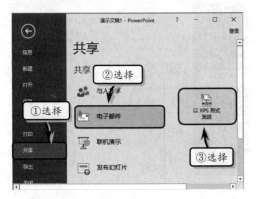

选中该选项，则 PowerPoint 将把演示文稿转换为 XPS 文档，并通过 Microsoft Outlook 发送到收件人的电子邮箱中。

16.3.2　发布演示文稿

发布演示文稿是将演示文稿发布到幻灯片库

或 SharePoint 网站，以及通过 Office 演示文稿服务演示功能，共享演示文稿。

1．发布幻灯片

执行【文件】|【共享】命令，选择【发布幻灯片】选项，同时在右侧选择【发布幻灯片】选项。

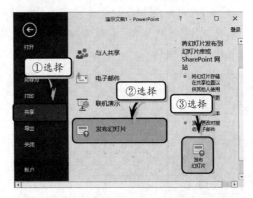

然后，在弹出的【发布幻灯片】对话框中，启用需要发布的幻灯片复选框，并单击【浏览】按钮。

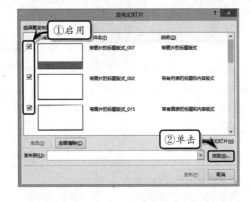

在弹出的【选择幻灯片库】对话框中，选择幻灯片存放的位置，并单击【选择】按钮，返回到【发布幻灯片】对话框中。然后，单击【发布】按钮，即可发布幻灯片。

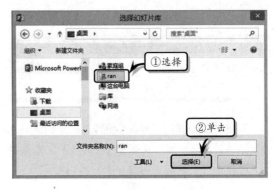

2．联机演示

执行【文件】|【共享】命令，在展开的【共享】列表中选择【联机演示】选项，同时在右侧单击【联机演示】按钮。

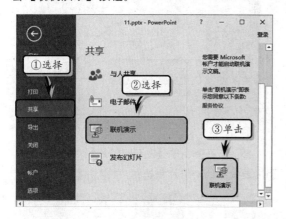

在弹出的【联机演示】对话框中，系统会默认选中链接地址，单击【复制链接】按钮，可将地址复制给其他用户。另外，选择【通过电子邮件发送】选项。

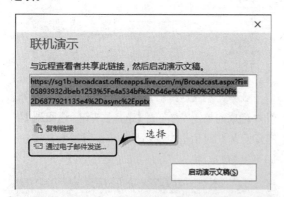

系统将自动弹出 Outlook 组件，并以发送邮件的状态进行显示。用户只需在【收件人】文本框中输入收件地址，然后单击【发送】按钮即可。

16.3.3　打包成 CD 或视频

在 PowerPoint 中，用户可将演示文稿打包制作为 CD 光盘上的引导程序，也可以将其转换为视频。

1．将演示文稿打包成 CD

打包成光盘是将演示文稿压缩成光盘格式，并将其存放到本地磁盘或光盘中。

执行【文件】|【导出】命令，在展开的【导出】列表中选择【将演示文稿打包成 CD】选项，并单击【打包成 CD】按钮。

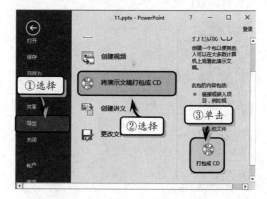

在弹出的【打包成 CD】对话框中的【将 CD 命名为】文本框中输入 CD 的标签文本，并单击【选项】按钮。

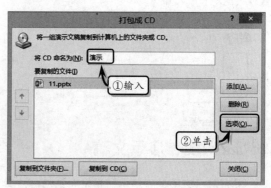

提示

在【打包成 CD】对话框中，单击【添加】按钮，可添加需要打包成 CD 的演示文稿。

在弹出的【选项】对话框中，设置打包 CD 的各项选项，并单击【确定】按钮。

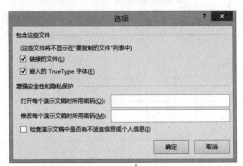

其中，【选项】对话框中，主要包括下表中的各选项。

属　　性		作　　用
包含这些文件	链接的文件	将相册所链接的文件也打包到光盘中
	嵌入的 TrueType 字体	将相册所使用的 TrueType 字体嵌入到演示文稿中
增强安全性和隐私保护	打开每个演示文稿时所用密码	为每个打包的演示文稿设置打开密码
	修改每个演示文稿时所用密码	为每个打包的演示文稿设置修改密码
	检查演示文稿中是否有不适宜信息或个人信息	清除演示文稿中包含的作者和审阅者信息

在完成以上选项设置后，单击【复制到 CD】按钮后，PowerPoint 将检查刻录机中的空白 CD。在插入正确的空白 CD 后，即可将打包的文件刻录到 CD 中。

另外，单击【复制到文件夹】按钮，将弹出【复制到文件夹】对话框，单击【位置】后面的【浏览】按钮，在弹出的【选择位置】对话框中选择放置位置即可。

2．创建视频

PowerPoint 还可以将演示文稿转换为视频内容，以供用户通过视频播放器播放。执行【文件】|【导出】命令，在展开的【导出】列表中选择【创建视频】选项，并在右侧的列表中设置相应参数。

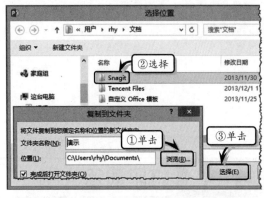

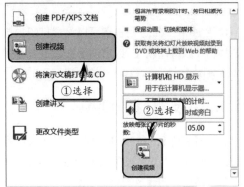

在右侧的列表中，主要包括下表中的各项参数设置选项。

属　　性		作　　用
播放设备	计算机和 HD 显示	以 960px×720px 的分辨率录制高清晰视频
	Internet 和 DVD	以 640px×480px 的分辨率录制标准清晰度视频
	便携式设备	以 320px×240px 的分辨率录制压缩分辨率视频
计时旁白设置	不要使用录制的计时和旁白	直接根据设置的秒数录制视频
	使用录制的计时和旁白	使用预先录制的计时、旁白和绘制注释录制视频
	录制计时和旁白	制作计时、旁白和绘制注释
	预览计时和旁白	预览已制作的计时、旁白和绘制注释
放映每张幻灯片的秒数		设置幻灯片切换的间隔时间，单位为秒

设置各项选项之后，单击【创建视频】按钮，将弹出【另存为】对话框。设置保存位置和名称，单击【保存】按钮。此时，PowerPoint 自动将演示文稿转换为 MPEG-4 视频或 Windows Media Video 格式的视频。

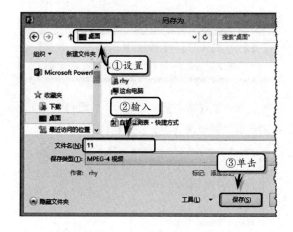

16.4 打印演示文稿

使用 PowerPoint，用户还可以设置打印预览以及各种相关的打印属性，以将演示文稿的内容打印到实体纸张上。

16.4.1 设置打印选项

执行【文件】|【打印】命令，展开【设置】列表，在该列表中既可以预览打印效果，又可以设置打印范围、打印颜色和打印版式。

1．设置打印范围

在【设置】列表中，单击【打印全部幻灯片】下拉按钮，在其下拉列表中选择相应的选项即可。

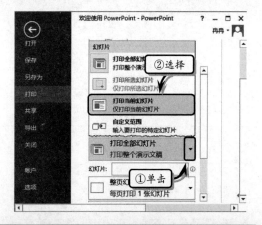

> **提示**
>
> 在其下拉列表中选择【自定义范围】选项，在【幻灯片】文档中输入打印页码范围即可。

2．设置打印版式

在【设置】列表中，单击【整页幻灯片】下拉按钮，在其下拉列表中选择相应的选项即可。

3．设置打印颜色

在【设置】列表中，单击【颜色】下拉按钮，在其下拉列表中选择相应的选项即可。

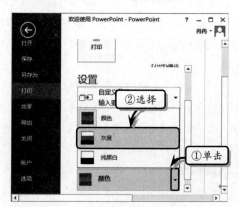

16.4.2　编辑页眉和页脚

在【设置】列表中，选择【编辑页眉和页脚】选项，弹出【页眉和页脚】对话框。打开【幻灯片】选项卡，启用【日期和时间】复选框，并选中【固定】选项。然后，启用【幻灯片编号】和【页脚】复选框，在【页脚】文本框中输入页脚内容。

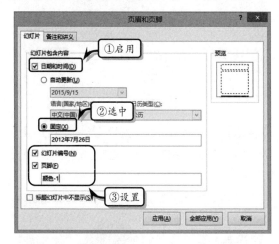

另外，打开【备注和讲义】选项卡，启用【页码】、【页眉】和【页脚】复选框，并在文本框中输入页眉和页脚内容，单击【全部应用】按钮即可。

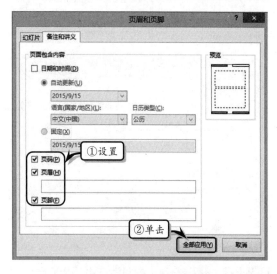

最后，在【打印】列表右侧预览最终打印效果，单击【打印】按钮，开始打印演示文稿。

16.5　练习：制作动态列表幻灯片

设计是一种创造性的劳动，其目的就是创造出更富有艺术色彩的作品，而幻灯片中的列表设计，则是幻灯片整体设计中的重点之一。列表主要用于显示多项并列的简短内容，并通过项目符号或形状进行表述，多用于显示幻灯片中的目录或项目等。在本练习中，将通过制作一个动态列表幻灯片的方法，来详细介绍构建特殊列表幻灯片的操作方法和实用技巧。

练习要点

- 绘制形状
- 设置形状格式
- 设置字体格式
- 组合形状
- 插入图片
- 添加动画效果
- 设置计时选项

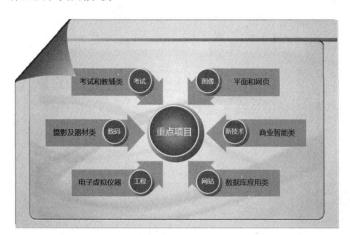

操作步骤 ▶▶▶▶

STEP|01 制作幻灯片背景。新建空白演示文稿，删除所有占位符。执行【设计】|【自定义】|【幻灯片大小】|【自定义幻灯片大小】命令，自定义幻灯片宽度。

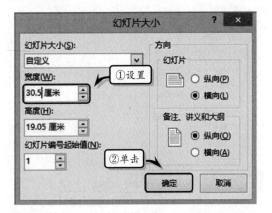

STEP|02 然后，在弹出的对话框中选择【最大化】选项，确保幻灯片中内容的最大化。

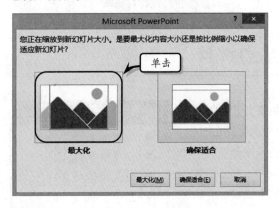

STEP|03 执行【插入】|【图像】|【图片】命令，选择图片文件，单击【插入】按钮，插入图片并调整图片的大小。

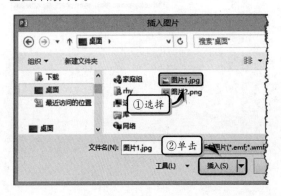

STEP|04 制作中心形状。执行【插入】|【插图】|【形状】|【椭圆】命令，绘制一个椭圆形状，并调整形状的大小。

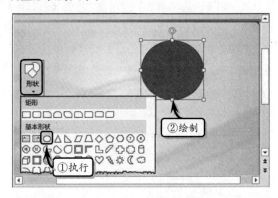

STEP|05 选择椭圆形状，执行【绘图工具】|【形状样式】|【形状轮廓】|【无轮廓】命令，取消形状轮廓。

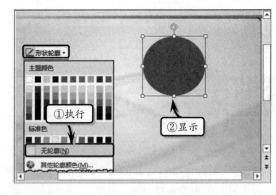

STEP|06 右击形状，执行【设置形状格式】命令，选中【渐变填充】选项，并设置【类型】和【角度】选项。

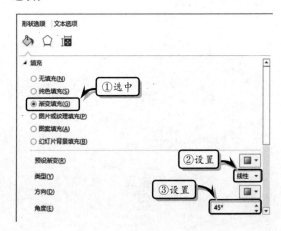

STEP|07 删除多余的渐变光圈，选择左侧的渐变光圈，单击【颜色】下拉按钮，选择【灰色-25%，背景 2】选项，设置渐变颜色。

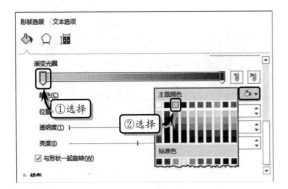

STEP|08 选择右侧的渐变光圈，单击【颜色】下拉按钮，选择【其他颜色】选项，在【自定义】选项卡中自定义渐变颜色。

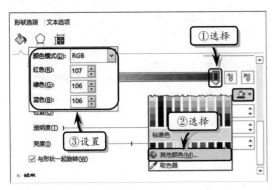

STEP|09 执行【插入】|【图像】|【图片】命令，选择图片文件，单击【插入】按钮，插入图片并调整图片的大小和位置。

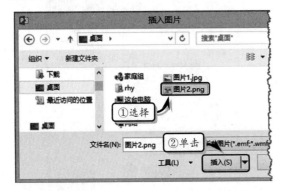

STEP|10 同时选择图片和椭圆形状，右击执行【组合】|【组合】命令，组合形状。

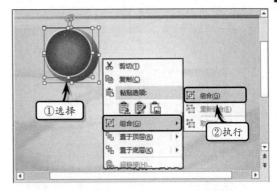

STEP|11 执行【插入】|【文本】|【文本框】|【横排文本框】命令，绘制文本框，输入文本并设置文本的字体格式。

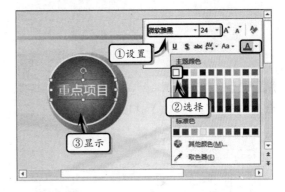

STEP|12 同时选择组合后的形状和文本框，右击执行【组合】|【组合】命令，组合文本框和形状。

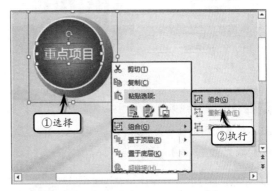

STEP|13 制作概述形状。执行【插入】|【插图】|【形状】|【椭圆】命令，在幻灯片中绘制一大一小两个椭圆形形状。

STEP|14 选择中心组合形状中的椭圆形形状，执行【开始】|【剪贴板】|【格式刷】命令，并单击新绘制的大椭圆形形状，复制形状格式。

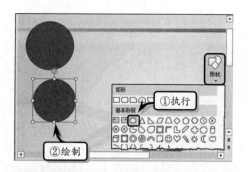

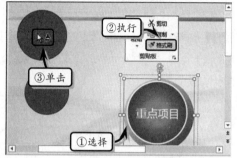

STEP|15 右击小椭圆形状，执行【设置形状格式】命令，选中【纯色填充】选项，并将【颜色】设置为【蓝色，着色1】。

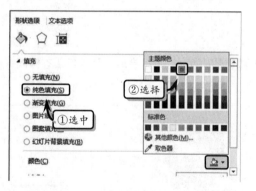

STEP|16 在【线条】选项组中，选中【实线】选项，将【颜色】设置为【白色，背景1】，并将【宽度】设置为【2磅】。

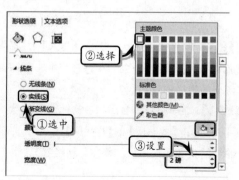

STEP|17 调整大小椭圆形状的位置，组合两个椭圆形状。为其添加文本框，输入文本并设置文本的字体格式。使用同样的方法，制作其他概述形状。

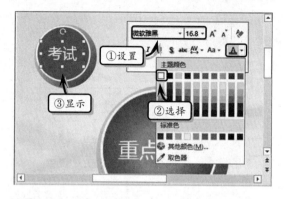

STEP|18 制作内容形状。执行【插入】|【插图】|【形状】|【右箭头】命令，绘制右箭头形状，并调整形状的方向、大小和外形。

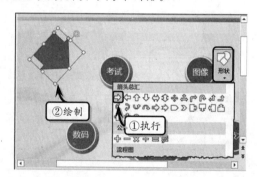

STEP|19 选择右箭头形状，执行【绘图工具】|【格式】|【形状样式】|【形状填充】|【其他填充颜色】命令，自定义填充色。

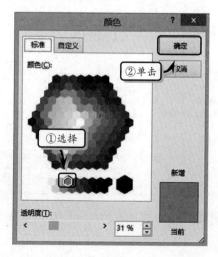

STEP|20 同时，执行【绘图工具】|【形状样式】|【形状轮廓】|【灰色-25%，背景 1】命令，设置轮廓样式。

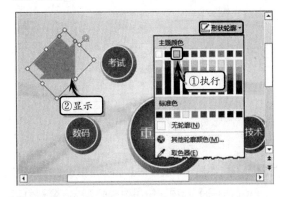

STEP|21 在绘图页中插入一个圆角矩形形状，调整形状的大小和弧度，并设置形状格式。

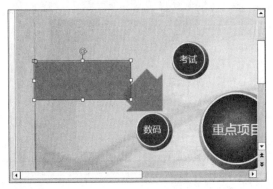

STEP|22 在圆角矩形形状上方绘制一个文本框，输入文本并设置文本的字体格式，并组合文本框、圆角矩形和右箭头形状。使用同样的方法，制作其他内容形状。

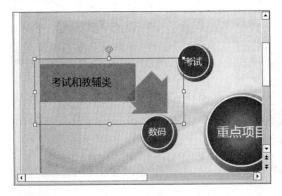

STEP|23 组合形状。同时选择"考试"和"网站"形状，右击执行【组合】|【组合】命令，组合形

状。使用同样的方法，分别组合其他概述和内容形状。

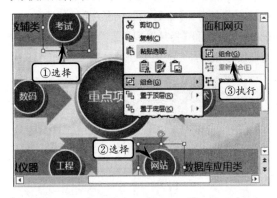

STEP|24 添加动画效果。选择"考试"组合形状，执行【动画】|【动画】|【其他】|【更改进入效果】命令，选择【基本缩放】选项，单击【确定】按钮。

STEP|25 然后，在【计时】选项组中设置【开始】和【持续时间】选项。使用同样的方法，分别为其他概述形状和中心形状添加进入动画效果。

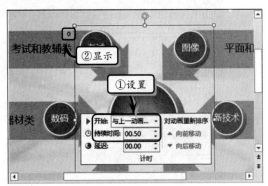

STEP|26 选择中心形状，执行【动画】|【高级动画】|【添加动画】|【强调】|【陀螺旋】命令，并设置【开始】和【持续时间】选项。用同样的方法，为概述形状添加多重强调动画效果。

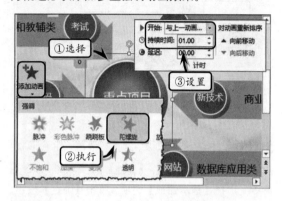

STEP|27 选择"电子虚拟仪器"组合形状，执行【动画】|【动画】|【其他】|【更改进入效果】命令，选择【基本缩放】选项，并单击【确定】按钮。

STEP|28 然后，在【计时】选项组中设置【开始】和【持续时间】选项。使用同样的方法，分别为其他内容形状添加进入动画效果。

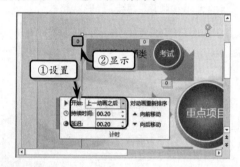

16.6 练习：制作时钟动态开头效果

动画效果是一个优秀幻灯片的精髓，而一个优秀的演示文稿，往往需要由一些具有动态效果的开头幻灯片进行装饰。在本练习中，将运用 PowerPoint 中的图片与动画效果等功能，制作具有多重动态效果的时钟开头幻灯片。

练习要点

● 使用图片
● 使用形状
● 设置形状格式
● 添加动画输入效果

操作步骤 ▶▶▶▶

STEP|01 设计幻灯片。新建空白演示文稿，删除幻灯片中的所有占位符。

STEP|02 执行【设计】|【自定义】|【幻灯片大小】|【自定义幻灯片大小】命令，自定义幻灯片的大小。

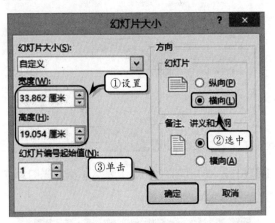

STEP|03 执行【设计】|【自定义】|【设置背景格式】命令，选中【渐变填充】选项，并将【角度】设置为"90°"。

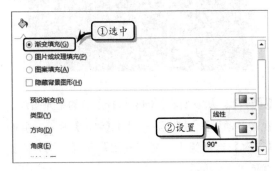

STEP|04 删除多余的渐变光圈，选择左侧的渐变光圈，单击【颜色】下拉按钮，选择【黑色，文字

1，淡色 25%】选项。

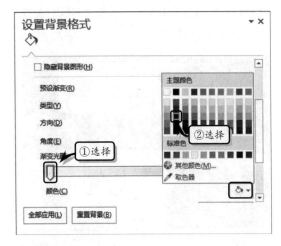

STEP|05 选择右侧的渐变光圈，单击【颜色】下拉按钮，选择【黑色，文字 1，淡色 15%】选项。

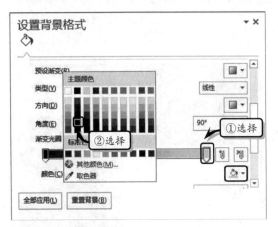

STEP|06 插入背景图片。执行【插入】|【图像】|【图片】命令，选择图片文件，单击【插入】按钮。使用同样的方法，插入并排列所有的背景六边形图片。

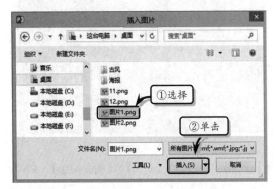

STEP|07 选择所有的六边形图片，执行【动画】|【动画样式】|【淡出】命令，并将【开始】设置为【与上一动画同时】。

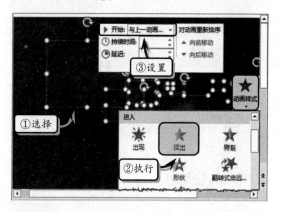

STEP|08 同时，执行【动画】|【高级动画】|【添加动画】|【动作路径】|【直线】命令，并将【开始】设置为【与上一动画同时】、【持续时间】设置为 03.00。

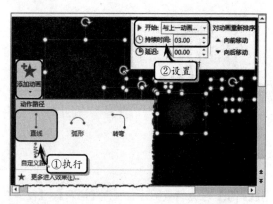

STEP|09 将鼠标移至动作路径动画效果线的前端，拖动鼠标调整直线路径的方向与长度。

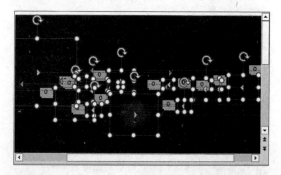

STEP|10 再次执行【动画】|【高级动画】|【添加动画】|【退出】|【淡出】命令，将【开始】设置为【与上一动画同时】，并将【延迟】设置为 02.50。

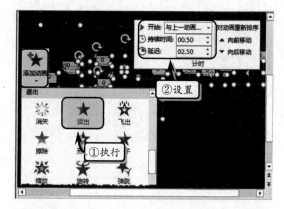

STEP|11 执行【插入】|【图像】|【图片】命令，选择星光图片，单击【插入】按钮。

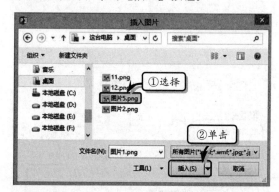

STEP|12 使用同样的方法，插入多张星光图片，并排列星光图片的位置。

STEP|13 从左到右，同时选择所有的星光图片，执行【动画】|【动画样式】|【淡出】命令，并在【计时】选项组中设置【开始】和【持续时间】选项。

STEP|14 选择左边数第 2 个星光图片的动画效果，将【延迟】设置为 00.60。

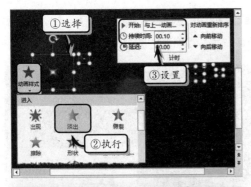

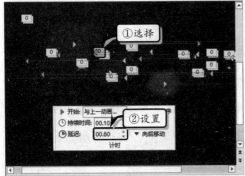

STEP|15 选择左边数第 3 个星光图片的动画效果，将【延迟】设置为 00.20。

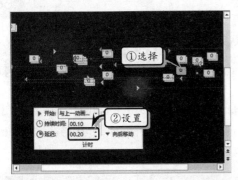

STEP|16 选择左边数第 4 个星光图片的动画效果，将【延迟】设置为 01.80。

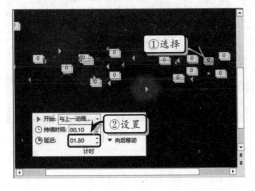

STEP|17 选择左边数第5个星光图片的动画效果，将【延迟】设置为 02.20。

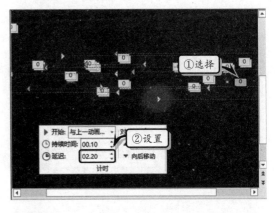

STEP|18 从左到右同时选择所有的星光图片，执行【动画】|【高级动画】|【添加动画】|【退出】|【缩放】命令，将【开始】设置为【与上一动画同时】。

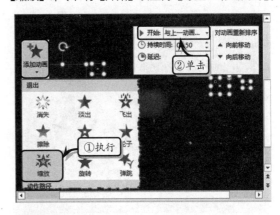

STEP|19 选择左侧第 1 个星光图片的退出动画效果，设置其【持续时间】和【延迟】选项。

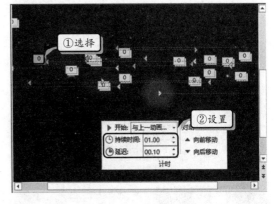

STEP|20 选择左侧第 2 个星光图片的退出动画效

果，将【持续时间】设置为 00.50、【延迟】设置为 00.70。

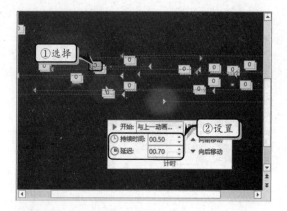

STEP|21 选择左侧第 3 个星光图片的退出动画效果，设置【持续时间】和【延迟】选项。使用同样的方法，设置其他星光图片的持续时间与延迟时间。

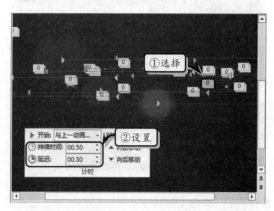

STEP|22 制作时钟。执行【设计】|【变体】|【其他】|【颜色】|Office 2007-2010 命令，设置主体颜色。

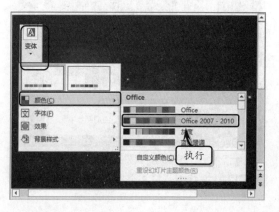

STEP|23 执行【插入】|【插图】|【形状】|【椭圆】命令，绘制一个椭圆形形状。

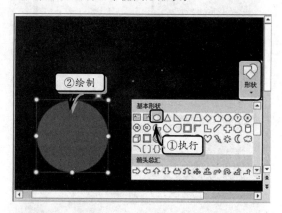

STEP|24 选择形状，执行【绘图工具】|【格式】|【形状样式】|【彩色轮廓-橙色，强调颜色 6】命令。

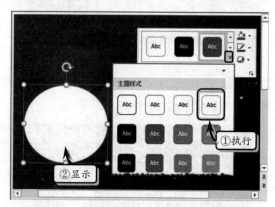

STEP|25 执行【插入】|【插图】|【形状】|【圆角矩形形状】命令，绘制圆角矩形形状并调整圆角弧度。

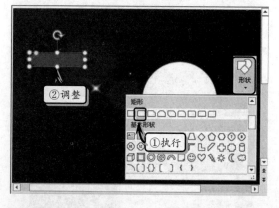

STEP|26 选择圆角矩形形状，右击执行【设置形状格式】命令。选中【渐变填充】选项，将【角度】

设置为 270°。

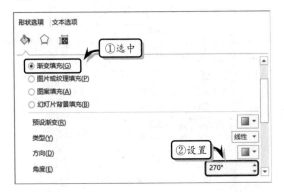

STEP|27 选择左侧的渐变光圈，单击【颜色】下拉按钮，选择【其他颜色】选项，自定义颜色值。

STEP|28 选择中间的渐变光圈，将【位置】设置为 80%，并自定义颜色值。

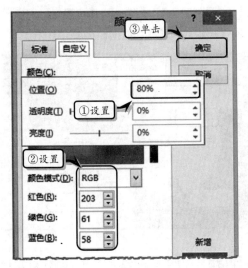

STEP|29 选择右侧的渐变光圈，单击【颜色】下拉按钮，选择【其他颜色】选项，自定义颜色值。

STEP|30 执行【格式】|【形状样式】|【形状轮廓】|【其他轮廓颜色】命令，自定义颜色值。

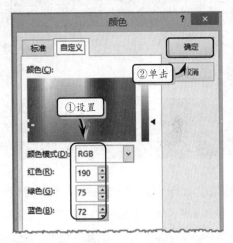

STEP|31 调整形状的大小并复制形状，选择复制后的形状，执行【格式】|【形状样式】|【形状填充】|【无填充颜色】命令。

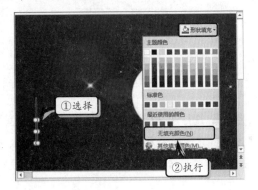

STEP|32 同时，执行【格式】|【形状样式】|【形状轮廓】|【无轮廓】命令，取消形状的轮廓颜色。

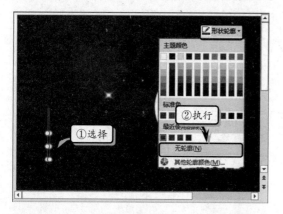

STEP|33 对齐并选择两个表针，右击执行【组合】|【组合】命令。用同样的方法，制作另外一个表针。

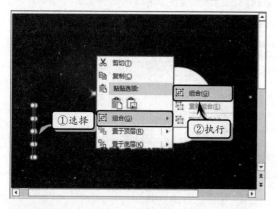

STEP|34 执行【插入】|【图像】|【图片】命令，选择图片文件，单击【插入】按钮，插入刻度图片。

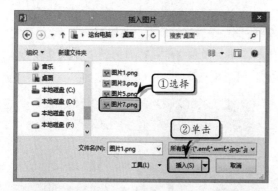

STEP|35 选择组合后的表盘与表针，执行【动画】|【其他】|【更多进入效果】命令，选择【基本缩放】选项，并将【开始】设置为【上一动画之后】。

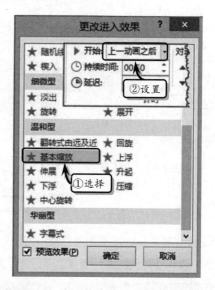

STEP|36 执行【动画】|【高级动画】|【动画窗格】命令，选择最后两个动画效果，将【开始】设置为【与上一动画同时】。

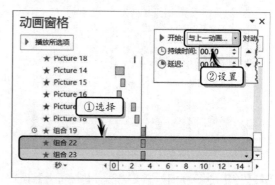

STEP|37 选择两个表针，执行【动画】|【高级动画】|【添加动画】|【强调】|【陀螺旋】命令，并设置【开始】和【持续时间】选项。

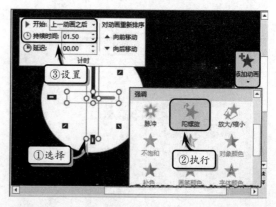

STEP|38 在【动画窗格】窗格中，选择最后 1 个

动画效果，将【开始】设置为【与上一动画同时】。

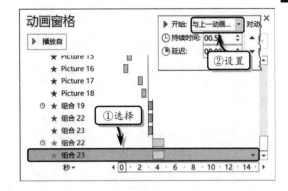

Office

16.7　新手训练营

练习 1：时尚四彩

downloads\16\新手训练营\时尚四彩

提示：本练习中，首先在幻灯片中插入 4 种代表不同颜色的图片，并排列图片位置。然后，插入矩形形状，并设置形状的字体格式。同时，在形状上方插入文本框和艺术字。为形状添加【切入】动画效果，为艺术字添加【淡出】动画效果。最后，从中间往上下两侧开始选择图片，为其添加【伸展】动画效果，并分别设置动画效果的【开始】选项。

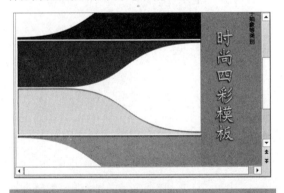

练习 2：电影动画开头效果

downloads\16\新手训练营\电影动画开头效果

提示：本练习中，首先插入多张图片文件并排列图片的位置。同时，组合相应的图片。然后，插入艺术字标题，输入艺术字文本并设置文本的字体格式。最后，为胶带播放图片添加【擦除】动画效果，为组合的对象"1949"添加【退出】|【棋盘】效果，为组合数字图片对象添加【直线】动画效果。同时，为其他对象添加相应的动画效果，并分别设置不同动画效果的【开始】选项。

练习 3：制作知识的定义幻灯片

downloads\16\新手训练营\知识的定义

提示：本练习中，首先设置幻灯片母版的背景样式，并关闭幻灯片母版视图。然后，在占位符中输入文本内容，复制占位符并更改文本的字体格式。同时，在幻灯片中绘制箭头形状，并设置形状的轮廓颜色和粗细度。最后，在幻灯片中插入图片文件，并组合箭头形状和图片对象。同时，为组合对象添加【缩放】动画效果，并为组合对象周围的文本占位符添加【飞入】动画效果。

练习4：拉链展开效果

downloads\16\新手训练营\拉链展开效果

提示：本练习中，首先执行【视图】|【母版视图】|【幻灯片母版】命令，切换到幻灯片母版视图中。选择第1张幻灯片，为幻灯片插入多张图片，并排列图片的先后位置。然后，在幻灯片中绘制矩形形状，设置形状的填充颜色和轮廓颜色，并设置形状的显示层次。最后，为最上层的拉头图片添加【直线】动画效果，为矩形形状添加【退出】|【擦除】动画效果，为右侧第1个拉头图片添加【直线】动画效果。使用同样的方法，分别为其他拉头图片添加直线动画效果，并调整动作路径的运行长度和方向。

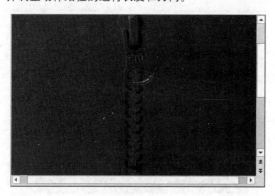

练习5：个人简历封面

downloads\16\新手训练营\个人简历封面

提示：本练习中，首先执行【设计】|【自定义】|【设置背景格式】命令，设置图片背景格式。然后，在幻灯片中绘制云形和半闭框形状，并设置形状的填充颜色、轮廓样式和形状效果。同时，在半闭框形状中间插入艺术字，输入标题文本并设置文本的字体格式。最后，为云形形状添加【轮子】动画效果，为半闭框形状添加【擦除】动画效果，为艺术字添加【下拉】动画效果。